# 精编分子生物学实验技术

**主　编** 李　燕
**副主编** 张　伟　赵　琳　张景萍
**主　审** 药立波
**编　者**（以姓氏笔画为序）

| | | | |
|---|---|---|---|
| 于鸿浩 | 王　令 | 王珊珊 | 龙建纲 |
| 叶海燕 | 刘　晖 | 刘　燕 | 孙宝发 |
| 杨国栋 | 李　斌 | 李　燕 | 李运明 |
| 李绍青 | 张　伟 | 张　健 | 张淑雅 |
| 张景萍 | 张瑞三 | 张鑫磊 | 林　伟 |
| 范丽菲 | 赵　琳 | 赵湘辉 | 郝　强 |
| 黄　静 | 蓝　茜 | | |

中国出版集团有限公司

世界图书出版公司
西安　北京　上海　广州

## 图书在版编目(CIP)数据

精编分子生物学实验技术/李燕主编. —西安：世界图书出版西安有限公司,2017.9(2023.5 重印)

ISBN 978-7-5192-3608-3

Ⅰ.①精… Ⅱ.①李… Ⅲ.①分子生物学—实验—研究生—教学参考资料 Ⅳ.①Q7-33

中国版本图书馆 CIP 数据核字(2017)第 214682 号

| 书　　名 | 精编分子生物学实验技术 |
| --- | --- |
| | JINGBIAN FENZI SHENGWUXUE SHIYAN JISHU |
| 主　　编 | 李　燕 |
| 责任编辑 | 胡玉平 |
| 装帧设计 | 绝色设计 |
| 出版发行 | 世界图书出版西安有限公司 |
| 地　　址 | 西安市雁塔区曲江新区汇新路 355 号 |
| 邮　　编 | 710061 |
| 电　　话 | 029-87214941　87233647(市场营销部) |
| | 029-87234767(总编室) |
| 网　　址 | http://www.wpcxa.com |
| 邮　　箱 | xast@wpcxa.com |
| 经　　销 | 新华书店 |
| 印　　刷 | 西安金鼎包装设计制作印务有限公司 |
| 开　　本 | 787mm×1092mm　1/16 |
| 印　　张 | 22 |
| 字　　数 | 300 千字 |
| 版　　次 | 2017 年 9 月第 1 版　2023 年 5 月第 5 次印刷 |
| 国际书号 | ISBN 978-7-5192-3608-3 |
| 定　　价 | 48.00 元 |

(版权所有　翻印必究)

(如有印装错误,请与出版社联系)

# 序

分子生物学在分子水平探讨生命的本质,她既是生命科学的基础,又是目前自然科学中进展最迅速、最具活力的前沿领域,在生命科学和医学的发展过程中发挥着极其重要的作用。自从DNA双螺旋结构被阐明之后,人类真正进入了解码生命的时代,分子生物学的学科体系逐步形成和完善,相关的理论和技术推动了整个生命科学的发展。从1901年到2016年,诺贝尔生理学或医学奖中1/3以上的奖项颁发给了分子生物学领域。如今,分子生物学将从古代医学脱胎而出的现代医学带入了分子医学时代。这是一个拥有巨大成就的时代,也是一个充满争议的时代,更是一个充满了机遇和挑战的时代。今天,分子生物学的理论和技术在医学领域中的交叉渗透日益广泛,医学院校的研究生课题也因此进入了几乎离不开分子生物学实验技术的时期。

"工欲善其事,必先利其器",熟悉和掌握分子生物学实验技术对于研究课题的设计和科学问题的解决无疑会有巨大的帮助。在平时的教学和科研工作中,我们感受到强烈依赖于实验技术的生物学和医学研究生对实用的分子生物学实验操作手册的需求。基于这样的背景,空军军医大学(第四军医大学)、西安交通大学、中国科学院大学、西北大学、陕西师范大学、兰州大学、内蒙古大学、宁夏医科大学、青海大学、新疆医科大学、西安医学院、桂林医学院、陕西理工学院、成都军区总医院等院校和医院的相关专业老师决定联合撰写一本涉及生物学和基础医学研究中常用分子生物学技术的工具书,为研究人员提供全面的实验操作指导。

本书作者大部分为年轻的副教授和讲师,他们站在初学者的角度,从自己的实验过程中整理出每一项实验的具体操作、注意事项及个人体会,成就了一本用于指导分子生物学实验操作的"实用手册"。有别于资深学者,年轻人的写作更加着眼于实用,风格简洁活泼。

与传统分子生物学类实验技术的书籍不同,本书专门增加了分子生物学常用实验设计和统计方法、还增加了最新的关于分子生物学的研究方法,比如CRISPR/Cas9、长链非编码RNA、RNA甲基化、细胞代谢等检测分析方法。希望本书能够给读者和使用者从事相关分子生物学研究提供成熟、全面的实验操作指导与参考。

药立波

2017年8月

# 前 言

在基础医学研究中,很多情况下要涉及分子生物学实验技术。对于多数实验原理,只要有一定知识背景,即使刚接触实验的人,也会相对容易了解;然而在实验技术上,即使专业的技术人员,也有很多实验技巧需要注意,初学者更是难以下手。纵观整个图书市场,关于分子生物学的参考书很多,但往往侧重于实验原理与最新进展,对实验技术和技巧的讲解不够深入和透彻。为了改变这一现状,更利于初学者顺利地完成研究计划,我们组织了一群年富力强的青年科技人员站在初学者的角度编写了这本《精编分子生物学实验技术》。

全书共二十章:第一章到第十三章介绍分子生物学常用实验技术;第十四章到第十七章着重阐述分子生物学相关的细胞、组织和动物实验;第十八章为分子生物学常用数据库;第十九章为计算机模拟小分子药物设计;第二十章阐述了分子生物学实验的设计和统计分析方法。本书有以下几个特点:一是编写人员大部分为从事一线科研工作的青年教师,所编写的实验技术均是其亲自做过、非常熟悉的,而且有自己独特的见解;二是所涉及内容既有常用且成熟的实验方法,也增加了最新的关于分子生物学的研究方法,比如长链非编码RNA、RNA甲基化分析、细胞代谢等;三是侧重于实验的具体操作、注意事项及个人体会;四是从初学者的角度出发,符合初学者的需要,也可为从事基础医学研究的人员提供帮助;五是在本书中,每一个章节都附有作者的联系方式,若遇到相关问题,可与作者进行交流。

本书是全体同仁共同努力的结晶,编写过程中我们力求正确、实用。但是,由于本书专业性强、内容覆盖面广,受知识和能力所限,难免有不足和错误之处,真诚希望读者提出宝贵意见和建议。

李 燕<br>2017年8月

# 目 录

## 第一章 PCR 技术 ... 1
### 第一节 RT-PCR ... 1
### 第二节 实时定量 PCR ... 13

## 第二章 RNA 干扰技术 ... 19

## 第三章 MicroRNA 研究方法 ... 29

## 第四章 长链非编码 RNA 研究方法 ... 39
### 第一节 长链非编码 RNA 概述 ... 39
### 第二节 RNA pull-down 鉴定 RNA – 蛋白质相互结合 ... 40
### 第三节 RNA 免疫共沉淀技术 ... 44

## 第五章 CRISPR/Cas9 基因编辑技术 ... 48
### 第一节 SgRNA 的设计及打靶效应分析 ... 48
### 第二节 受精卵注射 CRISPR/Cas9 系统制备基因编辑动物 ... 53

## 第六章 重组 DNA 技术 ... 63
### 第一节 大肠杆菌感受态细胞的制备 ... 63
### 第二节 质粒 DNA 的转化 ... 64
### 第三节 质粒提取 ... 67
### 第四节 琼脂糖凝胶电泳检测 DNA ... 68
### 第五节 凝胶回收 DNA ... 71
### 第六节 重组 DNA 的构建 ... 73
### 第七节 病毒载体介导的重组 DNA 技术 ... 76
复制缺陷型腺病毒载体的包装 ... 77
慢病毒载体的包装 ... 85
### 第八节 目的蛋白的原核表达与分离纯化 ... 89
目的蛋白的原核诱导表达 ... 89
目的蛋白的表达检测 ... 92
菌体的细胞破碎 ... 96
镍离子亲和层析纯化 ... 98
DEAE 阴离子交换层析 ... 101
凝胶过滤层析 ... 105

## 第七章 Western-blot 技术 ... 110
### 第一节 蛋白样品制备 ... 110
### 第二节 蛋白定量 ... 112
### 第三节 SDS-PAGE 电泳 ... 114
### 第四节 电转移 ... 118
### 第五节 酶免疫定位 ... 120

## 第八章 蛋白相互作用筛选及验证 ... 123
### 第一节 酵母双杂交系统筛选 ... 123
### 第二节 免疫共沉淀 ... 134
### 第三节 Pull-down 实验 ... 138

## 第九章 蛋白泛素化检测 ... 142

## 第十章 转录调控机制研究 ... 149
### 第一节 转录因子与靶基因相关性分析 ... 150
### 第二节 靶基因的启动子克隆 ... 151
### 第三节 报告基因活性分析 ... 153
### 第四节 DNA – 转录因子结合分析 ... 158
### 第五节 ChIP-Seq 技术 ... 164

## 第十一章 核酸甲基化分析 ... 166
### 第一节 基因组 DNA 提取 ... 166
### 第二节 DNA 甲基化分析 ... 169
### 第三节 RNA 甲基化分析 ... 179

## 第十二章 基因表达谱芯片分析 ... 185

## 第十三章 蛋白质谱分析 ... 192

## 第十四章 细胞代谢研究方法 ... 202
### 第一节 基于 Seahorse 生物能量分析仪测定糖酵解和线粒体有氧代谢的方法 ... 202
### 第二节 线粒体呼吸链复合体功能的测定 ... 209

## 第十五章 相关细胞学技术 ... 222
### 第一节 细胞冻存 ... 222
### 第二节 细胞复苏 ... 224
### 第三节 细胞计数法测定生长曲线 ... 226
### 第四节 MTT 法测定细胞增殖 ... 229
### 第五节 CCK-8 法测定细胞增殖 ... 232
### 第六节 BrdU 法测定细胞增殖 ... 236

| 第七节 | 平板克隆形成实验 | 239 |
| 第八节 | 软琼脂克隆形成实验 | 241 |
| 第九节 | Transwell | 244 |
| 第十节 | 划痕实验 | 247 |
| 第十一节 | 细胞周期的测定 | 249 |
| 第十二节 | 细胞凋亡检测 | 251 |
| 第十三节 | 脂质体介导的质粒转染 | 258 |
| 第十四节 | 病毒感染 | 261 |

## 第十六章 相关组织学技术 264
- 第一节　动物组织取材和固定 264
- 第二节　临床标本收集方法 267
- 第三节　免疫组织(细胞)化学 272
- 第四节　间接免疫荧光 276
- 第五节　原位杂交技术 280

## 第十七章 相关常用动物实验 285
- 第一节　裸鼠移植瘤动物模型 285
- 第二节　小动物活体成像技术 286

## 第十八章 分子生物学常用数据库 292
- 第一节　基因基本信息的获取 292
- 第二节　基因表达调控分析 298
- 第三节　基因功能分析 305

## 第十九章 计算机模拟辅助小分子药物设计 311
- 第一节　基于药效团模型的虚拟筛选方法 311
- 第二节　基于分子对接的虚拟筛选 316
- 第三节　骨架迁越 321

## 第二十章 常用实验设计和统计方法 325
- 第一节　完全随机设计分组 325
- 第二节　样本量估计软件实现 328
- 第三节　实验原始数据记录及预处理 333
- 第四节　统计分析方法的选择 337
- 第五节　学术论文设计方法描述 341

# 第一章 PCR 技术

聚合酶链式反应(Polymerase Chain Reaction,PCR)是利用针对目的基因所设计的一对特异寡核苷酸引物,以目的基因为模板进行的 DNA 体外扩增反应,类似于 DNA 的天然复制过程。反应产物随循环数的增加成指数扩增,可高效获取大量目的基因。这里仅介绍检测编码蛋白 mRNA 含量最常用的 RT-PCR 技术和荧光实时定量 PCR 技术。

## 第一节 RT-PCR

逆转录 PCR 或称反转录 PCR(Reverse Transcription PCR,RT-PCR),是聚合酶链式反应的一种广泛应用的变形。在 RT-PCR 中,RNA 在逆转录酶的作用下被逆转录成为互补 DNA(complementary DNA,cDNA),再以此为模板通过 PCR 进行 DNA 扩增。

### 一、PCR 引物的设计合成

1. 实验目的

PCR 引物设计的目的是为了找到一对合适的核苷酸片段,使其能有效地扩增模板 DNA 序列。因此,引物的优劣直接关系到 PCR 的特异性与成功与否。

2. 设计原则

①引物长度一般为 15~30 个碱基(一般为 18~24 个)。

②引物 5′端可以修饰,引物 3′端不可修饰,避免 3′端为连续的 GC。

③G + C 含量为 40%~60%。

④引物位置应在核酸序列保守区内并具有特异性。

⑤引物自身碱基要随机分布,不要有聚嘌呤或聚嘧啶,不能形成二级结构。

⑥引物之间不能有连续 4 个碱基的互补。

⑦退火温度在 53℃~62℃范围内。

⑧两引物间避免有互补序列。

3. 操作步骤

(1)查找基因 mRNA 序列

登录 NCBI 主页(http://www.ncbi.nlm.nih.gov/)(图 1-1),在"Search"下拉菜

单中选择"gene",输入目的基因的名称,如 IL-6,点击 search,会出现一个基因列表,第一列显示基因名称和基因的 ID 号,第二列是对基因的描述,显示了该基因的种属,第三列是基因的染色体定位,第四列显示该基因的别名。根据每个序列的介绍认真选择你的目的基因,如,研究者做的物种是大鼠,则选择列表中显示"Rattus norvegicus"的基因,点击后出现目的基因的相关信息,在页面底部可找到"NCBI Reference Sequences (RefSeq)"。它分为几个板块,第一个"mRNA and Protein"区,可以让我们找到连续的编码 mRNA 序列和蛋白质序列。在 mRNA and Protein 下面有两个序列代码,中间划有一个箭头,这代表了 mRNA 序列和蛋白质序列。分别点击就可以得到相应的序列页面。点击后在页面最下端获得如图所示的 mRNA 序列。

# 第一章 PCR技术

```
ORIGIN
        1 agctcattct gtctcgagcc caccaggaac gaaagtcaac tccatctgcc cttcaggaac
       61 agctatgaag ttctctccg caagagactt ccagccagtt gccttcttgg gactgatgtt
      121 gttgacagcc actgcctcc ctacttcaca acaagtccggaa ggagactca cagaggatac
      181 cacccacaac agaccagtat ataccacttc acaagtcgga ggcttaatta catatgttct
      241 cagggagatc ttggaaatga gaaaagagtt gtgcaatggc aattctgatt gtatgaacag
      301 cgatgatgca ctgtcagaaa acaatctgaa acttccagaa atacaaagaa atgatggatg
      361 cttccaaact ggatataacc aggaaatttg cctattgaaa atctgctctg gtcttctgga
      421 gttcctgttc tacctggagt ttgtgaagaa caacttacaa gataacaaga aagacaaagc
      481 cagagtcatt cagagcaata ctgaaaccct agttcatatc ttcaaacaag agataaaaga
      541 ctcatataaa atagtccttc ctacccaac ttccaatgct cctcctaatg agaagttaga
      601 gtcacagaag gagtggctaa ggaccaagac catccaactc atcttgaaag cacttgaaga
      661 atttctaaag gtcactatga ggtctactcg gcgaaacctac tgtgtctagc ctaagcatat
      721 cagtttgtgg acattcctca ctgtggtcag aaaatatatc ctgtcgatgg gtatctaaat
      781 tatgttgttc tctacgaaga actggcaata tgaatgttga aacactattt taatattttt
      841 taatttattg ataaattaaa taagtaaact ataagttaat ttatgattga tatttatact
      901 tttatgaag tgtcacttga aatattagt tatagttttg aaagataat ataaaaatct
      961 atttgatatg aatattctct tacctagcca gatggtttct tgcaatatat aagttaccct
     1021 caatgaattg ctaatttaaa ttttt
//
```

图 1-1 查找大鼠 *IL*-6 基因 mRNA 序列

（2）用引物设计软件设计引物

以最常用的 Primer premier 5.0 为例，打开软件工具栏的"File"按钮，选择"New"菜单下的"DNA Sequence"，将序列拷贝粘贴到引物设计软件中（图 1-2）。

点"Function"中的"Primer"按钮，出现新的界面（图 1-3）。

点击"Search"，并且选择需要的 PCR 引物的长度、PCR 产物的大小以及引物在整个序列中的范围等信息（图 1-4）。

点击"OK"按钮，结果显示评分从高到低的 100 对引物（图 1-5）。

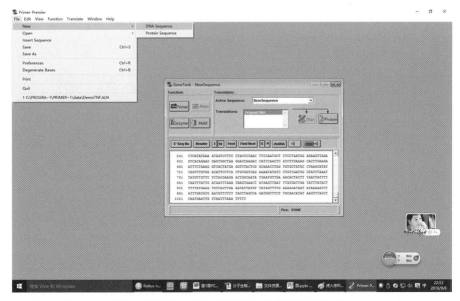

图 1-2 将大鼠 IL-6 基因 mRNA 序列输入引物设计软件 Primer premier 5.0

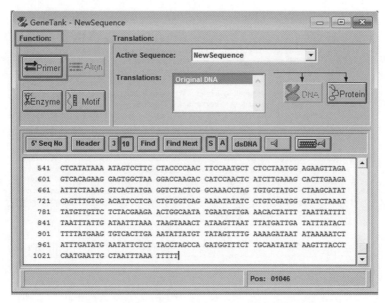

图1-3　Primer premier 5.0 引物功能菜单

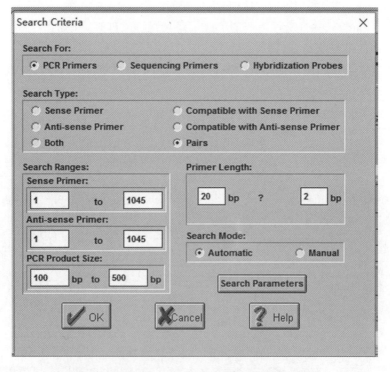

图1-4　Primer premier 5.0 引物设定功能菜单

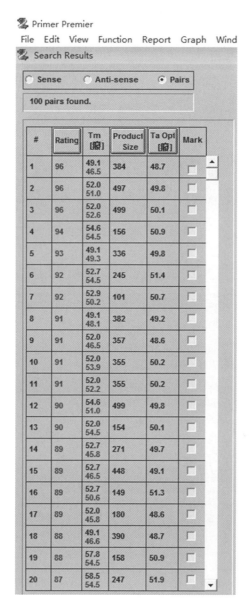

图1-5 Primer premier 5.0 根据设定信息自动生成100对引物（部分显示）

直接点击任何一对引物,可以看到引物长度、产物大小、Tm（退火温度）值、GC%、单条引物是否形成发夹结构、二聚体、错配以及两条引物之间形成二聚体的可能性等信息。可以从这些设计好的引物中选择最合适的引物。

(3) BLAST

用BLAST检测设计引物的特异性,如果没有条件自己设计引物,从文献中查到引物时，也可以 BLAST 验证一下，排除印刷错误。首先打开链接 http://www.ncbi.nlm.nih.gov/BLAST/，进入"BLAST"页面(图 1-6)。

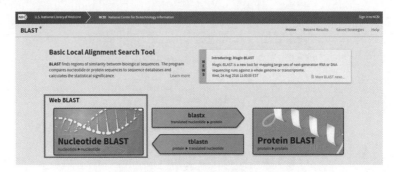

图 1-6　BLAST 主页面

选择"nucleotide blast"，输入用软件设计好的引物中的一条(图 1-7)。

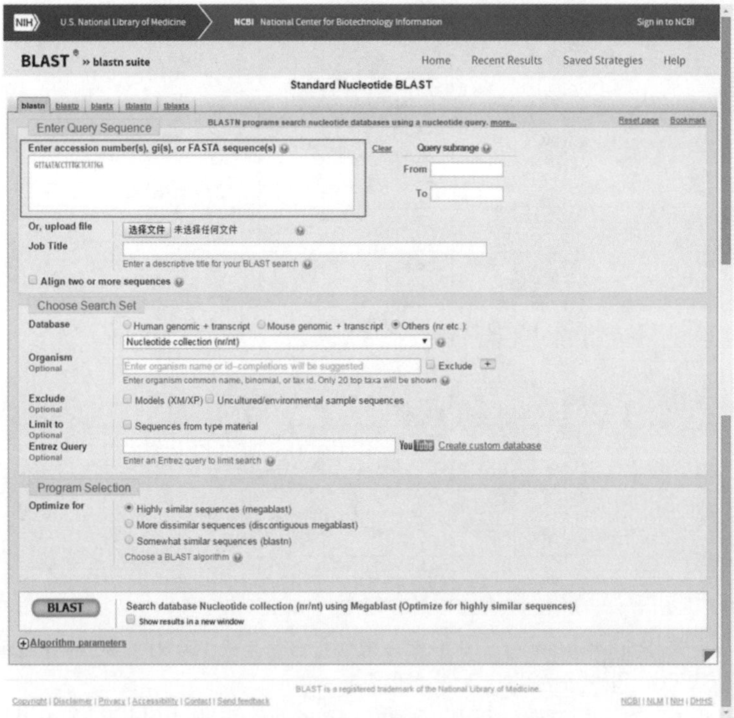

图 1-7　将设计好的引物输入 BLAST 检索框内

Enter Query Sequence 是输入序列的位置，直接把引物序列粘贴在对话框中，也可以选择上传序列，还可以选择要比对的序列的范围，留空就代表要输入的整个序列。Job Title 可以为本次工作命一个名字。Choose Search Set 部分是选择要与引物序列比对的物种或序列种类,genome DNA、mRNA 等等。人或小鼠可以直接选择,如果是其他物种就选择"others",之后网页会自动跳出一个下拉对话框和一个输入式对话框,可以分别选择和输入与引物序列比对的序列种类和物种。Entrez Query 可以对比对结果进行适当的限制。Program Selection 部分其实是让我们选择本次比对的精确度、种内种间等。

在 BLAST 按钮下面有一个"Algorithm parameters",这是参数设置选项,一般用户使用不到此项,所以它比较隐蔽,点击后原网页下方即可增加 Algorithm parameters 的内容。选择好以上种属等信息后,按"BLAST"按钮,数据上传及数据库的处理需要数秒或数十秒,BLAST 检测将导出数个序列的基本信息,只显示其中的 Description 部分(图 1-8),通过 Score、E value 的分数值就可以判断此引物与所检测的某种物质是否对应。一般"E value"这个指标,数值越小相似程度越高。其他几个指标,如 Totle score 等都是数值越高相似度越高。若第一条就是所需要的,直接点击进入可以看到这些序列的第一发表者,以及被引用情况,而且相对应的需要序列就会给出。再用同样的方法 BLAST 另一条引物。

图 1-8　BLAST 结果

**4. 送公司合成**

将设计好的引物以电子邮件的方式送生物公司合成,比如北京奥科或上海生工等。各公司都提供电子订单,可以标注客户的具体要求。一般可以要求合成 3 个 OD(其实 1 个 OD 就够用了,但 1 个 OD 和 3 个 OD 价格相同),每个 OD 分装一管,便于以后稀释。一般情况下,1 周左右可以到货。

**5. 注意事项**

● 常用的引物设计软件如 Primer premier 5.0、Oligo 6.0 和 DNAstar 都不错,网上基本上都可以下载到。用软件辅助设计的引物并不一定分数越高越好,还需结合实验的具体情况,通过进一步实验才能证明。

● 合成好的引物是干粉,可以置 4℃或 -20℃保存,使用前需先离心再小心打开盖子。

### 6. 个人心得

为了防止提取 RNA 时因 DNA(基因组)污染干扰实验,可以在引物设计上下功夫。上下游引物设计于跨内含子的前一个外显子的 3′ 端和下一个外显子的 5′ 端,这样不会在基因组上扩出来。还可以设计在两个离得远的外显子上,这样从基因组和 cDNA 上得到的产物大小不一样。但是对于单外显子基因,最好选择 DNase I处理。

表达水平检测和开放读框没有关系,PCR 的位置不需要在读框里,实际上 3′非翻译区更加保守,同源性低。

很多在 PCR 方面有经验的专业人员实际上并不需软件帮助,按照引物设计的原则直接在序列上寻找合适的引物,同样可以得到满意的结果(附常用内参照引物,表 1-1)。

表 1-1 常用内参照引物

| 内参基因名称 | 引物序列 | 退火温度(℃) | PCR 产物大小(bp) |
| --- | --- | --- | --- |
| Human beta actin* | 上游 agcgagcatcccccaaagtt | 54 | 285 |
|  | 下游 gggcacgaaggctcatcattRat |  |  |
| Ratbeta actin | 上游 gagagggaaatcgtgcgtgac | 57 | 452 |
|  | 下游 catctgctggaaggtggaca |  |  |
| Mouse beta actin | 上游 gtccctcaccctcccaaaag | 56 | 266 |
|  | 下游 gctgcctcaacacctcaaccc |  |  |
| Human GAPDH# | 上游 aggtccaccactgacacgtt | 55 | 310 |
|  | 下游 gcctcaagatcatcagcaat |  |  |
| Rat GAPDH | 上游 acagcaacagggtggtggac | 57 | 252 |
|  | 下游 tttgagggtgcagcgaactt |  |  |
| Mouse GAPDH | 上游 ggtgaaggtcggtgtgaacg | 56 | 233 |
|  | 下游 ctcgctcctggaagatggtg |  |  |

*beta actin = β 肌动蛋白。# GAPDH(glyceraldehyde phosphate dehydrogenase) = 磷酸甘油醛脱氢酶

## 二、RNA 的提取及定量

### 1. 原 则

避免 RNA 酶污染。

### 2. 主要仪器及试剂

①紫外分光光度计(以下以 Bio-Rad 公司的 SmartSpecTM 3000 分光光度计为例)。

②无菌乳胶手套(无滑石粉)、口罩、离心管(EP 管)、移液器及枪头、匀浆器等。

③Trizol、氯仿(三氯甲烷)、异丙醇、乙醇、DEPC 处理水等。

### 3. 操作步骤（全程戴手套和口罩）

①Trizol 处理。将细胞培养液细胞吸出后，用 PBS 洗两次，加入 1ml Trizol，室温裂解 1～2min，用移液器均匀吹下细胞并置于 EP 管中，上下轻柔颠倒 10 次，室温静置 5min。组织样品可以加入 Trizol 后匀浆，后续的步骤和细胞样品相同。Trizol 的用量一般 1ml 至少可以处理一个长满的 $25cm^2$ 细胞培养皿的细胞或 200mg 的组织。

②加 1/5 体积的氯仿（如 1ml Trizol 加 0.2ml 氯仿），颠倒混匀 10 次，室温静置 5min，4℃，12 000r/min，离心 20min。

③转上层水相于新 EP 管中，加等体积异丙醇，颠倒混匀 10 次，室温静置 10min，4℃，12 000r/min，离心 15min。

④用真空泵或移液器小心吸取上清液，加预冷的 75% 乙醇（$\omega_{乙醇}$ = 0.75）（用 DEPC 处理水配制），4℃，12 000r/min，离心 10min。

⑤弃上清液，EP 管倒扣，空气干燥 5～10min。

⑥溶于 10～100μl DEPC 处理水中。

⑦定量时将溶于 DEPC 处理水的 RNA 进行适量稀释，如 50 倍或 100 倍稀释（98μl 去离子水加 2μl RNA 或 99μl 去离子水加 1μl RNA，总体积 100μl），用紫外分光光度计的微量石英杯定量，开机后选择 RNA 定量，先用 100μl 去离子水做空白读数去除背景，再检测样品。读取 $OD_{260}$ 值及 $OD_{260}/OD_{280}$ 比值。

### 4. 结果判读

$OD_{260}/OD_{280}$ 如果在 1.8～2.0 之间，基本上可以进行下一步反转录，越接近 2.0 越好，若比值明显低于 1.8，可能存在蛋白污染。$OD_{260}$ 的值为 0.1～1.0，$OD_{260}/OD_{280}$ 的读数才可信。RNA 浓度 = $OD_{260}$ 值 ×40× 稀释倍数/1000。

制备好的 RNA 可以在 1% 琼脂糖凝胶中电泳，结果应该有 18s 和 28s 两条带（图 1-9），如果定量 $OD_{260}/OD_{280}$ 值在 2.0 左右，证明 RNA 很纯，一般不需要电泳。

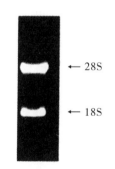

图 1-9 人 HeLa 细胞提取 RNA 电泳图

### 5. 注意事项

• 汗液和唾液中含有大量 RNA 酶，所以提取过程中最好戴手套和口罩。

• 提取 5μg 以上的 RNA（可以制备 20μl cDNA 模板），大约一个长满的直径 35mm 的细胞平皿或 100mg 组织就够了。

• 提取 RNA 前要把离心机提前预冷到 4℃。

• 使用真空泵吸上清液时要特别小心，稳妥的办法是把负压控制旋钮调小，否则容易把 RNA 沉淀也吸出。

- 空气干燥后,白色的 RNA 沉淀可能变透明,故可提前用标记笔在管底 RNA 存在的位置标记一下。
- Trizol 处理完的细胞和组织暂不用时可以置于 -70℃ 冰箱,至少可以保存 3 个月。
- Trizol 有腐蚀性,如果不小心粘到皮肤上,应立即用清水或 70% 乙醇($\omega_{乙醇}$ = 0.7)擦洗。

### 6. 个人心得

Invitrogen 公司的 Trizol 是提取 RNA 的经典试剂,另外 Takara 公司的同类产品效果也很不错。加入异丙醇后 -20℃ 放置几个小时或者过夜,效果更好。实验中发现其实 75% 乙醇和纯乙醇的效果没有明显差别。

## 三、逆转录

### 1. 基本原理

用逆转录酶以 RNA 为模板合成与其互补的 DNA(cDNA)的过程。因为 mRNA 末端存在 Poly A,所以用 Oligo dT 作为通用引物与其互补。

### 2. 主要仪器及试剂

① Oligo(dT)$_{18}$(0.5μg/μl)、DEPC 处理水、5× 反应缓冲液、RNase 抑制剂(20U/μl)、10mmol/L dNTP、M-MuLV 逆转录酶(20U/μl)。

② EP 管、移液器及枪头等。

### 3. 操作步骤

① 1μl Oligo(dT)$_{18}$ 加 5μg RNA,用 DEPC 处理水补齐到 12μl,混匀后 70℃ 5min,立即放在冰上 5min。

② 加入 4μl 5× 反应缓冲液、1μl RNase 抑制剂和 2μl 10mmol/L dNTP,混匀后 37℃ 放置 5min。

③ 加入 1μl M-MuLV 逆转录酶,42℃ 反转录 60min,70℃ 终止酶活性 10min。

④ 反转录产物 20μl 置于 -20℃ 保存。

### 4. 注意事项

- 混匀或恒温后最好简单低速离心一下,实验室常用的手掌型离心机就可达到效果。
- 按上述方法反转的模板浓度比较大,做实时 PCR 等实验可以适当稀释模板。如果模板用量更大,可以把 RNA 和试剂加倍。

### 5. 个人心得

现在有许多商品化的反转录试剂盒应用非常方便,我们常用 Fermentas 和 Promega 的反转录试剂盒。除了 Oligo dT,还可以用随机引物,但一般用 Oligo dT 就可以了。

## 四、PCR

### 1. 主要仪器及试剂

①5×PCR 缓冲液、2.5mmol/L dNTP、Taq 酶、10×上样缓冲液、DNA marker、琼脂糖、0.5×TBE、溴化乙啶(10g/L)。

②PCR 仪、紫外凝胶成像仪、PCR 管、移液器及枪头等。

### 2. 操作步骤

①按表 1-2 混合 25μl PCR 体系,加入 PCR 管。

表 1-2 25μl PCR 体系

| | 浓度 | 体积(μl) | 终浓度 |
| --- | --- | --- | --- |
| PCR Buffer | 10× | 2.5 | 1× |
| dNTP | 2.5mmol/L | 2 | 0.1mmol/L |
| 上游引物 | 10pmol/μl | 1 | 0.4pmol/μl |
| 下游引物 | 10pmol/μl | 1 | 0.4pmol/μl |
| cDNA 模板 | | 1~5 | |
| Taq 酶 | 5U/μl | 0.5 | 0.2U/μl |
| 去离子水 | | 补齐 25 | |

②混匀上述混合物,简单低速离心。

③设定好 PCR 程序,将 PCR 管放入 PCR 仪中,以 NDRG2 为例,程序是:第一步 95℃,5min;第二步 95℃,30s;第三步 55℃,30s;第四步 72℃,30s;第五步 72℃,7min。第二步到第四步(变性、退火、延伸)设 30 个循环,参照 GAPDH 其他程序,循环数设为 20 个。

④PCR 产物加入 3μl 10×上样缓冲液,混匀,取部分或全部产物加样到 1%琼脂糖凝胶(琼脂糖凝胶加终浓度为 0.5μg/ml 溴化乙啶)中 100V 电泳 30min(电泳缓冲液也为 0.5×TBE),紫外灯下观察,紫外凝胶成像仪拍照。

### 3. 结果判读

所得结果如图 1-10 所示,与对照组和 LacZ 组相比 NDRG2 腺病毒转染细胞组 NDRG2 的表达明显增高,内参照 GAPDH 没有明显的变化。但是 NDRG2 产物下方有杂带,可以将退火温度提高到 57℃。

### 4. 注意事项

- 5×PCR 缓冲液中含有镁离子,购买时注意。
- 混合各个样品 25μl 体系的各种成分时,可以将相同的成分混在一起,再分到各个 PCR 管,最后加入不同的模板或引物,这样既省时省事,也可减少操作误差。

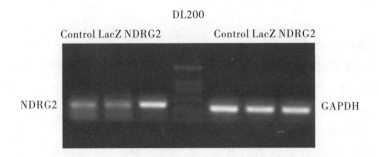

图1-10 NDRG2 腺病毒转染 HSG 细胞24h RT-PCR 结果

但要注意多配一些,以免操作中的耗损导致样品不够(比如要配9个样品,可以按9.5个或10个样品的量配)。

- dNTP 的质量和浓度与 PCR 扩增效率有密切关系,如保存不当易变性失去生物学活性。dNTP 溶液呈酸性,使用时应配成高浓度,小量分装,-20℃冰冻保存,多次冻融会使 dNTP 降解。
- 每次从-20℃冰箱里取出 PCR 试剂时除了 Taq 酶,其他的试剂都要完全融化并彻底混匀再使用。
- PCR 产物加样时,一般还要加一个 DNA marker 以确定 PCR 产物的大小,一般用 Takara 的 DL2000。
- 内参照基因大都是一些表达稳定的看家基因,所以 PCR 的循环数设定不要超过22个(一般17~20个就可以了),如果太多可能会掩盖本来有差别的模板量。
- 设立阴阳性对照和空白对照,即可验证 PCR 反应的可靠性,又可以协助判断扩增系统的可信性。

5. 个人心得

常用 PCR 试剂 Takara 公司的很全。退火温度经常需要调整,第一次用引物设计时可以降低 Tm 值3℃~5℃作为退火温度,如果 PCR 产物条带很弱(但很特异,没有杂带,产物大小也正确),可能是该基因表达丰度本来就不高,也可能是退火温度有点高,可以适当降低退火温度。如果 PCR 产物有杂带出现,可以适当升高退火温度。

目前也有市售的 PCR 扩增试剂盒,其中配套的 PCR Master(含 0.1U/μl Taq DNA 聚合酶、3mmol/L $MgCl_2$ 0.2mmol/L dNTP 和 2×PCR 缓冲液),这样在体系配制时只用加 PCR Master、引物、模板,最后用水补足到所需的体积。

## 第二节 实时定量 PCR

### 一、基本原理及实验目的

荧光实时定量 PCR 是通过对扩增反应中每一个循环产物的荧光信号进行实时监测,并分析指数期的扩增情况来实现对起始模板的定量分析。该技术所使用的荧光来源包括荧光探针和荧光染料。前者是利用与靶序列特异杂交的探针来指示扩增产物的增加,因此特异性更高;而后者则能结合所有的双链 DNA,因此不必因模板的不同而特别定制,通用性强,但需要保证扩增产物的特异性。

荧光扩增曲线可分成背景信号阶段、信号指数扩增阶段和平台期三个阶段。只有在指数扩增阶段,PCR 产物量的对数值与起始模板量之间存在线性关系。为了定量和比较的方便,在荧光定量 PCR 技术中引入了两个非常重要的参数——荧光阈值和 CT 值。荧光阈值是在荧光扩增曲线上人为设定的一个值,一般缺省设置为 3~15 个循环荧光信号的标准偏差的 10 倍。每个反应管内的荧光信号到达设定的阈值时所经历的循环数被称为 CT 值(C 代表 cycle,T 代表 Threshold)。

### 二、试剂配制

出于价格和通用性的考虑,科研工作者在实际工作中大多选用染料法(主要是 SYBR Green Ⅰ)来进行荧光定量 PCR 实验。已有很多商品化的 PCR 反应试剂(Master Mix),包含 dNTP、$Mg^{2+}$、Taq 酶、SYBR Green Ⅰ 染料(有些公司还提供 ROX 染料,用来校正加样误差)。这些 Master Mix 往往被制成 2 倍浓缩液,实验者用时只需加入总反应体积 1/2 的 Master Mix 液,然后加入引物和模板即可。PCR 反应所需的试剂均须用无 RNase 和 DNase 的水稀释。

### 三、引物设计原则

由于 SYBR Green Ⅰ 可结合所有的双链 DNA,因此保证扩增产物的特异性是精确定量所必需的,这就使得用于荧光定量 PCR 的引物相对普通 PCR 来说有着更为严格的要求:①引物的退火温度一般在 60℃左右;②扩增产物不要太大,一般为 80~150bp;③选择引物时要尽量避免容易形成二聚体的引物;④跨外显子设计引物,用于区别或消除基因组 DNA 的扩增。

### 四、实验步骤

#### 1. 引物设计与合成

虽有相关的软件可用于辅助设计适于荧光定量 PCR 的引物,但是学习使用这些软件相对比较费时,且设计后的引物特异性难以保证。借助于下列途径可节约时间和精力。

• 检索所需检测基因的相关文献,查看是否已有公开发表的针对目的基因的用于荧光定量 PCR 反应的扩增引物序列和反应条件。

• 查询相关网站,如 http://medgen.μgent.be/rtprimerdb、http://www.realtimeprimers.org、http://pga.mgh.harvard.edu/primerbank/index.html 等网站可提供某些适用于荧光定量 PCR 的引物、探针及反应条件。

• 目前很多引物合成公司提供引物设计服务,用户只需提供待检测基因的相关信息即可。

2. 模板的制备

提取组织或细胞 RNA 及 cDNA 反转录的操作步骤同前。为了保证扩增效率,使定量结果更精确可靠,用于定量 PCR 的 RNA 要求有更高的纯度,$OD_{260}/OD_{280}$ 的比值处于 1.8~2.0。

3. PCR 反应条件的优化

首次使用的引物需首先对其扩增条件进行优化,主要包括确定退火温度及验证扩增的特异性。是否有引物二聚体等非特异性扩增可通过融解曲线和琼脂糖凝胶电泳来确定,融解曲线只呈现一个峰则说明扩增产物为特异的,出现两个主峰则说明存在非特异扩增,需进一步优化反应条件或更换引物。反转录后首次使用的 cDNA 模板也需对其扩增状况进行验证。主要是通过查看扩增曲线来确定,扩增曲线呈典型的 S 型扩增,且曲线平滑,说明模板状况良好。

此外,下列参数的优化有利于找到最佳的反应条件:

(1) 模板的浓度

如果是进行首次实验,实验者应通过选择一系列稀释浓度的模板来进行实验,以选择出最为合适的模板浓度。一般而言,使所扩增的曲线进入指数扩增的循环数介于 15~30 个循环,若 >30 则应使用较高的模板浓度,如 <15 则应选择较低的模板浓度。

(2) 引物的浓度

引物的浓度是一个影响 PCR 反应的关键因素,浓度太低,会导致反应不完全;引物太多,则发生错配以及产生非特异产物的可能性会大大增加。对于大多数 PCR 反应,300nmol/L 是个合适的浓度,若选用这一浓度不理想,可在 100~1000nmol/L 之间进行选择。此外,上下游引物的浓度也可根据需要调整,不一定相同。

(3) 退火温度

计算 Tm 的公式(Wallace 规则):$Tm = 4℃(G+C) + 2℃(A+T)$。首次实验设置的退火温度应比计算得出的 Tm 值低 5℃,然后在 1℃~2℃内进行选择。通常情况下,退火温度要根据经验来确定,这个经验值往往会同计算得到的 Tm 值有一定的差距。

### 4. 制备 PCR 反应体系

PCR 反应体系通常为 25μl、2×SYBR Green Ⅰ Master Mix 12.5μl、引物 100～1000nmol/L、cDNA 10～50ng，补水至 25μl。将针对同一基因的除模板外的扩增试剂首先混合，然后等量加入每个反应管中（如待检样品较少可选用八连管，反之则需选用与仪器相匹配的 PCR 专用 96 孔板），针对每个基因的每个样品要有 3 个重复扩增管，最后向每管加入模板（为减少加样误差，可将模板进行一定比例的稀释，然后每孔加入 5μl）。

### 5. 上机检测

加样后的八连管或 96 孔板上机检测之前最好用离心机进行简短离心，以避免反应液残留在管壁上。此外，还需检查八连管的盖或 96 孔板用的透明贴膜是否密闭，以避免扩增过程中出现样品挥发的现象。放入 PCR 仪后，设置反应条件，通常是 95℃ 2min，然后 95℃ 10s，60℃ 30s，循环 40 次。在 60℃ 时，设定荧光检测点，进行扩增。

## 五、结果分析

常用的两种分析荧光定量 PCR 实验数据方法是绝对定量和相对定量。前者通过标准曲线计算起始模板拷贝数，而后者则是比较经过处理的样品和未经处理的样品目标转录本之间的表达差异。大多数研究人员往往只需要了解基因表达的相对量，因此选用相对定量方法即可。

常用的相对定量方法主要有 $2^{-\Delta\Delta CT}$ 法和双标准曲线法两种。这两种方法都至少要做两个基因，即目的基因和一个看家基因，以校正 RNA 纯化后得率不同、RNA 反转录为 cDNA 的效率不同等客观因素。常用的看家基因包括 β-actin、GAPDH、18S rRNA 等。以上两种相对定量分析方法有各自的特点和应用。

### 1. $2^{-\Delta\Delta CT}$ 法

该方法直接利用看家基因来校正样品初始量，但同时默认两个基因的扩增效率一致。使用该方法需注意以下事项：

- 用该方法进行定量实验前，在预实验中，需对目的基因和看家基因作两组标准曲线。如果两组标准曲线斜率的差小于 0.1，表明两个基因的扩增效率已非常接近，那么后续实验中就可以用该法进行相对定量分析。反之，差值大于 0.1，就无法用该方法进行相对定量分析。

- 每次实验都默认目的基因和看家基因的扩增效率一致，而并非真实扩增情况的反映，因此实验条件需要严格优化，并且总会存在一定的偏差。

- 当优化的体系已经建立后，在每次实验中无须再对看家基因和目的基因做标准曲线，只需对待测样品分别进行 PCR 扩增即可。

### 2. 双标准曲线法

考虑到不同基因扩增效率的差异，常用双标准曲线来校正扩增效率。该方法的特点包括：

①应用简便，无须像 $2^{-\Delta\Delta CT}$ 法那样对实验进行严格的优化。

②不足之处是每次实验都必须对目的基因和看家基因作两组标准曲线。

③如果用于做标准曲线的标准品不同于待测样品，比如标准品为质粒或纯化的 PCR 产物，而待测样品为 cDNA，那么标准曲线的扩增效率并不能真实地反映样品的扩增情况，因此以标准曲线来计算样品的实际浓度就存在一定误差。

总之，每种相对定量方法都会有一定的局限性，双标准曲线法比较适合于样本量不大、但研究的基因较多的客户，因为其对不同基因条件优化相对 $2^{-\Delta\Delta CT}$ 法更为简单。

## 六、常见问题分析

1. 无 CT 值出现（图 1-11）

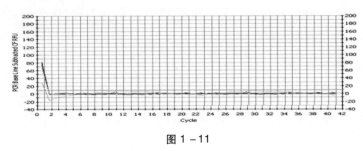

图 1-11

- 引物或探针降解：可通过 PAGE 电泳检测其完整性。
- 模板量不足：对未知浓度的样品应从系列稀释样本的最高浓度做起。
- 模板降解：避免样品制备中杂质的引入及反复冻融的情况。

2. CT 值出现过晚（CT>38）（图 1-12）

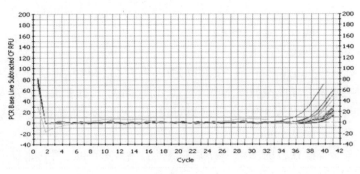

图 1-12

- 扩增效率低：反应条件不够优化。设计更好的引物或探针；改用三步法进行反应；适当降低退火温度；增加镁离子浓度等。
- PCR 各种反应成分的降解或加样量的不足。

- PCR 产物太长：一般采用 80~150bp 的产物长度。

3. **标准曲线线性关系不佳**（图 1-13）

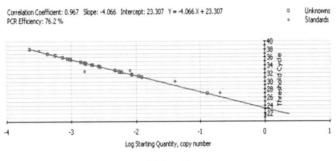

图 1-13

- 加样存在误差：使得标准品不呈梯度关系。
- 标准品出现降解：应避免标准品反复冻融，或重新制备并稀释标准品。
- 引物或探针不佳：重新设计更好的引物和探针。
- 模板中存在抑制物，或模板浓度过高。

4. **溶解曲线不止一个主峰**（图 1-14）

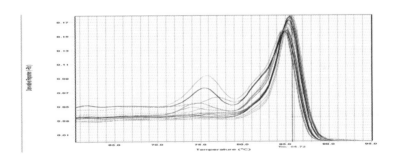

图 1-14

- 引物设计不够优化：应避免引物二聚体和发夹结构的出现。
- 引物浓度不佳：适当降低引物的浓度，并注意上下游引物的浓度配比。
- 镁离子浓度过高：适当降低镁离子浓度，或选择更合适的 mix 试剂盒。
- 模板有基因组的污染：RNA 提取过程中避免基因组 DNA 的引入，或通过引物设计避免非特异扩增。

5. **扩增曲线异常**（图 1-15）
- 参比染料设定不正确（MasterMix 不加参比染料时，选 NONE）。
- 模板的浓度太高或者降解。
- 荧光染料的降解。

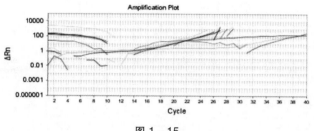

图 1-15

## 七、注意事项

- 在制备反应液的过程中操作者要戴手套,以避免污染。若不小心溅上反应液,立即更换手套。此外,由于定量 PCR 仪对荧光信号的采集是通过样品管上面来进行的,因此密闭样品管时,用污染的手套或直接用手指接触上面,都可能产生非特异性荧光信号,干扰后续的分析工作。
- 使用的加样枪须经过校准。
- 避免小体积操作,为了减少加样误差,可以先制备反应混合液,将 Master Mix、引物和 $ddH_2O$ 混合好,分装,最后加入模板,这样即可以减少操作,避免污染,又可以增加反应的精度。
- 将反应液加入到检测用的反应孔板中时,避免产生气泡。
- 防止试剂交叉污染,特别是模板与其他反应用的液体最好隔离储存。
- 引物和模板长期保存时应置于 -20℃,防止降解。Master Mix 避免反复冻融,经常使用,可以放在 4℃。
- 整个操作在冰上进行。
- 含有 SYBR Green Ⅰ 和 ROX 等染料的反应混合液应避光保存。

## 八、个人心得

- 虽然定量 PCR 仪自带的软件能自动分析数据并给出实验组和对照组的相对定量结果,但是实验结束后对每个样品的扩增曲线逐一进行查看是必要的,这样才不会掩盖扩增异常造成的误差,也有助于找到扩增异常的原因。例如,即使 SYBR Green Ⅰ 的扩增曲线正常,但是如果 ROX 不呈直线,而是呈现上扬的斜线,表明样品管密闭不严,在扩增后期反应液出现了挥发。
- 目标基因和内参照基因的扩增效率有时并不相同,通过查看扩增曲线的线性模式,如目标基因和内参照基因的扩增曲线平行,则两者的扩增效率一致或接近。
- 通常进行 PCR 扩增采用的体积为 $20\mu l$、$30\mu l$、$50\mu l$ 或 $100\mu l$,可以根据所使用的试剂盒说明书、主要研究目的等因素确定使用体积,但当更换不同体积时一定要重新摸索条件,否则容易失败。

(张景萍,新疆医科大学,e-mail:9601874@qq.com)

# 第二章　RNA 干扰技术

## 一、实验原理与实验目的

RNA 干扰（RNA interference，RNAi），又称转录后基因沉默（Post-Transcriptional Gene Silencing，PTGS），是双链 RNA 介导的转录后基因沉默的重要机制之一，可以特异性剔除或关闭特定基因的表达。RNAi 技术通过将目标基因特异性同源双链 RNA（dsRNA）导入到细胞内，引起与其同源的 mRNA 特异性降解，因而达到抑制相应基因表达，使目的基因不表达或表达水平降低，使特定基因表达缺失的结果。

RNAi 包括起始阶段和效应阶段（initiation and effector steps）。在起始阶段，加入的 dsRNA 被 Dicer 酶切割成 21～23bp 长的小分子干扰 RNA 片段（small interfering RNA，siRNA）。在 RNAi 效应阶段，siRNA 双链结合核酶复合物形成 RNA 诱导沉默复合物（RNA-Induced Silencing Complex，RISC），激活的 RISC 通过碱基配对定位到其同源的 mRNA 转录本上，并在距离 siRNA 3′端 12 个碱基的位置切割 mRNA，从而诱导内源靶基因的 mRNA 降解，达到阻止基因表达的目的。目前该技术已被广泛用于基因功能、信号传导通路研究和基因治疗、遗传性疾病及恶性肿瘤的治疗领域。

## 二、实验试剂与材料

RNase Ⅲ、DNA Oligo、Taq 酶、dNTP、氯化钙、磷酸缓冲液、克隆所需试剂、siRNA 合成试剂盒等。

## 三、实验技术路线

### 1. siRNA 的设计

RNAi 实验最关键的步骤是设计出能够高效抑制目标基因表达的小干涉 RNA（siRNA）序列，这也是整个 RNAi 实验的起始步骤。

（1）可通过在线分析软件分析目标基因并获得有效的 siRNA 序列

以下是目前常用的自动分析筛选针对目标靶 mRNA 有效干涉序列的网址：

http://www.genesil.com

http://www.ambion.com

http://www.ic.sunysb.edu

http://design.dharmacon.com

（2）RNAi 目标序列选取原则

包括确定所选取 siRNA 在靶 mRNA 中位置、排除靶 mRNA 特异性 siRNA 的"脱靶效应"和靶 mRNA 的选取是一个从筛选到确认的实验过程。

确定所选取 siRNA 在靶 mRNA 中位置。从靶 mRNA 的 5′AUG 起始密码开始，寻找"AA"二连序列，并记录其 3′方向的 19 个碱基序列，作为备选的 siRNA 靶位点。有实验证据显示 GC 含量为 45%~55% 的 siRNA 要比那些 GC 含量偏高的更为有效。

在设计 siRNA 时，尽量不要选取 5′和 3′端的非编码区（untranslated regions，UTR）设计基因干涉片段。原因是这些区域是复杂的调控蛋白结合区域，而这些调控蛋白或者翻译起始复合物可能会影响 RICS 复合物结合 mRNA，从而影响 RNAi 的效果。

排除靶 mRNA 特异性 siRNA 的"脱靶效应"。siRNA 的"脱靶效应"指的是 siR-NA 对非预想 mRNA 的转录后基因沉默生物学效应。"脱靶效应"的产生将严重干扰对所需分析特定靶基因在细胞中的生物学功能及其作用机制。为此，可将备选的 siRNA 序列与相应生物的基因数据库（人、小鼠、大鼠等）进行比对，排除那些和该生物其他编码序列或 EST 相似性高的序列。例如，使用 BLAST 工具（http://www.ncbi.nlm.nih.gov/BLAST/）。

靶 mRNA 的选取是一个从筛选到确认的实验过程。在靶 mRNA 特异性 siRNA 的选择过程中，即便遵循确定所选取 siRNA 在靶 mRNA 中位置、排除靶 mRNA 特异性 siRNA 的"脱靶效应"基本规则并联合 siRNA 与靶 mRNA 结合热力学稳定性参数的分析，也依然无法准确判断所选取 siRNA 是否能够高效地沉默特定靶 mRNA。因此，针对一个靶基因通常需要设计多个位点的 siRNA，以便实验筛选最有效的 siRNA 序列。

（3）siRNA 阴性对照的选取

阴性对照的设立是一个严谨的 RNAi 实验所必需的。作为阴性对照的 siRNA 应该和备选 siRNA 序列有类似的组成，但是和靶 mRNA 没有明显的同源性。我们通常称之为 Scramble 序列。即将备选的 siRNA 序列打乱，或选取与靶基因无关的 siR-NA 序列。同样，要利用 Blast 等在线软件工具分析比对以保证它和该生物中其他基因没有同源性。

（4）经实验验证的 siRNA 可作为自己实验中的首选

随着科研工作的不断推进，经实验验证的各种基因的有效 siRNA 序列逐渐增多，下面的数据库对实验者有很好的参考价值：

http://design.dharmacon.com

http://www.ambion.com

http://web.mit.edu

http://python.penguindreams.net

**2. siRNA 的制备策略**

目前制备 siRNA 较为常用的方法有化学合成法、体外转录法、体外消化双链 RNA 法、利用质粒或者病毒载体表达的 shRNA(small hairpin RNA)以及 PCR 法制备 siRNA 表达框架。

(1) 化学合成法

许多生物公司均可根据用户要求提供高质量的化学合成 siRNA,并在此基础上在核糖核酸的磷酸骨架上进行 2′甲氧基团等化学修饰,以进一步提高化学合成 siRNA 在细胞培养液或体内环境下的稳定性。但价格较贵,效率只有转录合成的 shRNA 的 1/40~1/10,基因抑制持续时间短,对细胞毒性大,转染效率低,此外由于合成工艺上存在不可弥补的缺陷,此方法不能合成 shRNA,不能纠正合成中产生的 20% 左右的碱基错误。

(2) 体外转录法

以 DNA 寡链为模版,通过体外转录合成 siRNA,生产成本相对化学合成法而言较低,而且能够比化学合成法更快地得到 siRNA。不足之处是实验的规模受到限制,虽然一次体外转录合成能提供足够做数百次转染的 siRNA,但是反应规模和数量始终有一定的限制。体外转录得到的 siRNA 毒性小、稳定性好、效率高,只需要化学合成的 siRNA 量的 1/10 就可以达到化学合成 siRNA 所能达到的效果,从而减少对转染效率的依赖性。

(3) 体外消化双链 RNA 法

设计和检验多个 siRNA 序列以便找到一个有效的 siRNA,往往工作量大、周期长。而用体外消化双链 RNA 法制备一份有各种 siRNA 混合物,就可以避免这个缺陷。通常选择 200~1000 个碱基的靶 mRNA 模版,用体外转录的方法制备长片断双链 dsRNA,然后用 RNase A 在体外消化,得到一组 siRNA 混合物。在除掉没有被消化的 dsRNA 后,此 siRNA 混合物可直接转染细胞,方法和单一的 siRNA 转染一样。由于 siRNA 混合物中有许多不同的 siRNA,通常能够保证目的基因被有效地抑制。dsRNA 消化法的主要优点在于可以跳过检测和筛选有效 siRNA 序列的步骤,为研究人员节省时间和金钱。不过这种方法的缺点也很明显,主要是"脱靶效应"明显,基因沉默效果较单一有效的 siRNA 略低。

(4) 表达载体介导 shRNA 的表达

shRNA 表达载体利用启动子元件操纵一段小发夹 RNA(short hairpin RNA, shRNA)在哺乳动物细胞中表达。这些启动子包括其他表达载体常用的人源和鼠源的 U6 启动子和人 H1 启动子。之所以采用 RNA pol Ⅲ(U6、H1)启动子是由于它可以在哺乳动物细胞中表达更多的小分子RNA,而且它是通过添加一串(3~6个)U来终止转录的。这类载体中比较成熟的有Ambion公司的pSilencer系列载体,它们不仅可用于瞬时表达,由于载体骨架上包含了抗性筛选基因,因此还可用于在哺乳动物细胞中的稳定表达。要使用这类载体,首先需要合成两段编码短发夹RNA序列的DNA单链,它们的序列中包含了需要亚克隆的酶切位点序列,然后将其退火,形成两端含有相应酶切位点黏性末端的双链结构,并与相同酶切过的pSilencer载体相连。将构建成功的载体送公司进行测序,以确保合成的DNA序列完全正确。由于涉及克隆,这个过程需要1~2周的时间。相对于化学合成的siRNA而言,shRNA表达载体更利于保存和自我扩增。同时,带有抗生素标记的载体可以在细胞中持续抑制靶基因的表达,持续数星期甚至更久。类似的,病毒表达载体也可用于shRNA表达。其优势在于可以直接高效率感染细胞进行基因沉默的研究,避免由于质粒转染效率低而带来的种种不便,而且转染效果更加稳定。缺点是前期工作较复杂,一般适用于普通表达载体无法达到满意的转染效率时使用。

(5) siRNA表达框架

siRNA表达框架(siRNA expression cassettes,SEC)是一种由PCR得到的siRNA表达模版,包括一个RNA pol Ⅲ启动子,一段发夹结构siRNA,一个RNA pol Ⅲ终止位点,能够直接导入细胞进行表达而无须事前克隆到载体中。和siRNA表达载体不同的是,SECs不需要载体克隆、测序等颇为费时的步骤,可以直接由PCR得到,不用一天的时间。因此,SECs成为筛选siRNA的最有效工具,甚至可以用来筛选在特定的研究体系中启动子和siRNA的最适搭配。如果在PCR两端添加酶切位点,那么通过SECs筛选出的最有效的siRNA后,可以直接克隆到载体中构建siRNA表达载体。构建好的载体可以用于稳定表达siRNA和长效抑制的研究。这个方法的主要缺点:①PCR产物较难转染到细胞中;②不能进行序列测定,PCR和DNA合成时可能产生的误读不能被发现导致结果不理想。适用于筛选siRNA序列,在克隆到载体前筛选最佳启动子。不适用于长期抑制研究。

## 3. siRNA的转染

将制备好的siRNA、siRNA表达载体或表达框架转导至真核细胞中的方法主要有以下几种:

(1) 磷酸钙共沉淀

将氯化钙、RNA(或DNA)和磷酸缓冲液混合,沉淀形成包含DNA且极小的不溶的磷酸钙颗粒。磷酸钙-DNA复合物黏附到细胞膜并通过胞饮进入目的细胞的细胞质。沉淀物的大小和质量对于磷酸钙转染的成功至关重要。在实验中使用的每种试剂都必须小心校准,保证质量,因为甚至偏离最优条件1/10个pH都会导致磷酸钙转染的失败。

(2)电穿孔法

电穿孔通过将细胞暴露在短暂的高场强电脉冲中转导分子。将细胞悬浮液置于电场中会诱导沿细胞膜的电压差异,据认为这种电压差异会导致细胞膜暂时穿孔。电脉冲和场强的优化对于成功的转染非常重要,因为过高的场强和过长的电脉冲时间会不可逆地伤害细胞膜而裂解细胞。一般,成功的电穿孔过程都伴随高水平(50%或更高)的毒性。

(3)DEAE-葡聚糖和polybrene

带正电的DEAE-葡聚糖或polybrene多聚体复合物和带负电的DNA分子使得DNA可以结合在细胞表面。通过使用DMSO或甘油获得的渗透休克将DNA复合体导入。两种试剂都已成功用于转染。DEAE-葡聚糖仅限于瞬时转染。

(4)机械法

转染技术也包括使用机械的方法,比如显微注射和基因枪(biolistic particle)。显微注射使用一根细针头将DNA,RNA或蛋白直接转入细胞质或细胞核。基因枪使用高压microprojectile将大分子导入细胞。

(5)阳离子脂质体试剂

在优化条件下将阳离子脂质体试剂加入水中时,其可以形成微小的(平均大小约100~400nm)单层脂质体。这些脂质体带正电,可以靠静电作用结合到DNA的磷酸骨架上以及带负电的细胞膜表面。因此使用阳离子脂质体转染的原理与以前利用中性脂质体转染的原理不同。使用阳离子脂质体试剂,DNA并没有预先包埋在脂质体中,而是带负电的DNA自动结合到带正电的脂质体上,形成DNA-阳离子脂质体复合物。据称,一个约5kb的质粒会结合2~4个脂质体,被俘获的DNA就会被导入培养的细胞。现存对DNA转导原理的证据来源于内吞体和溶酶体。

**4. 通过对照实验保证干扰效果**

(1)普通阴性对照

siRNA实验应该有阴性对照,通用阴性对照为与目的基因的序列无同源性的普通阴性对照,Scrambled阴性对照和选中的siRNA序列有相同的组成,但与mRNA没有明显的同源性。

(2)siRNA阳性对照

阳性对照作为一个实验系统检查是很重要的。对大多数细胞而言,看家基因是较好的阳性对照。将不同浓度的阳性对照的siRNA转入靶细胞,转染48h后统计对照蛋白或mRNA相对于未转染细胞的降低水平。可以利用阳性对照来确认RNAi实验中转染、RNA提取和基因表达检测方法是否可靠。

siRNA阳性对照基因较为常用的如下:LaminA/C、GFP22、Luciferase GL2、MAPK1、β-actin、Vimentin、P53、GAPDH、Cyclophilin B。

(3) 转染试剂对照

对于一个完善的对照系统,转染试剂对照(Mock transfection)是不可缺的。转染试剂对照可以检测转染试剂对细胞的毒性、细胞的成活率等细胞转染的各个因素影响。

(4) 避免 off-target 对照

对于 RNAi 研究来说,在哺乳动物中,off-target 效应是一个十分关注的问题。有大量的报道,一个 siRNA 影响多个基因的表达。因此,大量研究关注于用针对同一个基因的不同区域的多个 siRNA 进行实验,然后分析各自对基因表达效果的影响。理想的结果是针对不同区域的 siRNA 对同一个靶基因产生相似的干扰效果。

## 四、结果分析

判断 RNAi 实验是否发挥了抑制作用,一般应该从 mRNA 水平、蛋白质水平、细胞水平三个层次来检测干扰效率。

mRNA 水平:RT-PCR、Real-time PCR;蛋白质水平:Western-blot、ELISA、免疫组化;细胞水平:MTT、克隆形成实验、流式细胞检测、Confocal 等检测干涉基因 mRNA 量的变化。

## 五、果蝇 P53 基因的 RNAi 实验实例

### 1. 主要实验试剂

Trizol 试剂、SuperScript TM First Strand Synthesis 试剂盒、Taq 酶、dNTP、T7 Ribo MAXTM Express RNAi System、胶回收试剂盒、ABI Taq Man2® PCR MasterMix。

### 2. 实验流程

(1) P53 基因片段的克隆

取果蝇 5~6 只,按照 Trizol 试剂盒的使用说明提取 RNA,用琼脂糖凝胶电泳和紫外分光光度计检测总 RNA 的纯度和浓度。将检测合格的 RNA 用反转试剂盒反转为第一链 cDNA。根据果蝇数据库中的 P53 基因序列,用 http://www.ambion.com/techlib/tb/tb_502.html 数据库搜索得到特异性引物,送至公司进行合成。以 cDNA 为模板,进行 PCR 扩增。

反应体系:

| | |
|---|---|
| 模板 | 1 μl |
| 上游引物 | 1 μl |
| 下游引物 | 1 μl |
| 2 × Pcr Mix | 5 μl |
| 无菌水 | 2 μl |

反应程序:

|  |  |
|---|---|
| 95℃ | 3min |
| 95℃ | 45s |
| 65℃ | 1min |
| 72℃ | 1min |
| 10 个循环 | |
| 95℃ | 45s |
| 55℃ | 1min |
| 72℃ | 1min |
| 25 个循环 | |
| 72℃ | 10min |

PCR 产物经 1% 琼脂糖凝胶电泳检测后,用凝胶回收试剂盒回收,回收片段送往公司测序,测序结果在 NCBI 中进行 Blast 比对。在上下游引物的 5′端加上 T7 启动子(TAATACGACTCACTATAGG),再次进行 PCR 扩增及产物电泳、回收、测序。

(2) dsRNA 的合成

参照 T7 Ribo MAXTM Express RNAi System 试剂盒说明书合成 dsRNA,将 dsRNA 在室温下不作处理放置不同时间段(0、2h、4h 和 6h)后,进行 1% 琼脂糖凝胶电泳,检测其在常温下的稳定性,并用 UVP 紫外凝胶成像系统观察目的条带长度是否符合要求。电泳条件:$2\mu l$ dsRNA 原液 + $2\mu l$ $6 \times$ loading buffer 混匀后上样,电压 120V,电泳 15~20min。取 $2\mu l$ dsRNA 原液,与 $48\mu l$ 0.1% DEPC 水混匀,紫外分光光度计检测其浓度及纯度。最后将 dsRNA 于 -20℃保存,备用。

(3) 喂食转染

选取同一批次内发育良好的 30~40 只果蝇成虫用于试验。用灭菌的 DEPC 水将合成的 dsRNA 分别稀释成 $120ng/\mu l$、$60ng/\mu l$、$30ng/\mu l$、$15ng/\mu l$ 及 $7.5ng/\mu l$ 的溶液,配制饲料饲喂果蝇。以仅喂食灭菌 DEPC 水配置的食物喂食作为对照。连续喂食,每天记录不同质量浓度 dsRNA 处理成虫的死亡数目。最后统计整个饲喂过程的累计死亡率。为保证试验的准确性,每个浓度重复 3 次喂养。

(4) RNAi 效应检测

设计目的基因 P53 实时定量引物和内参基因 β-actin 特异性引物。随机取用 6~8 只 $30ng/\mu l$ dsRNA 饲喂的果蝇,提取其总 RNA,反转录得到 cDNA,进行荧光实时定量 PCR,检测 P53 基因 mRNA 的表达变化。荧光实时定量 PCR 每个样本重复 3 次,设置不含 cDNA 模板的空白对照。最终结果采用 $2^{-\Delta\Delta CT}$ 法进行计算,使用 SPSS 16.0 软件进行统计学分析,并用单因素方差进行差异显著性分析($P < 0.05$)。

可根据实验需要,进行 Western-blot 和激光共聚焦在蛋白质水平和细胞水平检测干扰结果。

### 3. 实验结果

干扰后 P53 mRNA 水平表达的 RT-PCR 结果(图 2-1);干扰后 P53 蛋白水平表达的 Western-blot 结果(图 2-2);干扰后果蝇脂肪体细胞变化(图 2-3);P53 干扰前后果蝇复眼发育变化(图 2-4)。

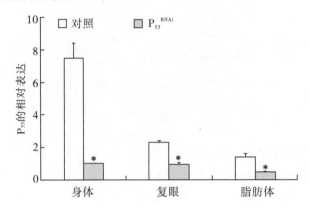

图 2-1  干扰后果蝇不同部位 $P_{53}$ 基因 mRNA 表达水平 RT-PCR 结果

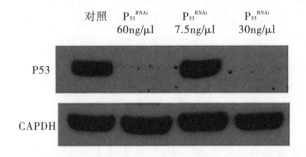

图 2-2  不同浓度 dsRNA 干扰后果蝇复眼 $P_{53}$ 的蛋白表达

## 六、注意事项

- 体外化学合成最适用于已经找到最有效的 siRNA 的情况下,需要大量 siRNA 进行研究。不适用于筛选 siRNA 等长时间的研究,主要原因是价格因素。
- 体外转录最适用于筛选 siRNAs,特别是需要制备多种 siRNA,化学合成的价格成为障碍时。不适用于实验需要大量的、一个特定的 siRNA 长期研究。
- 体外消化双链 RNA 法最适用于快速而经济地研究某个基因功能缺失的表型。不适用于长时间的研究项目,或者是需要一个特定的 siRNA 进行研究,特别是基因治疗。
- shRNA 表达载体最适用于已知一个有效的 siRNA 序列,需要维持较长时间的

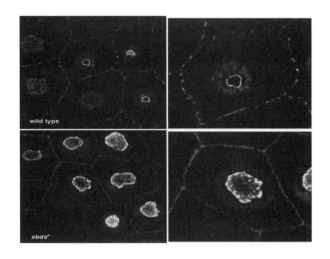

图 2-3 $P_{53}^{RNAi}$ 果蝇脂肪体细胞核变化

对照　　　　　　　　　　$P_{53}^{RNAi}$

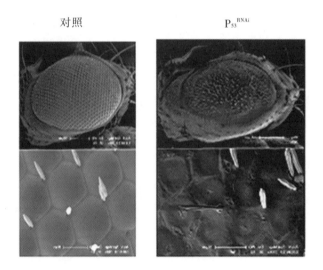

图 2-4 $P_{53}$ 干扰前后果蝇复眼发育电镜照片

基因沉默。不适用于筛选 siRNA 序列(主要是指需要多个克隆和测序等较为费时、繁琐的工作)。

## 七、个人心得

- RNAi 实验策略的选取就实验要求而定,如只需短时间内(3~5d)观察特定基因沉默的生物学效应,可使用化学合成等方法制备的 siRNA 进行转染实验。如果需长时程评价特定基因对细胞生物学功能的影响,就需要建立长期、稳定表达 siRNA

的策略,最好的选择是由质粒或病毒载体介导表达的 shRNA。同时,根据实验要求不同,病毒载体的选择也存在一定的差别。例如:重组腺病毒和腺相关病毒表达系统更适用于在短时程内进行细胞或在体基因沉默实验,而包括重组慢病毒在内的逆转录病毒表达系统更适用于在待研究细胞内部长期稳定表达 siRNA。

• 化学合成 siRNA 的保存是确保实验稳定的重要步骤。购买的化学合成的 siRNA 尽量以干粉形式保存于 $-20℃ \sim -80℃$ 的环境下。如已用 DEPC 处理的纯水进行溶解,则尽量分装成若干小份冷冻保存。存放的基本原则是尽量减少反复冻融的次数,以减少化学合成 siRNA 的降解。

• RNAi 干涉效果检测手段的选取就具体实验情况而论。在转录水平的检测可采用半定量 PCR、实时定量 PCR、Northern-blot 或原位杂交等实验。在翻译水平的检测可采用 Western-blot、免疫组织/细胞化学染色法、免疫荧光法、流式细胞术或 ELISA 等实验。具体采用的检测方法就研究者所在实验室的实验条件和工作传统而定。

• RNAi 效果分析的时间是该技术在基因功能分析中的重要环节。部分研究者在进行 RNAi 筛选实验或重复他人实验结果的过程中反映基因沉默效果不理想。在这里,我们提出自己的分析和实验体会。RNAi 的工作机制是在转录后水平降解 mRNA,所以在进行 siRNA 导入后的较短时间内(有报道在细胞转染 4h 就可以进行观察)即可以利用转录水平检测方法(半定量 PCR、实时定量 PCR、Northern-blot 或原位杂交等实验)观察到 mRNA 表达水平的下降。而在翻译水平检测靶基因蛋白质表达水平变化的时候,需要考虑到靶蛋白的半衰期问题。对于半衰期较长蛋白质分子而言,在翻译水平其变化的时间点要较转录水平晚许多。只有当已有蛋白质分子的表达水平明显下降之后,RNAi 的效果才能理想地反映出来。

(叶海燕,陕西师范大学,e-mail:tiantian@snnu.edu.cn)

# 第三章 MicroRNA 研究方法

1993年,miRNA领域的开拓者Ambros教授在线虫中发现了第一个microRNA,命名为lin-4。2001年Ambros实验室与Bartel和Tuschl实验室在《Science》杂志上同时发表了miRNA论文,发现了一系列miRNA分子,从此miRNA研究在全球如火如荼地开展起来。作为Science杂志2002年评选的十大科技突破第一名,microRNA已成为生物学研究的一大焦点。它在生物的发育时序调控和疾病的发生中起到非常重要的作用。据推测microRNA可能调控至少30%的基因的表达情况。本章节着重介绍目前microRNA研究中常用且便于开展的一些方法。

## 一、microRNA 的概念与特征

微小RNA(microRNA,简称miRNA)是一类短的非编码单链小分子RNA,长约18~23个核苷酸(nucleotide,nt)。由一段具有茎环结构的长度为70~80nt的单链RNA前体(pre-miRNA)剪切后生成。大多数情况下,它通过与其靶mRNA分子的3′端非编码区域(3′-untranslated region,3′-UTR)的不完全互补配对导致该mRNA分子的翻译受抑制或者mRNA的降解。亦有学者发现microRNA可以识别mRNA的5′-UTR,并激活mRNA的翻译。miRNA基因以单拷贝、多拷贝或基因簇等形式存在于基因组中,而且绝大部分定位于基因间隔区。其转录独立于其他基因,并不翻译成蛋白质。

在各个物种间miRNA具有高度的进化保守性,并且在茎部产生成熟miRNA的序列保守性更强。以前一直认为只有真核生物才能编码miRNA,近几年的研究发现,不仅真核生物可以编码miRNA,原核生物甚至是病毒也可以编码miRNA。在Sanger研究所整理和注释公共数据库miRBase中(http://www.mirbase.org/)已经有上万条来自不同物种的miRNA序列。

## 二、microRNA 的分离提取和表达检测

### 1. miRNA 的分离提取

众所周知TRIzol试剂(Invitrogen公司)是分离总RNA的王牌之选,同样在miRNA的分离上,TRIzol也很有效。很多研究人员在实际分离miRNA时,都采用了TRIzol。如果细胞或组织的起始量没有限制,常规的TRIzol提取就已足够,质量和重复性都很好(图3-1)。

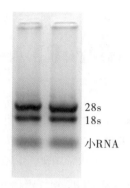

图 3-1　利用 Trizol 试剂提取小 RNA 的核酸电泳结果

然而,如果样品非常珍贵且数量有限,或样品质量较差,或者感兴趣的 miRNA 来自于体液,则可以使用商品化的试剂盒。比如,Life technology、Qiagen、Sigma、Exiqon 等公司都推出了分离小 RNA 的试剂盒。

2. miRNA 的检测

要了解 miRNA 在基因调控中扮演的角色,很关键的一个方法就是迅速、准确地定量检测 miRNA 基因的表达。因此,miRNA 表达水平的检测方法也成为了科学家们研究的热点。但是由于 miRNA 是一类很小的分子,部分 miRNA 表达水平可能很低,因而需要极为灵敏的定量分析工具。常用的检测方法有以下几种:

(1) microRNA microArray(miRNA 微阵列芯片分析)

miRNA 表达谱分析是 miRNA 研究中必不可少的一环。作为首选的芯片分析法,它采用大规模微阵列技术,一张芯片上包含成百上千个探针,大大提高了筛选的速度和通量。研究人员一般使用商业化芯片,也有一些实验室使用定制化芯片。美国 LC Sciences(中国子公司为联川生物)在 2005 年最早开发出 miRNA 表达谱芯片分析服务。随后,Agilent、Affymetrix、Invitrogen、Exiqon 等公司也陆续提供相应服务。经过多年的数据统计,这些公司发展了完善的数据分析系统,能够为客户快速锁定研究目标。

LC Sciences 公司由于使用了微流体芯片,使他们能够根据 miRBase 数据库的不断升级快速更新其芯片产品;而且是可以随时定制的,所以版本是最新的。另外,由于 microRNA 杂交的最大挑战是这些小 RNA 大范围的退火温度,因此很难定义合适的杂交条件使得所有的 miRNA 都能特异而灵敏地检测。丹麦的 Exiqon 公司凭借其 LNA(Locked Nucleic Acid,锁核酸)技术,有效地解决了这一问题(http://www.exiqon.com/lna-technology),深受研究人员的青睐。LNA 是一种特殊的双环状核苷酸衍生物,它与 DNA/RNA 在结构上具有相同的磷酸盐骨架,对 DNA、RNA 有很好的识别能力和强大的亲和力。在灵敏度方面,LNA 芯片可以检测常规 DNA 探针无法检测到的极其微量的 miRNA。因此 Exiqon 的芯片堪称目前市场上灵敏度最高的芯片。此外,ABI 公司的 TaqMan MicroRNA Assay,美天旎公司的 miRXplore 芯片,Luminex 公司的 FlexmiR Assay 等也是较有特色的 miRNA 芯片。国内目前在 miRNA 研究领域也有很多专业的公司,比如锐博生物。他们的 miRNA 芯片也可实现定制。各家公司的芯片分析在芯片本身、探针、底物、样品量等方面都有所不同,研究人员可结合自己的实际需要选用。

当然,利用芯片来研究 miRNA 也有一些缺点,比如特异性问题和交叉杂交的风险(因为成熟的 miRNA 序列都很相似),因此有必要通过进一步的方法验证芯片结果。

(2) 小 RNA 的二代测序

如果实验样本是模式生物,通常采用芯片分析就足够了。但如果不是模式生物,那么使用二代测序的方法就比较合适。小 RNA 测序通过将 18~30nt 范围的小 RNA 从总 RNA 中分离出来,两端分别加上特定接头后体外反转录做成 cDNA 再做进一步处理后,利用测序仪对 DNA 片段进行单向末端直接测序。通过对小 RNA 大规模测序,实现对任意物种进行高通量分析,无须任何预先的序列信息以及二级结构信息,轻松发现新的分子。

这种方法与传统芯片分析方法相比,具有高分辨率、高精度、高重复性的优点。可以检测到单个碱基的差异,直接从核苷酸水平研究小 RNA 分子,不存在芯片杂交的荧光模拟信号带来的交叉反应和背景噪音问题,可区分相同家族以及序列极为相似的不同小 RNA 分子。另外,测序结果可以精确反映小 RNA 的表达水平;高丰度分子检测无过饱和,并可准确检出低丰度的小 RNA 分子。测序深度保证一次获得数百万条序列信息,可靠性高,重复性好。

(3) Northern-blot 法

该方法被认为是检测 miRNA 表达水平的"金标准",它是一种重复性好、灵敏度高的方法,可用来检测 miRNA 的存在、表达量的变化,并验证小 RNA 芯片分析和二代测序的结果等。

该方法的基本原理是,通过尿素变性聚丙烯酰胺凝胶电泳,将待检测的变性小 RNA 样品分离,继而按其在凝胶中的位置转移到尼龙膜上,固定后再与同位素、荧光基团或纳米金等其他标记物标记的 RNA 探针进行孵育。如果待检物中含有与探针互补的序列,则二者通过碱基互补的原理进行结合,将游离探针洗涤后,用自显影或其他相应的技术进行检测,从而显示出待检的片段及其相对大小,可以区分出成熟 miRNA 和前体 miRNA。一般以 U6 snRNA 作为内参照。Exiqon 公司锁核酸(LNA)修饰的杂交探针可以取代传统的探针技术,显著改善了 Northern-blot 的检测灵敏度和特异性。但由于放射污染的原因,最为灵敏的同位素标记的探针使用具有一定的局限性,而且该方法操作较为烦琐,需要 RNA 样本量较大,还未被国内大多数实验室接受,在此就不做详述。

(4) In situ hybridization(原位杂交技术)

相比上述几种方法,该方法可以更直观地展示出微小 RNA 的时空表达模式,还可以与荧光免疫化学法相结合,利用特异类型细胞的标记分子,判定表达微小 RNA 的细胞类型,是一种分析微小 RNA 表达组织和时序特异性的有力工具。可以参考文献(Nat Protoc,2007,2:2520 - 8;Nat Protoc,2010,5:1061 - 73)开展实验。另外,Exiqon 公司的利用其 miRCURY™ LNA 探针已经完成部分 miRNA 在斑马鱼中全胚胎原位杂交的检测,并将这些结果公布(http://www.exiqon.com/gallery-of-in-situ-hybridization-images),这无疑为我们研究人员提供了很好的参考资料。

(5) 基于扩增反应的检测——实时荧光定量 PCR

这是用于验证 miRNA 微阵列表达谱数据和检测其表达水平应用最广泛的方法之一。目前根据反转录引物的不同,主要有两种针对 miRNA 的定量分析方法:

①Oligod(T)特异的 RT 引物。这种方法是基于 SYBR Green 嵌合荧光染料法的检测系统。在进行反转录前(QIAGEN、Invitrogen、Takara 等公司都提供 miRNA 的反转录试剂盒),先将所有小 RNA 末端加 Poly(A)尾,然后应用一个公用的 Oligod(T)特异引物[由"特异序列 + (T)20 左右 + 兼并碱基 V 或 VN"组成]反转录获得具有相同 3′特异序列的 cDNA。在之后的相对定量 PCR 中,加入针对单一 miRNA 设计的正向引物(通常就是该成熟 miRNA 的序列 + 5′端的 2 ~ 3 个保护碱基)和含有前面特异序列的反向引物,就可用于检测单一 miRNA 的表达水平了(图 3 - 2)。通常在 PCR 时,选择 U6 snRNA 或者 5sRNA 作为内参照(U6 snRNA 的正向引物是 TG-GCCCCTGCGCAAGGATG)。这种方法适用于从一个合成反应的 cDNA 中检测多种 miRNA,比较经济简便。但其缺点是特异性相对较低,很难区别同一家族具有相似序列的成熟 miRNA。反转录的操作步骤请具体参考试剂盒说明书,普通的 SYBR Green 试剂(如 Takara 公司)就可以完成实时荧光定量 PCR 过程。

②茎环状结构的 RT 引物,即 Taqman 探针法。这是一款 ABI 公司开发的 TaqMan® MicroRNA Assay 检测方法。TaqMan 探针设计的巧妙创新之处在于在反转录中的引物是靶特异的茎环结构的反转录引物(由可以自身呈环茎结构的特异序列 + 6 ~ 8 个 miRNA 3′端反向互补碱基组成)。该引物提供了仅针对单一成熟 miRNA 模板的特异性,不受前体 miRNA 分子干扰。形成引物/成熟 miRNA 嵌合体后,由 miRNA 的 3′端开始延伸,产生的较长反转录扩增产物作为模板,用于标准的实时定量 PCR 分析,特异的扩增单一 miRNA(图 3 - 3)。该方法被国际多家实验室首选检测 miRNA 的表达。具体操作步骤可以参考 ABI 公司的说明。

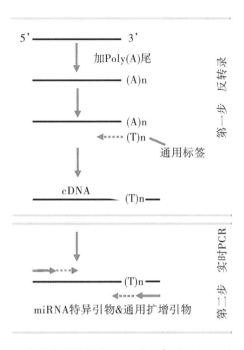

图3-2 miRNA实时荧光定量PCR示意图[Oligod(T)特异的RT引物]

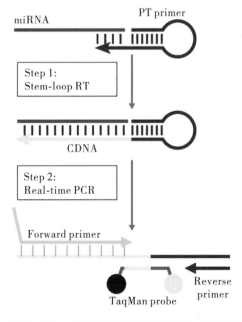

图3-3 miRNA实时荧光定量PCR示意图(茎环状结构的RT引物)

### 三、microRNA 的功能研究

#### 1. 过表达特定 miRNA

若进行 Gain-of-function 的研究，可以考虑从以下几种方法中选择合适的方案。

①将 microRNA 的编码 DNA 序列克隆到 pol Ⅱ 启动子（如 CMV 启动子）的表达载体中，通过脂质体转染，或病毒感染的方法实现目的 miRNA 的过表达。

②将 microRNA 的前体（Pre-miRNA）序列或成熟序列克隆到专门表达短片段 RNA 的 pol Ⅲ 启动子载体中（如带有 U6 启动子的载体），实现目的 miRNA 的过表达。

③利用商品化的化学合成 microRNA 的 mimic（模拟物）实现目的 miRNA 的过表达，Dharmacon，Ambion，Exiqon，锐博等公司都提供这类双链小分子类似物。

④miRNA agomir 是在化学合成 mimics 的基础上，经过特殊的化学修饰升级的产品，通过模拟内源性 miRNA 进入 miRISC 复合物来调节靶基因的表达而发挥作用。这种试剂与普通的 miRNA mimic 相比，不只是更稳定，表达时间长，还可以实现不需要转染试剂的细胞实验。另外，它在动物体内具有更高的稳定性和 miRNA 活性，更易通过细胞膜、组织间隙而富集于靶细胞。在动物实验中可以用全身或局部注射等方法进行给药，作用效果持续时间可长达 6 周。

构建载体过表达目的 miRNA 有它的优势，比如可以最大程度的模拟 pre-miRNA 的加工过程，并且可以持久加工（病毒感染），但是对细胞的高效转染存在一定困难。而且这种 pre-miRNA 的加工无法控制，脱靶效应会加剧，给我们的结果分析带来很多的麻烦。商品化的 miRNA mimics 是双链 RNA 分子，特别容易转染入细胞（Invitrogen 公司的 Lipofectamine2000 就可以高效转染小分子 RNA），且不易造成细胞毒性，而且对于一些较难转染的原代培养细胞，如神经元，也能很好的发挥过表达的作用。由于方便省事效率高，已有很多的文献应用这种方法进行 miRNA 的功能研究。在使用时，通常需要我们设置转染浓度和时间梯度，比较转染后的效果。与载体/病毒的策略不同，外源转染 miRNA 类似物后，双链小分子直接进入 RISC 复合物中，不需要依赖 Drosha/Dicer 酶对转录本的顺序加工，以及 Exportin 5 的核转运作用，因而避免了一些在人类癌细胞系中曾报道过的 Drosha 和 Dicer 水平的 miRNA 加工缺陷和外源过表达可能饱和 Exportin 5，从而干扰内源小 RNA 表达的一些研究瓶颈。

考虑到上述原因和实验花费，通常在体外研究 miRNA 的短时程效应时（一般 1 周以内），选择商品化的类似物；研究体内长时程效应时，选择商品化的 miRNA agomir 或者感染编码特定 miRNA 的病毒颗粒；研究 miRNA 与其靶基因的相互关系时，选择质粒转染短暂过表达目的 miRNA 即可。

#### 2. 编码特定 miRNA 载体的构建

尽管目前不同公司已有商品化的 miRNA 类似物，可以直接用于一些体外转染

实验,但其价格往往偏高,而且不能用于长期观察其效应,因此有必要构建编码 miRNA 的质粒。可以参考本书相关章节的介绍,以获得 miRNA 的基因组 DNA 序列。考虑到侧翼核苷酸的二级结构可能对产生成熟 miRNA 的影响,以及可能扩增出其他功能基因,一般选择包括前体 miRNA(pre-miRNA)的 500bp 左右的序列设计引物,做下一步的扩增克隆即可。

3. 抑制特定 miRNA 的表达/功能发挥

(1) 短期分析

利用 miRNA 可与互补的 mRNA 结合,已开发出可与 miRNA 互补的单链寡核苷酸,作为 mRNA 结合的竞争性抑制剂。这些抑制剂实现了短时程抑制效应,在细胞培养物以及某些动物实验中都获得了成功。2′-甲氧修饰的 RNA 寡核酸是较早应用的 miRNA 抑制剂。另外,Dharmacon 公司的 miRIDIAN™ hairpin inhibitor, Ambion 的 anti-MiR miRNA inhibitor, Exiqon 的 miRCURY™ LNA knockdown probe 等产品都是各有特色的化学修饰的合成物。值得一提的是,靶向于未成熟 miRNA 的溶核加工位点(nucleolytic processing sites)的吗啉寡聚核苷酸(Morpholino oligonucleotides)能够抑制特定 miRNA 的成熟,常被发育生物学家用来注射卵子或者斑马鱼、青蛙、海鞘、海胆等的受精卵研究胚胎发育。

(2) 长效抑制

miRNA antagomir 是最早设计并用于在体实验的内源性 miRNA 抑制剂。它根据 miRNA 成熟体序列而设计,其长度一般在 22~25nt,单链,经过特殊化学修饰(3′进行胆固醇标记,5′两个硫代磷酸位点修饰,3′四个硫代磷酸位点修饰,全链 2′-甲基化修饰),通过与体内的成熟 miRNA 竞争性结合,阻止 miRNA 与其靶基因 mRNA 的互补配对,抑制 miRNA 发挥作用。与普通抑制剂相比,antagomir 在动物体内具有更高的稳定性和抑制效果,但是通常发挥抑制效应需要高浓度的注射剂量。

另外,miRNA Sponge 是一种 mRNA 分子,它可以像海绵吸水一样把细胞内的目的 miRNA 吸收而阻断 miRNA 的作用。miRNA Sponge 的 3′ UTR 区包含若干个(4~10个)串联重复的成熟 miRNA 序列,每个 miRNA 间有 4~8 个碱基的间隔序列隔开,其中种子序列(Seeding sequence)维持不变,第 9~12 位碱基(RISC 切割位点)有错配,防止被切割降解,这样就可以与 RISC 稳定结合,远离天然的 mRNA 靶点。目前 miRNA 海绵是最常用的长效抑制目的 miRNA 的方法。

## 四、靶基因的预测与生物实验验证

1. 靶基因预测的相关网站

目前,比较公认的预测靶基因的网站主要有 http://pictar.mdc-berlin.de/、http://www.microrna.org/microrna/home.do、http://www.targetscan.org/。一方面可

以应用这些网站对感兴趣的微小 RNA 的靶基因进行预测,通过比较不同网站预测的结果,找出共同预测的靶基因作为下一步研究的对象;或者着重选择所关心的靶分子以及所属某一特定信号通路中的分子作为下一步研究的对象。另一方面,也可以反过来,利用以上网站对所关心的目标基因进行预测,查出可能与之结合,并受之调节的 miRNA。

### 2. miRNA 的生物信息学分析

miRNA 与其靶分子相互作用,并参与复杂的基因调控。生物信息学工具可以在表达谱芯片数据分析与深度挖掘、高通量测序数据分析、靶基因预测、调控网络构建等方面取得快速高效的分析结果(表 3 - 1)。

表 3 - 1 miRNA 生物信息研究策略

| 研究目的 | 研究策略 | 应用 |
| --- | --- | --- |
| 靶基因预测 | 生物芯片荟萃分析;<br>多种算法软件预测 | 发现靶基因 |
| 靶基因功能 | 靶基因 GO(功能富集)分析 | 发现生物功能 |
| 靶基因生物通路研究 | pathway 生物通路分析:挖掘靶基因可能参与的生物通路 | 发现 miRNA 参与的生物通路和功能 |
| miRNA 调控靶基因网络 | miRNA 调控网络构建 | 寻找 miRNA 作用的关键基因 |
| miRNA 及其靶基因的作用分析 | miRNA 芯片表达差异 | 上调/下调的靶基因 |

### 3. 验证靶分子与 microRNA 的相互关系

(1) 含靶基因 3′UTR 的报告基因分析

具体实验方法可参考本书第十章的"报告基因活性分析"一节,不同的是大多数实验室用来构建报告基因的载体为 ABI 公司的 pMir-report 载体系统。利用该载体,可以将靶基因的 3′UTR 序列克隆入萤火虫荧光素酶基因的下游,当与含有编码特定 miRNA 序列的载体或 miRNA 类似物共转染时,由于成熟 miRNA 的非完全互补配对,使得荧光素酶基因的表达受抑制,从而使酶活性降低。

获得靶基因的 3′UTR 的序列时,首先可以参考本书相关章节的介绍,然后根据预测网站提供的可与 miRNA 相结合的具体位点(常常是不同的网站预测到不同的位点,克隆时需要考虑全部预测结果),确定需要克隆的序列。通常如果某基因的 3′UTR 全长不大(2kb 以内),可以考虑克隆全长 3′UTR;如果特别长,建议通过分析预测结合位点,选取包括结合位点的 1kb 左右的序列作为进一步研究的对象。存在较为分散的多个结合位点时,可以将 3′UTR 分成几个片段分别克隆。

在观察到特定 miRNA 与靶基因相互结合后,还要进一步利用点突变的方法对报告基因载体进行特定位置的突变,然后重新分析报告基因的活性。根据网站的预测结果,通常选择靶基因 3′UTR 中与成熟 miRNA 的第 2~6 "Seeding sequence"完全互补的核酸作为突变的对象。利用突变载体重复上述报告基因分析,得到阴性结果后,基本可以确定"特定 miRNA 可以与预测靶基因的 3′UTR 结合"的结论。目前有多家公司出售突变试剂盒,如 Stragene 公司(QuikChange ® Site-Directed Mutagenesis Kit)。这里介绍一种应用重叠延伸 PCR(Over-lapping Extension PCR)的方法获得特定位点碱基突变的方法。

重叠延伸 PCR 法适用于 DNA 片段中间区域的碱基改变,它采用互补引物(含有使重构基因所需的碱基掺入,如点突变、插入或缺失特定基因片段),使两次 PCR 产物之间形成了重叠链从而在随后的扩增反应中通过重叠链的延伸拼接起来。突变引物 Fm 及 Rm 为中间引物,它们可以部分重叠(至少 10bp 完全匹配),也可以完全重叠(图 3-4)。突变后的位点处可以引入酶切位点,为后续鉴定是否成功突变提供方便。

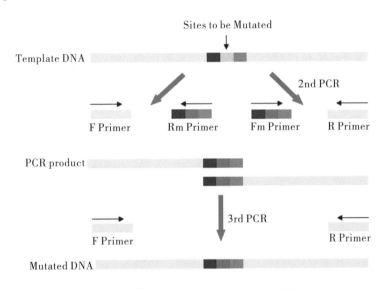

图 3-4 重叠延伸 PCR 法获得特定位点碱基突变

以质粒 DNA 为模板做 PCR 时,通常需要 100 倍稀释质粒原液(使模板浓度降到 $10^{-9}$ 水平),并尽量减少扩增循环数。经过第一轮 PCR(1st 和 2nd PCR)得到的两种产物,跑胶确认后各取 1μl 作为模板进行第二轮 PCR(3rd)即可。

(2)靶基因表达水平的检测

在检测靶基因的表达水平是否受到相应 miRNA 的调控时,通常选择已知内源性表达某一靶基因的细胞作为研究的对象,这样省去了构建靶基因全长表达质粒的步骤,可以直接在该细胞中转染编码特定 miRNA 的质粒,进而分析过表达特定 miR-NA 时,相应靶基因的 mRNA 和蛋白质表达情况。可以分别应用实时荧光定量 PCR 和 Western-blot 法或者免疫细胞化学法检测靶基因的表达,具体步骤参考本书的相关章节。

## 五、个人心得

- 应用 Trizol 抽提小 RNA 时,异丙醇沉淀时,在冰箱 4℃放置 20min 更有利于小分子核酸的沉淀。

- 在获得 miRNA 芯片表达谱之后,除了通过比较相对表达水平的变化倍数,确定变化程度最大的 miRNA 作为进一步研究的对象,还可以进一步考虑选择在不同物种间保守性高的分子以缩小研究的范围。通常 Target scan 网站将大部分已知的 miRNA 进行了分类,可以选其中"highly conserved miRNA"作为优先研究的对象。

- 除了做 miRNA 表达谱芯片分析来初筛有研究价值的 miRNA,幸运的话通过阅读发表的文章也能锁定一些 miRNA 分子。

- 含有目的碱基改变的引物设计是基于 PCR 方法成功进行定点突变的关键,突变点最好是位于引物的中间部位或 5′端,尽量避免出现在 3′端。另外,分别用引物 F 和 Rm 及 Fm 和 R 进行配对 PCR 时一定要用 pfu 酶,不要用 Taq 酶,因为 Taq 酶会在 PCR 产物末端加 A,从而可能会使产物移码突变。

(赵湘辉,第四军医大学,e-mail:xianghuizhao@fmmu.edu.cn)

# 第四章 长链非编码 RNA 研究方法

近年来,随着基因组研究的深入展开,人们发现基因组会转录出大量的长链非编码 RNA(long noncoding RNA,lncRNA)。研究证实,lncRNA 积极参与了生命过程的诸多方面,从染色质重塑、转录水平以及转录后水平调控着基因表达并成为基因调控领域的重要组成部分,涉及 X 染色体失活、物质能量代谢、胚胎发育和疾病的发生发展等。研究 lncRNA 的表达调控将为人类疾病的预防、治疗提供新靶点和新途径。

## 第一节 长链非编码 RNA 概述

lncRNA 是一类长度大于 200nt,通常不能被翻译成蛋白质的 RNA 分子。其基本特征与 mRNA 类似,即经过转录后剪接、加帽及加尾的 RNA 成熟过程。根据 lncRNA 在基因组中的转录位点不同,可以将其分为基因间 lncRNA(intergenic lncRNA)和基因内 lncRNA(genic lncRNA),其中基因内 lncRNA 又被划分为外显子转录 lncRNA(exonic lncRNA)、内含子转录 lncRNA(intronic lncRNA)以及与蛋白质编码基因重叠的 lncRNA(overlapping lncRNA)。lncRNA 的基本特征主要包括:①具有 mRNA 样结构;②核酸序列保守性较差,基因位点保守性较强;③核酸序列预测 ORF 区较短,不存在保守肽段和结构域;④缺乏 Kozak 序列;⑤通常不能编码蛋白质。

LncRNA 调控靶基因表达的作用机制成为新的研究热点。lncRNA 的作用模式主要有三种:①与共调节蛋白结合,形成 RNA-蛋白质复合物,共同调节下游基因的表达。例如,lnc-DC 通过与转录因子 STAT3 结合从而调控靶基因的转录表达,在树突状细胞分化过程中发挥重要功能。②内源性竞争性 RNA 模式(competing endogenous RNA,ceRNA)。lncRNA 和靶基因的 mRNA 分子竞争性吸附结合共同的 miRNA,通过减少与靶 mRNA 结合的 miRNA 数量从而引起靶基因表达水平改变。例如,lnc-MD1 通过竞争性结合 miRNA-133,从而调控 MAML1 和 MEF2C 两个靶基因的表达,并影响肌细胞分化进程。③lncRNA 与靶基因的 mRNA 分子直接结合,通过改变其 RNA 稳定性而调控基因表达水平。例如,参与阿尔茨海默病发生发展的重要分子 BACE1(是 β 淀粉样肽前体的切割蛋白)以及 BACE1-AS(*BACE1* 基因反义链转录形成的一条 lncRNA)均呈高表达状态,上调的 BACE1-AS 能够与 BACE1 的 mRNA 互补结合并增强其稳定性,促使 BACE1 蛋白表达量升高、加剧 β 淀粉样肽的

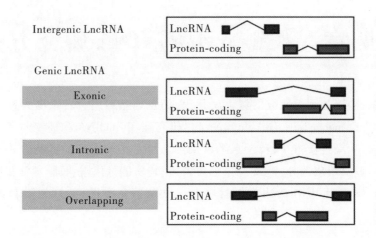

图4-1 lncRNA的分类(Derrien T 等. Genome Res,2012)

蛋白毒性沉积。

大量研究表明,lncRNA在基因表达调控中至关重要,中心法则也因此被进一步补充。lncRNA的异常表达与多种疾病密切相关,依然具有很大的探索空间。下面,我们将介绍lncRNA研究中的常用技术手段。

# 第二节 RNA Pull-down鉴定RNA-蛋白质相互结合

## 一、基本原理及实验目的

RNA Pull-down技术是以末端标记的RNA为诱饵,富集RNA结合蛋白的实验手段。以体外转录的生物素标记的目的lncRNA片段为诱饵,与收集的细胞蛋白共孵育形成RNA-蛋白质复合物。继而用链霉亲和素标记的磁珠将生物素标记RNA-蛋白质复合物沉淀下来,从而高效富集与RNA结合的蛋白质。进一步用质谱、Western blotting鉴定RNA结合蛋白。

## 二、主要仪器及试剂

①Biotin RNA Labeling Mix 10×(Roche)
②RNeasy Mini Kit(QIAGEN)
③DNase Ⅰ recombinant, Rnase-free(Roche)
④T7 RNA Polymerase(NEB)
⑤Ribonucleoside Vanadyl Complex(NEB)

⑥Cell Lysis Buffer(Cell Signaling Technology),临用前加入蛋白酶抑制剂。

⑦Streptavidin Agarose, sedimented bead suspension(Invitrogen)

⑧SUPERase·In™ RNase Inhibitor (20 U/μl) (Ambion)

⑨Protease inhibitor cocktail tablets(Roche)

⑩TRIzol® Reagent(Invitrogen)

⑪0.2M EDTA:先用超纯水配制0.2M EDTA(pH 8.0),再加0.1%的DEPC过夜振摇,高压灭菌后在4℃冷藏。

⑫RNA structure buffer:10mM Tris (pH7.0),100mM KCl,10 mM $MgCl_2$。DEPC水配置,0.22μm滤膜过滤除菌。

⑬RNA binding buffer:150mM KCl,25mM Tris (pH 7.4),0.5mM DTT,0.5% NP-40。用DEPC水配置,0.22μm过滤除菌,临用前加入1mM PMSF和SUPERase·In™ RNase Inhibitor。

⑭DEPC-treated PBS:NaCl 8g,KCl 0.2g,$Na_2HPO_4$ 1.44g,$KH_2PO_4$ 0.24g,溶解于800ml超纯水中,调节pH至7.2~7.4,定容至1L。加0.1%的DEPC振摇过夜,高温高压灭菌后于4℃冷藏。

⑮主要仪器:微量移液器(10μl、100μl、1ml),低温恒温摇床,Nanodrop微量核酸/蛋白定量仪,高速冷冻离心机。

## 三、操作步骤

**1. 表达载体的线性化**

实验分为两组:基因XXX(S)(正义链)组和XXX(AS)(反义链)组。以表达载体pcDNA3.1(+)为例,将XXX基因的表达载体pcDNA3.1-XXX(S)以及pcDNA3.1-XXX(AS)用Xho I限制性内切酶完全酶切,体系如下:

| | |
|---|---|
| 载体 | 100μl |
| Xho I | 10μl |
| 10×M buffer | 20μl |
| 超纯水 | 70μl |
| 总体积 | 200μl |
| 37℃酶切过夜 | |

**2. 线性化载体片段的纯化**

在酶切反应体系中,加入等体积的水饱和酚/氯仿/异戊醇(25:24:1),剧烈震荡后,13 000×g离心5min,吸取上清至一新的RNase-free EP管中。重复操作上述步骤一次,吸取上清至一新的RNase-free EP管中,加入等体积异丙醇,4℃静置2~4h以沉淀载体片段,75%乙醇洗涤沉淀,7500×g离心20min,弃上清。室温干燥10min

后加入适当的 DEPC 水溶解沉淀,Nanodrop 进行定量。

### 3. Biotin-labeling XXX(S/AS)RNA 的体外转录

配置反应体系：

| 线性化载体 | 1μg |
| --- | --- |
| 10×buffer | 4μl |
| 10×Biotin RNA labeling Mix | 4μl |
| T7 RNA polymerase | 4μl |
| DEPC 水 | 至 40μl |

混匀体系、瞬时离心,37℃ 孵育 4h。然后,加入 2μl DNase Ⅰ(Rnase-free),37℃ 孵育 15min。加入 2μl 0.2 M EDTA(pH8.0)终止体外转录反应。取 4μl 转录产物,通过 1% 琼脂糖凝胶电泳鉴定转录效果。将剩余约 35μl 体外转录 RNA 产物通过 RNeasy Mini Kit(QIAGEN)进行纯化回收,完全按照说明书操作。

### 4. Biotin-labeling XXX(S/AS)的 pull-down 实验

(1) RNA 二级结构的形成

①RNA 预处理:取 3μg Biotin-labeling XXX,加入 RNA structure buffer 至总体积 100μl。

②95℃ 加热 2min,冰浴 3min,室温静置 30min 以形成二级结构。

(2) 细胞蛋白的抽提

①用细胞裂解液 Cell Lysis Buffer(Cell Signaling Technology)抽提细胞的蛋白质,并用 BCA 蛋白定量试剂盒进行蛋白质浓度测定(Thermo)。

②若需要区分细胞质/细胞核蛋白,请按照细胞核蛋白与细胞质蛋白抽提试剂盒(碧云天)说明书操作。随后用 BCA 蛋白定量试剂盒进行蛋白质浓度测定(Thermo)。

(3) RNA 和蛋白质的相互结合

①孵育:将 1mg 蛋白质与形成二级结构的 Biotin-labeling XXX 混合,用 RNA binding buffer 补足体系至 500μl,混匀后室温孵育 1h。

②加入 50μl Streptavidin beads,室温孵育 1h。

③洗涤:离心(3000/min,4℃,3min),弃上清;用 RNA bindng buffer 清洗珠子 5 次。

④洗脱:在洗涤后的珠子中加入 30μl 1×Western loading buffer,100℃ 孵育 5~10min;SDS-page 电泳后银染显色。

(4) RNA 结合蛋白的检测

①通过 Western-blot 技术检测目的结合蛋白在不同组别之间的含量差异。

②银染法鉴定 RNA 结合蛋白:

a. 固定：将电泳后的 SDS-page 凝胶放入固定液中，浸泡 20min。
b. 洗涤：醇洗液浸泡凝胶，室温轻柔振摇 10min。
c. 水洗：超纯水浸泡凝胶，室温轻柔振摇 10min，重复 2 次。
d. 银染：将凝胶浸泡于预冷的银染液（避光），轻柔振摇 30min。
e. 水洗：步骤同 c。
f. 显影：将凝胶浸泡于显影液，缓慢振摇并持续观察凝胶直至条带出现，立即用终止液终止显影反应。
g. 对比 XXX（S）组和 XXX（AS）组中差异的条带，将差异片段切胶并送交公司进行蛋白质谱分析。

## 四、结果判读

分析 RNA Pull-down 差异表达的蛋白质，即观察不同组别当中蛋白质条带有和无的差异，以及表达多和少的差异。具体的，对照 antisense 组，查看 sense 组中存在而 antisense 组中不存在的条带，以及 sense 组中表达量大而 antisense 组中表达量少的条带。

以图 4-2 为例，lnc-HC RNA 组为 Biotin-labeling lnc-HC 能够结合的蛋白质电泳条带，而 antisense RNA 组为 Biotin-labeling lnc-HC antisense 能够结合的蛋白质电泳条带（在实验中作为阴性对照组），antisense RNA 组结合的蛋白质被视为非特异性结合的背景。相对于 antisense RNA 组而言，lnc-HC RNA 组在 ~36kDa 处有一条表达量明显增强的条带，经蛋白质谱鉴定其为 hnRNPA2/B1。因此，通过 RNA Pull-down 实验，我们明确 lnc-HC 可以与 hnRNPA2/B1 结合。

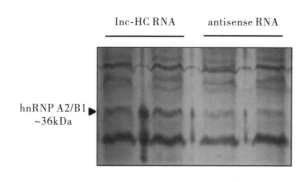

图 4-2 鉴定 lnc-HC 结合蛋白的 RNA Pull-down 实验结果

## 五、注意事项

● RNA Pull-down 的全部试剂均需要去 RNase 处理，操作过程使用 RNase-free

级别耗材。

- 实验过程中注意保护 RNA,避免、减少 RNA 的降解。
- 两组实验操作应均一,Streptavidin beads 加入反应体系后,离心弃上清以及震荡过程应避免珠子的损失,保证体系的完整性。
- 银染时,应注意银染液的避光,显色时不断观察条带显现状态,避免曝光不完全或曝光过度的情况。

### 六、个人心得

- 体外转录所获得的 RNA 产物纯化过程应选择 RNeasy Mini Kit(QIAGEN)或酚氯仿法抽提,TRIzol 法纯化效率极低,在此实验中不推荐使用。微量 RNA 的沉淀过程建议使用乙醇+乙酸钠的方法,于 -20℃ 过夜从而提高沉降效率。在正式进行 RNA Pull-down 实验之前,应该通过 RNA 电泳检测体外转录的 Biotin-labeling RNA 是否完整无降解,确定此点之后再进行后续操作。
- RNA Pull-down 全过程需在低温进行,建议冰浴操作,尽可能减少样品在室温的停留时间。操作过程要避免由于操作大意造成的样品损失,并且保证各组样品处理的均一性。
- 银染检测差异蛋白时,银染液需要新鲜配制,保证银染步骤的准确无误。银染显色时应及时观察条带显现情况,在合适的时间点终止反应,获得最佳的实验结果。

## 第三节 RNA 免疫共沉淀技术

### 一、基本原理及实验目的

RNA 免疫共沉淀(RNA immunoprecipitation,RIP),即利用 RNA 结合蛋白的抗体免疫沉淀 RNA-蛋白复合物,从沉淀的 RNA-蛋白复合物中分离得到特异性结合的 RNA 组分,进而通过反转录、RT-qPCR、芯片测序等技术进一步分析结合的 RNA 组分及 RNA 的结合量等。

### 二、主要仪器及试剂

①1M DTT(Fermentas)
②Glycogen(Roche)
③1M HEPES(pH 7.0,Sigma)
④Protein-A/G(根据目的蛋白的抗体亚型进行选择)

⑤Proteinase K(Roche)

⑥Ribonucleoside Vanadyl Complex(NEB)

⑦SUPERase·In™ RNase Inhibitor (20U/μl)(Ambion)

⑧Protease inhibitor cocktail tablets(Roche)

⑨抗体(抗目的蛋白抗体,同型对照 IgG 抗体)

⑩Polysomelysis buffer:100mM KCl,5 mM MgCl$_2$,10mM HEPES(pH 7.0),0.5% NP-40,1mM DTT。RNase-free 水配置,0.22μm 滤膜过滤除菌。临用前加入 1mM PMSF 和 100U/ml SUPERase·In™ RNase Inhibitor。

⑪NT2 buffer:50mM Tris-HCl(pH 7.4),150mM NaCl,1mM MgCl$_2$,0.05% NP-40。RNase-free 水配置,0.22μm 滤膜过滤除菌。

⑫尿素(1M):24g 尿素溶解于 40ml 水中。RNase-free 水配置,0.22μm 滤膜过滤除菌。

⑬主要仪器:微量移液器(10μl,100μl,1ml)、低温恒温摇床、Nanodrop 微量核酸/蛋白定量仪、实时荧光定量 PCR 仪、高速冷冻离心机。

## 三、操作步骤

### 1. 裂解组织/细胞

①每份 RIP 体系需要 2~5mg 总蛋白,以动物细胞为例约需要$(5~20)×10^6$个。用细胞刮收集细胞,1000×g、4℃离心 10min,用冰浴的 PBS 清洗细胞 2 次。

②每份 RIP 体系加入与细胞沉淀等体积的 Polysome lysis buffer,反复吹打以破碎细胞团块,然后冰浴 5min(产物可存放至 -100℃数月)。

### 2. 抗体包裹

①Protein-A/G 预处理:按照 5∶1 体积比,用含有 5% BSA 的 NT2 液体浸泡 Protein-A/G 至少 1h,4℃。

②实验分为 IgG 对照组、目的蛋白组,分别于不同组别的 1.5ml EP 管中加入 250~500μl 预处理的 Protein-A/G 悬液。分别在 IgG 对照组、目的蛋白组中加入 5μg 相应抗体。将混悬液于 4℃颠倒振摇 2~18h。

③使用 Protein-A/G 之前,每个 RIP 体系用 1ml 冰浴的 NT2 液体清洗抗体包裹的珠子 4~5 次,小心弃去上清。然后,用 850μl 冰浴的 NT2 溶液重悬珠子,并加入 200U 的 RNase inhibitor,2μl Ribonucleoside Vanadyl Complex(终浓度为 400μM),10μl 100mM DTT 以及 20mM 的 EDTA。

### 3. 免疫沉淀和 RNA 纯化

①离心细胞裂解液 15min,4℃ 15 000×g,去除裂解液中的细胞碎片。

②于步骤 2 获得的抗体包裹 Protein-A/G 珠子中,加入 100μl 细胞裂解液。

③指尖弹拨 EP 管混匀悬液数次,8000~10 000×g 瞬时离心。取出 100μl 上清液,作为 Input 对照组。

④将剩余全部混悬液于4℃颠倒震荡 4h。

⑤离心后保留珠子、弃上清,用 1ml 冰浴的 NT2 溶液清洗珠子 4~5 次,小心吸净上清,保留珠子。

⑥用含有 30μg Proteinase K 的 100μl NT2 溶液重悬珠子,55℃孵育混悬液 30min,期间不时用指尖弹拨试管。

⑦使用 TRIzol 法或者酚氯仿法分别提取 Input 组、IgG 对照组、目的蛋白组中的 RNA 组分,沉淀 RNA 时加入 Glycogen 以提高 RNA 沉降效率。随后,用实时荧光定量 PCR 或者测序技术分析目的蛋白结合的 RNA 含量。

## 四、结果判读

RIP 实验通常分为三组:①Input 组,作为细胞裂解液中特定 RNA 有无表达的阳性组(结果中不显示);②IgG 组,作为细胞裂解液中特定 RNA 与非特异性蛋白质结合的背景参考;③目的蛋白组,即细胞裂解液中特定 RNA 与目的蛋白的结合量。分析 RIP 实验结果,即检测目的蛋白能够结合的 RNA 含量,IgG 组作为背景 RNA 含量的参照。结果分析方法为:将目的蛋白组中结合的 RNA 检测值与 IgG 组结合的 RNA 检测值相比,作为目的蛋白结合 RNA 的相对值。我们认为,比 IgG 组结合量多的即为阳性结合,与 IgG 组结合量无差异或结合量少的即为不结合。

以图 4-3 为例,在该实验中,以 IgG 组作为参考,将实时荧光定量 PCR 检测获得的目的蛋白 hnRNPA2B1 组中特定的 RNA 表达水平与 IgG 相比,即获得特定 RNA 与 hnRNPA2B1 蛋白结合的相对含量。因此,在下图的实验中,我们确定 hnRNPA2B1 蛋白能够与 lnc-HC、Cyp7a1 以及 Abca1 相互结合,而与 Hmgcr、Ldlr 及 U6 不结合。

## 五、注意事项

● 步骤②中使用 Polysome lysis buffer 裂解细胞时,瞬时冻融能够使裂解更加充分,但是多次反复冻融则会导致蛋白质和 RNA 的降解。

● 实验分组中,IgG 组用来作为衡量 RNA 非特异性结合背景含量的参考,而选择 IgG 时应注意亚型要与目的蛋白抗体的亚型完全一致。抗体包裹 Protein-A/G 时,使用的 IgG 浓度必须与目的蛋白抗体含量完全一致。

● 在 Protein-A/G 清洗步骤中,充分彻底的洗涤非常重要,因此 NT2 溶液中可以添加适量尿素、SDS 以提升实验的严谨性。

● 应保持全部操作过程在冰上进行,防止蛋白质及 RNA 的降解。

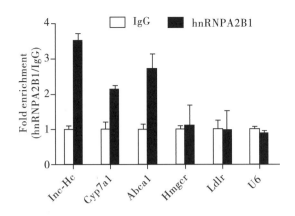

图4-3 hnRNPA2B1 与特定 RNA 相互作用的 RIP 鉴定结果

## 六、个人心得

- 裂解细胞时,为了使细胞充分裂解,应反复轻柔吹吸溶液,吹吸过于剧烈会破坏细胞结构。
- RIP 体系相对较小,体系中结合 RNA 的含量有限,因此操作全过程应极为小心。例如,在洗涤 Protein-A/G 时,一定要将珠子充分沉淀,轻柔操作、小心吸取上清液。避免操作粗犷造成的珠子损失,而进一步导致不同组别之间珠子含量不一致。
- RNA 纯化、沉淀的步骤中,建议选用乙醇 + 乙酸钠 + Glycogen 的沉淀方法,建议 -20℃沉淀过夜以增加沉淀效率。
- RNA 极易降解,一旦降解则检测结果不可信。因此,操作过程中必须使用 RNase-free 耗材,全过程在低温中进行,严格避免 RNA 的降解。

(蓝 茜,西安交通大学,e-mail:lanxi.2016@xjtu.edu.cn)

# 第五章 CRISPR/Cas9 基因编辑技术

## 第一节 sgRNA 的设计及打靶效应分析

CRISPR/Cas9 基因编辑技术是由 RNA 介导的 Cas9 核酸内切酶靶向切割 DNA 双链的技术。DNA 双链断裂后诱导细胞采用非同源末端连接机制或同源重组机制修复断裂位点。非同源末端连接会造成碱基的随机插入或缺失,利用该机制我们可以实现基因的敲除。当人为提供同源重组 DNA 模板时,可诱导细胞同源重组机制修复断裂位点,利用这样的机制我们可以实现外源基因的定点插入。

### 一、实验目的

设计打靶目标位点的 sgRNA,并在细胞水平分析打靶效应。

### 二、主要仪器及试剂

#### 1. 主要仪器

PCR 仪(ABI),漩涡振荡器,金属浴,细胞培养箱,高速冷冻离心机,超净工作台,电泳仪,细菌干燥培养箱,凝胶成像系统等。

#### 2. 主要试剂

BsaI(NEB),CutSmart Buffer(NEB),NEB buffer 2(NEB),Solution I(TAKARA),pMD19(TAKARA),Puromycin(ThermoFisher),Blasticidin(ThermoFisher),T7 Endonuclease I(NEB),胶回收试剂盒(Axygen),无内毒素质粒小提中量试剂盒(天根生化)。

### 三、操作步骤

#### 1. 质粒说明

(1) Cas9 表达质粒 pST1374-NLS-Flag-Linker-Cas9(Addgene:44758,图 5 – 1a)

①CMV 启动子调控 Cas9 蛋白的表达。
②含有 T7 启动子,可用于体外转录。
③经 AgeI 酶切线性化后用于体外转录。
④含有 bsr 基因,可用 Blasticidin 筛选转染细胞。

⑤Cas9 蛋白含有 FLAG 标签,可用于表达检测。

⑥根据人的密码子偏好性对来源于化脓链球菌的 Cas9 编码序列进行了优化,可以在大多数哺乳动物中表达。

⑦Cas9 蛋白含有细胞核定位信号。

⑧质粒为 AMP 抗性。

(2)sgRNA 表达质粒 pGL3-U6-sgRNA-puromycin(Addgene:51133,图 5-1 b)

①U6 启动子启动 sgRNA 的表达。

②带有 *pac* 基因,可用 puromycin 筛选转染细胞。

③BsaI 酶切质粒后产生黏性末端,可用于插入 sgRNA 片段。

④质粒为 AMP 抗性。

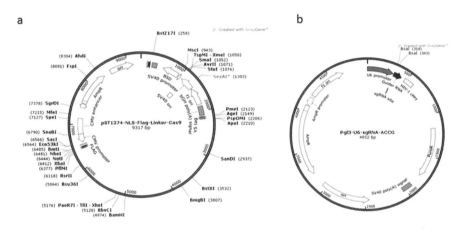

图 5-1　Cas9 和 sgRNA 表达质粒图谱

a. Cas9 表达质粒 pST1374-NLS-Flag-Linker-Cas9;b. sgRNA 表达质粒 pGL3-U6-sgRNA-puromycin

### 2. sgRNA 的设计

http://crispr.mit.edu/ 和 http://portals.broadinstitute.org/gpp/public/analysis-tools/sgrna-design 是设计 sgRNA 的在线工具,可供大家使用。Vector NTI 是一款非常灵活的 sgRNA 设计软件,本节主要介绍利用 Vector NTI 设计 sgRNA 的方法与步骤。

(1)Vector NTI 设计 sgRNA 的过程

①根据软件说明正确安装 Vector NTI。

②打开"local database"选项,输入所要编辑的 DNA 序列。

③打开 DNA 序列界面,在"Analysis"选项中打开"Find Motifs"功能,点击打开"Add New……"功能选项,输入所要查找的 Motif 名称,如"GG18NNGG",然后点击"Oligo"选项,在"Nucleotide Sequence"中输入所要查找的序列,如"GGNNNNNNNNNNNNNNNNNNNNGG",未知碱基用"N"代替,确定后在 DNA 序列主

界面便可显示所要查找的序列(图 5-2)。

④参考上述设计要点选择 sgRNA 位点,并用 Blast 分析,确定该序列在基因组内的唯一性。

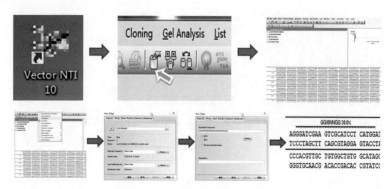

图 5-2　sgRNA 的设计过程

(2)off-target 位点预测

Off-target 位点通常被认为是具有 PAM 结构,且相比 sgRNA 有少于 5 个碱基不同的序列。http://crispr.mit.edu/是很实用的 off-target 位点预测在线分析软件。使用时需要输入"Search name","E-mail"和 sgRNA 序列(包括 PAM 结构序列)并选择物种,最后点击"submit",待网页刷新后可见 off-target 位点。

### 3. sgRNA 表达载体的构建

①准备 BsaⅠ酶切的 pGL3-U6-sgRNA-puromycin 质粒,反应体系如下:

| | |
|---|---|
| pGL3-U6-sgRNA-puromycin | 2 μg |
| CutSmart Buffer (NEB) | 5 μl |
| BsaⅠ | 2 μl |

加水至 50 μl,37℃过夜消化。酶切产物 pGL3-U6-sgRNA-puromycin-BsaⅠ经琼脂糖凝胶电泳回收后,备用。

②化学合成编码 sgRNA 的 DNA 序列(带有黏性末端),正链的黏性末端序列为"ACCG",负链的黏性末端序列为"AAAC",具体如下:

```
sgRNA+: 5'-ACCGNNNNNNNNNNNNNNNNNNNN-3'
            ||||||||||||||||||||
sgRNA-:     3'-ACCGNNNNNNNNNNNNNNNNNNNN-CAAA-5'
```

③合成的正负链 DNA 经过退火形成双链结构,反应体系和条件如下:

| (+) Oligo (100μM) | 4.5μl |
| (-) Oligo (100μM) | 4.5μl |
| NEB buffer 2 (NEB) | 1μl |

95℃,5min,-2℃/s 降至85℃,-0.1℃/s 从85℃降至25℃,4℃保存。

④连接退火产物和 pGL3-U6-sgRNA-puromycin-Bsa I

| annealed oligos | 2μl |
| pGL3-U6-sgRNA-puromycin-Bsa I(25ng/μl) | 1μl |
| 2 × Solution I | 3μl |
| 16℃反应30min | |

⑤连接产物转化感受态大肠杆菌细胞,AMP抗性琼脂固体培养基筛选。

⑥挑选菌落克隆,培养扩繁,菌液 PCR 验证(引物为 M13F 和 M13R),PCR 产物使用 U6 引物测序验证 sgRNA 片段是否插入在载体中,以便得到 pGL3-U6-sgRNA-puromycin-BsaI-sgRNA 质粒。

⑦提取无内毒素的 pGL3-U6-sgRNA-puromycin-BsaI-sgRNA 和 pST1374-NLS-Flag-Linker-Cas9 质粒用于转染细胞。

### 4. 细胞转染

①按照70%汇合度细胞数量接种细胞至6孔板中。

②14h 后,用 lipo2000 将 pGL3-U6-sgRNA-puromycin-BsaI-sgRNA 和 pST1374-NLS-Flag-Linker-Cas9 按照1:1 的量转染细胞,通常转染剂量为2μg。转染步骤参考 lipo2000 说明书。

③转染24h 后加入适量的 puromycin 和 Blasticidin 筛选细胞48h。

④收集细胞,提取基因组 DNA,用于打靶效应分析。

### 5. 打靶效应分析步骤

①在 sgRNA 打靶位点两侧设计一对引物,用于扩增 CRISPR/Cas9 系统的打靶区域 DNA 片段。

②PCR 扩增转染细胞基因组打靶区域 DNA 片段。

③PCR 产物测序评估:观察测序峰图在打靶位点是否出现套峰现象。

④T7ENI 酶切评估:T7 Endonuclease I 酶切经变性、退火后的 PCR 产物,然后电泳观察条带,判定打靶效应。PCR 产物变性、退火体系和程序如下:

| PCR 产物(200ng) | |
| NEB buffer 2 (NEB) | 1μl |
| ddH$_2$O | 至10μl |

95℃,5min,-2℃/s 降至85℃,-0.1℃/s 从85℃降至25℃,4℃保存。然后再

加入 T7 Endonuclease Ⅰ 0.5μl，37℃作用 30min。

⑤TA 克隆测序评估：胶回收 PCR 产物，与 pMD19-T（TAKARA）载体连接。连接产物转化，过夜培养后，挑选菌液克隆，菌液 PCR 验证后，测序分析，与野生型 DNA 序列比对。连接体系如下：

| | |
|---|---|
| PCR 胶回收产物（40ng） | |
| pMD19-T 载体 | 1μl |
| 2 × Solution Ⅰ | 3μl |
| ddH₂O | 至 6μl |
| 16℃ 反应 30min | |

## 四、结果判读

- PCR 产物测序评估：CRISPR/Cas9 系统切割双链 DNA 的位置是在临近 PAM 结构的第三个碱基处，因此在该位置附近出现套峰则认为设计的 sgRNA 起到了作用（图 5-3a）。

- T7ENI 酶切评估：由于 sgRNA 打靶位置的 DNA 碱基序列呈多样化，因此在退火时该位置不同序列的 DNA 可形成不完全配对现象。T7ENI 酶可切割不完全配对的 DNA 结构。酶切产物电泳时会出现多条带（图 5-3b）。

- TA 克隆测序评估：TA 克隆测序是准确测定 sgRNA 打靶位置碱基如何发生变化的方法。测序结果与野生型序列比对分析编辑后的 DNA 基因型（图 5-3c），突变序列数量与测序总数的比值可初步认为 sgRNA 的打靶效率。

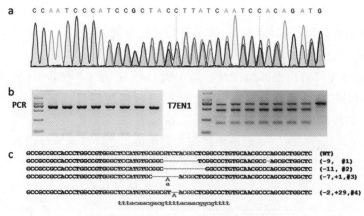

图 5-3 CRISPR/Cas9 结果判读

a. 打靶位点典型的套峰测序图；b. PCR 及 T7EN1 电泳图；c. TA 克隆序列比对分析结果

## 五、注意事项

- 设计的 sgRNA 一定要进行 Blast 分析,确定 sgRNA 是基因组内唯一的序列。
- BsaI 酶切 pGL3-U6-sgRNA-puromycin 一定彻底,切记用胶回收方法回收酶切产物,避免转化后的假阳性克隆出现。
- Puromycin 和 Blasticidin 筛选细胞的剂量要合适。合适的剂量一般通过浓度梯度实验确定。
- 纯化后的 PCR 产物经 T7EN1 酶切可以得到美观的电泳图。

## 六、个人心得

- sgRNA 长度可设计为 18~22bp,通常为 20bp。
- sgRNA 的 PAM 结构通常为 NGG 序列。
- sgRNA 的 GC 含量为 50% 左右。
- 临近 PAM 结构的 6 个碱基要均匀分布。
- sgRNA 前两个碱基最好为 GG。
- PCR 仪会对退火产物产生影响,ABI 品牌的 PCR 仪最好。
- NEB buffer 2 更有利于退火,建议在退火反应体系中添加该试剂。
- T7EN I 酶切时间不要超过 30min,酶切反应结束后应立即加入 loading buffer 终止反应。
- T7ENI 酶切产物电泳时为了得到美观的胶图,制胶前需要清洗胶槽,梳子,溶胶烧杯等一切涉及器具,胶尽可能地做厚,梳子用最小齿的,琼脂糖凝胶浓度为 3%,电泳前更换新的电泳液,电泳时电压最好不要超过 110V,电泳时间在 25~30min 为宜。

# 第二节 受精卵注射 CRISPR/Cas9 系统制备基因编辑动物

## 一、实验目的

将 Cas9 mRNA 和打靶目标基因的 sgRNA 注射到单细胞期受精卵中,制备基因编辑动物。如果制备点突变或基因敲入动物,则需要注射供体 DNA。

## 二、主要仪器及试剂

1. 主要仪器

PCR 仪(ABI),漩涡振荡器,金属浴,细胞培养箱,高速冷冻离心机,超净工作台,电泳仪,细菌干燥培养箱,凝胶成像系统,显微操作系统(Eppendorf),微量注射泵(Eppendorf),体视显微镜,外科手术器械等。

2. 主要试剂

mMESSAGEmMACHINE® T7 Ultra Kit(Ambion,AM1345)

MEGAshortscript™ Kit(Ambion,AM1354)

RNeasy Mini Kit(QIAGEN,74104)

MEGAclear™ Kit(Ambion,AM1908)

RNAsecure™ Reagent(Ambion,AM7005)

QIAprep Spin Miniprep Kit(QIAGEN,27104)

MinElute PCR Purification Kit(QIAGEN,28004)

*Bsa* I (NEB,R0535S)

*Age* I (NEB,R0552S)

Solution I (TaKaRa,6022Q)

EmbryoMax® Injection Buffer(Millipore,MR-095-10F)

Proteinase K(Merck,1245680100. 20mg/ml in water. Aliquot and store at $-20$℃)

Lysis buffer(10μM Tris-HCl,0.4M NaCl,2μM EDTA,1% SDS)

Phenol(Tris-saturated),Chloroform and alcohol

PCR Cleanup Kit(Axygen,AP-PCR-50)

T7EN1(NEB,M0302L)

PrimeSTAR HS DNA Polymerase(Takara,DR010A)

T-VectorpMD™19 (Simple) kit (TaKaRa,3271)

## 三、操作步骤

**1. sgRNA 体外转录质粒 pUC57-sgRNA(Addgene:51132,图5-4)简介**

①质粒为 kanamycin 抗性。

②T7 启动子启动 sgRNA 的转录,可用于体外转录制备 sgRNA。

③*Bsa* I 酶切质粒,用于插入合成的编码 sgRNA 的 DNA 片段。

**2. 按照第一节所述设计打靶目标基因的 sgRNA**

**3. 构建 sgRNA 体外转录载体**

①*Bsa* I 酶切 pUC57-sgRNA,胶回收线性化质粒 pUC57-sgRNA-*Bsa* I。

②合成打靶位点的 oligo DNA。正链的黏性末端为"TAGG",负链的黏性末端为"AAAC"。

③合成的 sgRNA 正负链 DNA 退火形成双链结构,反应体系和条件如下:

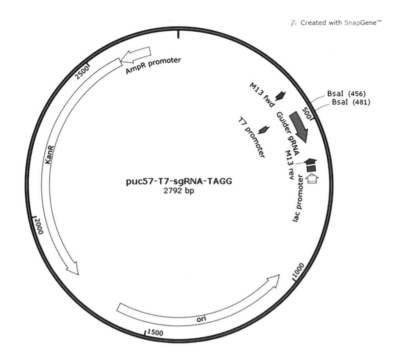

图 5-4 sgRNA 体外转录载体 pUC57-T7-sgRNA

| (+) Oligo (100μM) | 4.5μl |
| (-) Oligo (100μM) | 4.5l |
| NEB buffer 2 (NEB) | 1μl |

95℃,5min；-2℃/s 降至85℃,-0.1℃/s 从85℃降温至25℃,4℃保存

④连接退火产物和 pUC57-sgRNA-BsaI,反应体系如下：

| annealed oligos | 2μl |
| pUC57-sgRNA-BsaI(25ng/μl) | 1μl |
| 2 × Solution I | 3μl |
| 16℃ 反应 30min | |

⑤连接产物转化感受态大肠杆菌细胞,Kanamycin 抗性琼脂固体培养基筛选。

⑥挑选菌落克隆,培养扩繁。使用 M1347 引物测序验证 sgRNA 片段是否插入在载体中,以便得到 pUC57-sgRNA-BsaI-sgRNA 质粒。

4. 摇菌扩繁

提取 pUC57-sgRNA-BsaI-sgRNA 和 pST1374-NLS-Flag-Linker-Cas9 质粒用于体外转录 sgRNA 和 Cas9 mRNA。

### 5. Cas9 mRNA 的体外转录

(1) pST1374-NLS-Flag-Linker-Cas9 质粒线性化及纯化

(注意:以下所有步骤用到的试剂、耗材及操作均遵照 RNA 提取的注意事项!)

①取约 20~50μg 质粒 DNA 进行 AgeⅠ酶切(不用去磷酸化处理),酶切体系视 DNA 的浓度而定,大概 400~500μl 体系即可,37℃ 酶切过夜。(保证一定的酶与 DNA 的比例,务必切割完全,以 500μl 为例,加 20μl 酶量,另外酶切时间建议不要超过 8h。)

②然后分别加入(以 500μl 体系为例):

| PK(10mg/ml) | 10μl | (终浓度为 200ng/μl) |
| 10% SDS | 5μl | (1:100 的比例) |

混匀,50℃ 温育 45min。(注意:此步之后都使用 RNease-free 的耗材!)

③加入等体积(以 500μl 为例)酚/氯仿,充分混匀,12 000r/min 离心 7min。

④小心吸取上清(注意不要吸取过于彻底,可留一部分上清,以 500μl 为例,使用 200μl 移液器,剪掉枪头前段,分次吸取不超过 450μl,剪刀在剪枪头前需要在火焰上灼烧以去除 RNease) 至一个新的 1.5ml EP 管,加入 2.5 倍体积无水乙醇,1/10 体积 3M 醋酸钠,上下颠倒混匀,放 -80℃ 冻 15min,4℃ 12000rpm 离心 10min。

⑤小心倒掉上清,加入 1ml 事先配好的 70% 的乙醇溶液(常温),上下颠倒数次,12 000r/min 离心 5min。

⑥倒掉上清,盖上盖子空离 15s,用枪头吸取残留的液体(小心不要吸掉 DNA 沉淀),室温晾干约 3min,加入 20μl RNease-free Water 溶解 DNA,此步非常重要! 由于很难看到沉淀,请用枪头全方位的在管壁内彻底吹洗,尤其是离心的背面的一条线的部分,一定要多次吹洗!

⑦吸取 1μl 纯化后的溶液测 DNA 浓度,DNA OD260/280 应介于 1.8~2.0 范围内。

(2) 转录及纯化

对于 Cas9 DNA,首先将浓度稀释至 1μg/μl。

①转录试剂解冻。RNA Polymerase Enzyme Mix 放冰上解冻(其实在 -20℃ 是冻不起来的);其他试剂均室温放置解冻,解冻完成后置于冰上,要注意这些试剂不能有沉淀! 若有沉淀则须等待其温度上升至室温后,用移液枪反复吹打直至没有明显沉淀为止!

②室温下配置反应液。如果在冰上,10×Reaction Buffer 里面的亚精胺(spermidine)可以使模板 DNA 沉淀下来。

按照下面顺序加入试剂:核苷酸-水-10×T7 Reaction Buffer,终体积为 20μl,

| | |
|---|---|
| Nuclease-free Water | 至 20μl |
| T7 2×NTP/ARCA | 10μl |
| 10×T7 Reaction Buffer | 2μl |
| linear template DNA | 1μl |
| T7 Enzyme Mix | 2μl |

③彻底混匀,手指轻弹或者用移液器轻轻上下吹打混匀,再低速离心混合液。

④37℃温育 2h。(用 PCR 仪,请将热盖调整至 37℃并调准体积!注意温育时间不要延长!因为 Cas9 mRNA 量过多的话在后面加尾的过程中容易出现沉淀!)

⑤加入 1μl TURBO DNase,混匀后,37℃温育 20min。此步目的为去除模板 DNA。

⑥在等待期间将加尾试剂室温解冻(除了 E-PAP 加尾酶),然后置于冰上(细节参考上述解冻转录试剂)。

⑦按照下列步骤加入加尾反应液:

| Component | Amount |
|---|---|
| mMESSAGE mMACHINE® T7 Ultra reaction | (20μl) |
| Nuclease-free Water | 38.5μl |
| 5×E-PAP Buffer | 20μl |
| 25mM MnCl$_2$ | 10μl |
| ATP Solution | 10μl |

⑧预留 2.5μl 的待加尾反应液,加 E-PAP enzyme 前转移 2.5μl 的反应混合液至一个 RNease-free 的 EP 管中,然后将此管放在冰上,在反应结束后作为对照。

⑨加入 4μl E-PAP,轻柔混匀,最终反应体系为 100μl。

⑩37℃温育 45min,细节参考上述转录温育过程,反应结束置于冰上。

⑪无水氯化锂沉淀:

a. 反应停止,加入 30μl Nuclease-free Water 和 30μl LiCl 用于沉淀溶液。

b. 充分混匀,-80℃冷置 15min。

c. 最大转速,4℃离心 10min 使 RNA 成团状沉淀。

d. 小心去除上清(这一步建议使用枪头吸而不是直接倒,因为液体较稠且量也不多),加入 1ml 70%乙醇溶液(预冷),上下颠倒数次,再次 4℃离心 5min。

e. 小心倒掉 70%乙醇溶液,离心 15s,再用枪头吸掉剩余液体(小心不要吸掉 RNA 沉淀),室温晾干约 3min,用 100μl RNease-free Water 溶解 RNA,多次吹打混匀。

⑫RNeasy mini Kit 纯化。Buffer RPE 使用前加入 4 倍体积的 RNease-free 无水乙醇。

a. 在 100μl RNA 样品中加入 350μl RLT Buffer,混匀。

b. 加入 250μl RNease-free 无水乙醇用枪头混匀,不要离心,立即进行第 3 步。

c. 转移该 700μl 样品入 RNeasy Mini spin column,放置一个 2ml 的收集管,盖上盖子,≥8000g 离心 15s,倒掉滤液。

d. 加入 500μl RPE buffer,盖上盖子,≥8000g 离心 15s,弃掉滤液。

e. 加入 500μl RPE buffer,盖上盖子,≥8000g 离心 2min,更换一个新的收集管,盖上盖子,全速空离 1min。

f. 将柱子放置在一个新的 1.5ml 收集管中,加入 30~50μl RNease-free Water 到吸附膜中央,盖上管盖,室温静置 2min,≥8000g 离心 1min。

g. 将吸附膜放在另一个干净的 1.5ml 收集管中,将洗脱所得溶有 RNA 的液体再次吸取加到吸附膜中央,再将吸附膜放回原来的 1.5ml 收集管,盖上管盖,室温静置 2min,最高转速离心 1min,收获最终产物。

⑬将产物分装至数个 RNease-free EP 管中,另外各取 1μl 用于测浓度和跑电泳,在此期间将 RNA 放在冰上。测浓度时,分光光度计调至"测 RNA",建议稀释 100 倍测试后再稀释 10 倍测试,两次所得浓度应差别十倍,OD 260/280 应介于 2.0~2.4 之间。跑电泳时记得加 2.5μl 没加尾的对照,对于 Cas9,0.8% 胶 180V 跑 10~20min。测完浓度和跑电泳验证之后,将测得浓度及其他相关信息仔细标注在 EP 管上并置于 -80℃冻存。之后每次取用时均要在管上做记号,一般来说,RNA 在 -80℃可冻存数月,以及反复解冻 3 次以内。

### 6. sgRNA 的体外转录

(1) sgRNA 转录模版的制备

①以测序验证过的 PUC57-sgRNA-BsaI-sgRNA 为模版,用 PrimerStar Taq 酶扩增 sgRNA 体外转录模版。为了增加 PCR 产物回收的量,一次实验做 3 个 PCR 体系。PCR 反应体系和条件如下:

| Component | Amount |
| --- | --- |
| ddH$_2$O | 至 50μl |
| 5×PrimerStar Buffer | 10μl |
| dNTPmix | 4μl |
| URNA-s | 1μl |
| URNA-a | 1μl |
| PrimerStar | 0.5μl |
| PUC57-sgRNA-BsaI-sgRNA | 1ng |

94℃,5min;(98℃,10s;72℃~62℃,-1℃/cycle,15s;72℃,30s) 10cycles (98℃,10s;62℃,15s;72℃,30s) 25 cycles;72℃,5min;hold at 4℃。

URNA-s： 5′-TCTCGCGCGTTTCGGTGATGACGG

URNA-a： 5′-AAAAAAAGCACCGACTCGGTGCCACTTTTTC

②PCR产物经琼脂糖凝胶电泳验证后,加入RNAsecure,60℃作用30min抑制RNA酶。

③PCR产物纯化试剂盒回收PCR产物(3个PCR产物回收在一起,以增加回收量),取出5μl PCR产物用于测序,如PCR过程中产生突变,则需要重新准备模版。(此步骤开始,所有试剂耗材均为Rnase-free,实验操作按照RNA提取操作规范执行)

（2）sgRNA体外转录及纯化

①转录试剂解冻。细节参照上述Cas9转录试剂解冻。

②室温下配置反应液。按照顺序加入各种试剂,为了方便起见,可先将4种核苷酸进行预混,然后加入8μl混合液到20μl反应体系,具体体系如下：

| Component | Amount |
| --- | --- |
| Nuclease-free Water | 至20μl |
| T7 10 × Reaction Buffer | 2μl |
| T7 ATP Solution | 2μl |
| T7 CTP Solution | 2μl |
| T7 GTP Solution | 2μl |
| T7 UTP Solution | 2μl |
| Template DNA | <8μl |
| T7 Enzyme Mix | 2μl |

③彻底混匀。手指轻弹或者用移液器轻轻上下吹打混匀,离心混合液。

④37℃温育6h,细节参考上述Cas9转录温育。

⑤加入2μl TURBO DNase,混匀后,37℃温育45min。此步目的为去除模板DNA。

⑥RNA的纯化(MEGAclear™ Kit AM1908)。第一次使用前,加入20ml RNease-free无水乙醇入Wash Solution Concentrate,混匀备用。每个反应样事先取110μl Elution Solution 95℃预热。

a. 将RNA样品溶于100μl Elution Solution,轻柔混匀。

b. 加入350μl Binding Solution Concentrate,用移液器轻柔的混匀。

c. 加入250μl无水乙醇,用移液器轻柔的混匀。

d. 样品过滤：

·将一个滤芯插入收集管。

·将RNA样品用移液器转移至滤芯。

- 10000g 离心 30s。
- 倒掉滤液,将收集管重复利用,之后进行 RNA 的洗涤。

e. 用 2×500μl Wash Solution 洗涤 RNA
- 加入 500μl Wash Solution,通过滤芯进行过滤(10000g 离心 30s)。
- 再加入 500μl Wash Solution 进行过滤(10000g 离心 30s)。
- 去除 Wash Solution,继续离心,最高转速离心 1min,去除残留的 Wash Solution。

f. 用下列方法溶解 RNA
- 加入 50μl 事先预热的 Elution Solution 入滤芯,盖上盖子,室温 10000g 离心 1min。
- 为了最大限度回收 RNA,重复此洗脱步骤,再加入 50μl Elution Solution,同上一步,将滤液收集到同一管中,得到 100μl RNA 样品。

g. 5M 醋酸铵沉淀 RNA
- 按照 1/10 的体积加入 5M 醋酸铵,例如:RNA 样品总体积为 100μl,则应加入 10μl 的 5M 醋酸铵。
- 加入 2.75 倍体积的无水乙醇,例如:100μl 的 RNA 样品,应该加入 275μl 的无水乙醇;混匀,-80℃静置 15min。
- 4℃最大离心力离心 10min。
- 小心拿取并倒掉上清。
- 加入 1ml 70% 乙醇溶液(预冷),上下颠倒数次,再次 4℃离心 5min。
- 小心倒掉滤液,离心 15s,再用枪头吸掉剩余液体(小心不要吸掉 RNA 沉淀),室温晾干约 3min,一般可以得到 60~150μg 的 RNA,加入 40μl RNease-free Water 进行溶解,多次吹打保证溶解均匀。

⑦测浓度,跑电泳,分装保存,参考上述 Cas9 部分。

**7. 准备 Cas9 mRNA 和 sgRNA 胚胎注射样品**

以下操作需要在层流室超净工作台中完成,所用所有试剂耗材均为 Rnase-free,实验操作按照 RNA 操作规范执行。

①冰上解冻体外转录的 sgRNA 和 Cas9 mRNA。

②按照一定的终浓度将 sgRNA 和 Cas9 mRNA 混匀在胚胎注射液中。如:sgRNA 10ng/μl,Cas9 mRNA 20ng/μl。不同物种对注射浓度要求不同,具体请参考相关文献。

③sgRNA 和 Cas9 的注射混合液需要 5μl 每管,分装至 Rnase-free 的 200μl PCR 管中,-80℃保存。每管限一次注射使用,不可反复冻融,不可重复使用。

**8. 胚胎注射**

不同动物获取单细胞期胚胎的方法不同,详细请参考相关资料。

①在60mm直径的细胞培养皿盖子上滴加20μl TCM199微滴9个,并用液状石蜡覆盖,然后培养箱内孵育30min以上。

②调试显微操作系统,正确安装胚胎把持针和胚胎注射针。调试微量注射泵。

③转移胚胎至微滴中,每个微滴不超过30枚胚胎,放置在显微镜上,待注射。

④冰上解冻已经配置好的sgRNA和Cas9 mRNA混合液,混匀后,将液体导入到注射针内,并正确安装注射针到显微操作系统中。

⑤注射时,把持针抓住胚胎,注射针插入胚胎细胞质中央,启动微量注射泵注入液体,液体注入时可清楚观察到胞质膨胀,如未见到膨胀现象,则需要再次注射。

⑥大动物注射后的胚胎通常培养至2细胞期以上,然后输卵管移植。小鼠、大鼠等通常注射后立即移植。详细请参考相关资料。

9. **出生个体基因型分析**

①胚胎移植个体出生后,在保证不影响个体存活的情况下,尽可能多的采集组织样品,如:脐带、血液、皮肤组织等,用于打靶位点的基因型分析。

②待测样品置于加有蛋白酶K的裂解溶液中,56℃过夜。酚氯仿法抽提基因组DNA。

③PCR扩增打靶位点DNA片段。根据PCR产物测序,T7EN1酶切评估以及TA克隆测序分析基因型本章(本章第一节所述)。

## 四、结果判读

- Cas9 mRNA的体外转录产物经电泳检测时,加Poly A尾的mRNA条带明显大于未加尾的Cas9 mRNA。条带无拖带、弥散等现象说明转录效果好(图5-5a)。
- sgRNA体外转录产物电泳时,条带大小位于250bp附近(DL2000 DNA Marker),同时在500bp附近也有一条较暗条带,此条带可能为sgRNA之间形成的复合物(图5-5b),需要注意的是sgRNA在不同电泳缓冲体系或不同浓度琼脂糖凝胶上迁移时,对应的DNA Marker位置不同。
- CRISPR/Cas9系统是否在打靶位点发生编辑,需要通过PCR产物测序、T7ENI酶切鉴定以及TA克隆测序分析具体基因型和计算编辑效率进行确定(图5-5c、d、e)。

## 五、注意事项

- BsaI酶切Puc57-sgRNA质粒一定彻底。
- pST1374-NLS-Flag-Linker-Cas9经AgeI酶切也须彻底。
- 进行sgRNA模版的PCR时,PCR产物电泳检测时必须为单一条带(500bp),如有多条条带需要重新PCR,不能用于体外转录。

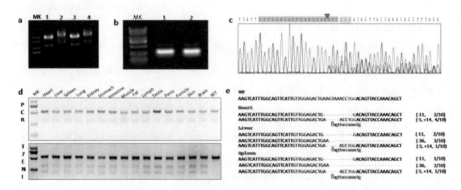

**图 5-5 体外转录 RNA 及打靶作用分析**

①Cas9 体外转录 mRNA 琼脂糖凝胶电泳图。1 和 3 为未加 PolyA 尾转录产物;2 和 4 为加 PolyA 尾转录产物。②sgRNA 体外转录产物琼脂糖凝胶电泳图。1 和 2 为转录效果较好的 sgRNA。③出生个体打靶位点 PCR 产物测序。蓝色背景为 sgRNA 序列;绿色背景为 PAM 结构;红色三角号为 Cas9 切割位点。④出生个体不同组织 PCR 产物和 T7EN1 酶切电泳图。⑤TA 克隆测序分析不同组织中打靶位点的基因型

- Cas9 和 sgRNA 体外转录时一定准备充分、小心操作,防止 RNA 酶的降解。
- 体外转录的 RNA 要及时低温保存,避免反复冻融,-80℃可以保存半年。
- 配置胚胎注射液时小心操作,防止 RNA 酶降解。
- 胚胎注射时一定根据胚胎胞质膨胀现象判断注射成功
- 通过胚胎注射得到的动物通常为嵌合体,即不同组织,甚至同一组织基因型有很多种,因此需要大量的测序分析。

## 六、个人心得

- PCR 反应制备 sgRNA 模板时,退火时间为 15~20s,不可延长,模版量为 1ng,不可增加,否则出现非特异性条带。
- 体外转录的 RNA 电泳鉴定时,需要清洗电泳梳、电泳槽、胶板等一切相关物品,更换新的电泳液。
- Cas9 mRNA 和 sgRNA 在 TAE 和 TBE 电泳缓冲液中电泳时,条带出现的位置不同。
- RNA 电泳时,样品中加入终浓度为 2~3× 的 Loading Buffer。
- 胚胎微量注射时,最好购买 eppendorf 公司的商品化注射针,可大幅度提升胚胎存活率。
- 从 RNA 解冻到注射完成需要在 30min 内完成,避免 RNA 降解。

(于鸿浩,桂林医学院,e-mail:geneyhh@126.com)

# 第六章 重组 DNA 技术

## 第一节 大肠杆菌感受态细胞的制备

### 一、基本原理及实验目的

细菌处于容易接受外源 DNA 的状态称为感受态。通过物理或化学的方法，人工诱导细菌细胞成为敏感的感受态细胞（competent cell）是重组 DNA 转化细菌技术的关键。

### 二、主要仪器及试剂

所有与细菌接触的物品和液体都应该是消毒灭菌的。

①0.1mol/L $CaCl_2$ 溶液制备：将 11.1g $CaCl_2$ 粉末溶解于 1L 去离子水，用预先处理的 Nalgene 滤膜（0.45μm 孔径）过滤除菌。

②LB 培养基制备：胰蛋白胨 10g、酵母提取物 5g、氯化钠 10g，先加水 800ml，加入 200μl 5mol/L 的氢氧化钠调节 pH 至 7.0，定容至总体积 1L。如果要配制固体 LB 平板，需要再加入琼脂粉 15g，调节 pH 至 7.0，定容至 1L。将培养基混匀后 121℃高压灭菌 20min。

③大型高速冷冻离心机、恒温培养箱、50ml 离心管、1.5ml 离心管、三角瓶、接种环、无菌牙签等。

### 三、操作步骤（以大肠杆菌 DH5α 为例）

$CaCl_2$ 转化法是常用的感受态细胞制备方法，操作步骤如下：

①用无菌接种环直接从冻存的大肠杆菌贮存液中蘸取所需的菌种在 LB 平板上画线，倒置平板于 37℃培养过夜。

②用无菌牙签将一个单克隆菌落转移到 5ml 无抗性 LB 培养液中，于 37℃摇床 220r/min，培养过夜。

③转移 2ml 过夜培养的菌液至盛有 200ml 无抗性 LB 培养液的锥形瓶中，于 37℃摇床 220r/min，扩增培养 2~2.5h，直到 $OD_{600}$ 达到 0.5。

④将锥形瓶于冰上放置 5~10min，分装到数个预冷无菌的 50ml 离心管中，4℃，

1600g,离心10min,弃上清。

⑤细胞沉淀用10ml冰冷的$CaCl_2$溶液重悬,4℃,1100r/min,离心5min,弃上清。

⑥细胞沉淀用10ml冰冷的$CaCl_2$溶液重悬,冰上放置30min,4℃,1100r/min,离心5min。

⑦用10ml冰冷的$CaCl_2$溶液重悬细胞,按每管200μl分装于预冷的无菌的1.5ml离心管中。

⑧如果不需要立即使用,于-70℃保存。

### 四、结果分析

判断感受态细胞制备的优劣主要是通过转化效率检测。经转化外源质粒DNA的大肠杆菌在含抗性的LB平板过夜培养后,如果平板上长满克隆并且阴性对照(未转入外源DNA的感受态)没有克隆长出,证明感受态细胞制备良好。

### 五、注意事项

- 制备感受态细胞过程须注意无菌操作,防止杂菌和有抗生素抗性菌的污染。
- 重悬细胞时,尽量避免吹打细胞,而是轻轻震荡时细胞悬浮起来,减少对菌株的损伤和活性的影响。
- 制备成功的感受态细胞应尽快使用,存放过久会对其转化效率有影响。
- 感受态细胞不宜反复冻融,冻融过程中产生的冰晶会对细菌造成伤害。

### 六、个人心得

- 大肠杆菌属于革兰阴性菌,普通化学感受态细胞就能实现外源DNA的高效转化。$CaCl_2$法制备感受态简单、快捷、成本低,能满足普通的转化和克隆需求。
- 制备感受态的菌株最好是先将甘油菌划线与无抗生素LB平板,然后挑选单克隆在液体培养基中生长。如果甘油菌溶解后直接在液体LB中培养制备感受态,可能会降低感受态细胞的转化效率。
- 保持感受态细胞制备的各环节处于低温环境,4℃离心,冰上重悬,$CaCl_2$溶液置于冰浴中,确保细胞处于低温环境,以保证感受态细胞的转化效率。

## 第二节 质粒DNA的转化

### 一、基本原理及实验目的

质粒DNA分子导入细菌细胞的过程称为转化。基本原理为在0℃和$CaCl_2$低渗环境中的细菌细胞膨胀成球形,待转化的DNA在混合体系中形成羟基磷酸DNA复合物,该复合物能抵抗DNA酶的作用并黏附于感受态细胞表面,然后经42℃短时间热激处理,促进DNA进入细胞,达到DNA转化的目的。

## 二、主要仪器及试剂

①涂布棒消毒杀菌:将涂布棒的三角部分浸没于乙醇溶液中,从容器中取出后通过酒精灯外焰,点燃其上的乙醇。待涂布棒上的火焰熄灭后,将其触碰无菌琼脂平板的表面使其冷却。

②LB培养基制备:胰蛋白胨10g、酵母提取物5g、氯化钠10g,先加水800ml,加入200μl 5mol/L的氢氧化钠调节pH至7.0,定容总体积至1L。如果要配制固体LB平板,需要再加入琼脂粉15g,调节pH至7.0,定容至1L。将培养基混匀后121℃高压灭菌20min。

③制冰机、高压灭菌锅、超净工作台、恒温水浴锅、恒温培养箱、离心机。

## 三、操作步骤

①取一管制备好的大肠杆菌感受态细胞,置于冰上。

②待感受态细胞溶化后,取2μl转化质粒DNA加入装有感受态的管中。

③轻轻混匀内容物,静置冰浴30min。

④热休克,将管放入预加温至42℃的水浴锅中,热激90s,勿摇动。

⑤热激结束后快速将管转移到冰浴中,冷却1~2min。

⑥每管加800μl LB培养液,倾斜放置,37℃,摇床100r/min,培养45min。

⑦离心收集细胞,5000r/min离心2min,弃部分上清液,剩余约200μl培养基,混匀细胞。

⑧接种至含相应抗生素的LB平板上,用涂布器做圆周运动将培养液涂布均匀。

⑨将平板置于室温直至液体被吸收。

⑩倒置平板,于37℃培养,12~16h可出现菌落。

⑪挑克隆。用无菌牙签挑取单克隆菌落接种到盛有3~4ml LB培养液(含抗生素)的灭菌试管。

⑫摇菌。37℃摇床220r/min,培养12~16h。

⑬保留菌种。短期保存,可将菌液或LB平板上的菌落保存于4℃;长期保存,在1.5ml离心管中加入50%甘油和新鲜菌液各500μl,混匀并做好标记,置于-70℃冻存。复苏时,用一无菌牙签或接种环在带有相同抗性的LB平板上画线。

## 四、结果判读

质粒DNA成功转化至大肠杆菌细胞后,菌落均匀分布在含抗生素的LB平板上。

如果没有菌落长出,可能是感受态细胞存放时间太久,转化效率太低所致;或者是抗生素选择错误,即使转化成功,菌落也无法正常生长,导致平板上无菌落;还有可能是热休克时间太长,导致细胞严重损伤。

如果平板上铺满细菌,菌落之间没有明显的间隙,可能是抗生素失效或者感受态细胞被相同抗性的质粒污染,导致细菌在平板上无限制的生长。

## 五、注意事项

- 热休克是一个非常关键的步骤,准确地达到42℃非常重要。
- 涂布器在酒精灯上加热灭菌后,须静置至室温(不烫手)才可在平板上涂布,以防高温烫死细菌。
- 带抗生素的琼脂平板在4℃冰箱放置时间不要超过1月,否则效价会降低。
- 热休克后加入的LB培养液不含抗生素,以利于感受态细菌的状态恢复。

## 六、个人心得

- 待转化的DNA一般为质粒DNA或连接产物,为了保证转化效率,加入的DNA体积不能超过感受态细胞体积的1/10。所以,当DNA量较大时,可以多用几管感受态细胞,确保转化效率。
- 从-70℃取出的感受态细胞需溶解后加入DNA,务必将DNA和感受态混匀,使DNA和细菌细胞充分接触。特别是首次做该实验,一定注意将感受态细胞溶解后再加入DNA,混匀后置于冰浴中,不能直接将待转化DNA加入未融化感受态细胞。
- 由于感受态细胞比较脆弱,热休克时间越长,对细胞损伤越大,细胞的存活率越低。热休克时间的延长,在一定程度上能提高DNA导入细胞的效率,同时对细胞的损伤也加大,即使DNA导入了细胞,但是细胞由于损伤严重而不能正常生长,我们还是不能获得转化子。热休克时间一般为60s~90s,可以根据DNA分子大小稍微调整热休克时间。当DNA分子较小(3~5kb),60s短时间热激即可,如果DNA分子大于8kb,选择90s热激。
- 热休克用计时器严格控制时间,结束后迅速置于冰浴中,减少余热对细胞的损伤。
- 涂布后平板置于37℃恒温培养箱,培养时间12~16h即可观察到明显的单菌落。如果培养时间太长,产生的卫星菌落将单克隆包围,导致无法挑取单克隆。
- 保存含有质粒的菌液需做好标记和记录,包括菌株和质粒名称,保存时间和保存人等信息。因为置于-70℃,保存时间较长,建议使用耐磨和耐低温的记号笔书写。

# 第三节 质粒提取

## 一、基本原理及实验目的

本实验的目的是获得较纯净的 DNA 质粒。常用的方法有碱裂解法和煮沸法，其中碱裂解法是最常用的小量制备质粒 DNA 的方法。

## 二、主要仪器及试剂

高速离心机，质粒提取试剂盒。

## 三、操作步骤（以 Bioflux 公司的试剂盒为例）

①收集菌体，将 2ml 过夜培养的菌液倒入离心管中，室温 12 000 r/min，离心 1min。

②弃培养液，使细菌沉淀尽可能干燥。

③加入 250μl 预冷的溶液Ⅰ，涡旋振荡使细胞完全重新悬浮。

④往悬浮液中加入 250μl 溶液Ⅱ，盖紧管口，温和上下颠倒 4~6 次，获得澄清的裂解液。

⑤往上述混合液中加入 350μl 溶液Ⅲ，盖紧管口，温和上下颠倒 4~6 次，直至形成白色絮状沉淀。室温 13 000r/min，离心 10~15min。

⑥小心吸取上清液，确保没有沉淀吸出，转移至收集柱中。室温 12 000r/min，离心 1min。

⑦弃去离心甩出液，加入 700μl DNA 洗涤缓冲液洗涤柱子，室温 12 000r/min，离心 1min。

⑧重复操作步骤7，弃去甩出液。

⑨空离心，室温 12 000r/min，离心 1min。

⑩把柱子置于一个干净的 1.5ml 离心管中，加入 TE 缓冲液 50~100μl 到柱子上，静置 2min。

⑪室温 12 000r/min，离心 1min，以洗脱出 DNA。可选重复操作进行第二次洗脱。

⑫提取的质粒可于 4℃ 短期保存，并可与 -70℃ 或 -20℃ 长期保存。

## 四、结果判读

质粒本质是双链 DNA，其质量和纯度可以用紫外分光光度计定量，高质量的质

粒定量结果 $OD_{260}/OD_{280}$ 在 1.8 左右,越接近 1.8 越好,若比值明显低于 1.8 可能存在蛋白或提取试剂污染,明显高于 1.8 可能存在 RNA 污染,$OD_{260}$ 值在 0.1~1.0 之间,$OD_{260}/OD_{280}$ 的读数才可信。质粒浓度(ng/μl) = $OD_{260}$ 值 × 50 × 稀释倍数。

### 五、注意事项

- 过夜培养后,收集的细菌量一定要足够,以保证提出质粒的浓度。
- 加入溶液 I 后,涡旋振荡一定要充分,以保证细菌完全裂解。
- 吸取上清液保证没有沉淀,宁可少吸取一些液体。
- 空离心十分必要不能忽略。

### 六、个人心得

- 提取质粒的菌液培养时间为 12~16h。如果时间短,菌体量太少,减少质粒的产量。如果培养时间太长,导致细菌的生长进入衰亡期,细胞破裂,质粒释放到培养基中,收集菌体后质粒随培养基一同被丢弃,导致质粒的产量降低,甚至无法获得质粒。所以,控制细菌的培养时间,以期获得较大质粒产量。
- 加入溶液 I 后,剧烈震荡使菌体充分悬浮后再加溶液 II,特别是首次做该实验的同学,很容易忘记震荡,或重悬不彻底,加入溶液 II 后无法充分裂解细菌,获得的质量产量低。
- 碱裂解法提取质粒主要是利用溶液 II 中的 NaOH 和 SDS 裂解细胞,破坏基因组 DNA,释放质粒 DNA。所以加入溶液 II 后需温和混匀,防治强碱环境破坏质粒 DNA。混匀后溶液变澄清,打开盖子有拉丝现象。随后加入溶液 III,中和强碱。
- 离心后收集上清溶液时,切忌不要吸到沉淀。如果不小心吸到沉淀,不要直接转移至收集柱中,而是转移至一个新 1.5ml 离心管中,然后再次离心,将上清转移至收集柱。

## 第四节　琼脂糖凝胶电泳检测 DNA

### 一、基本原理及实验目的

利用 DNA 分子在琼脂糖电泳中泳动的电荷效应和分子筛效应分离和纯化 DNA 片段。

### 二、主要仪器及试剂

①电泳缓冲液

10×TAE 贮存液:Tris-base 48.4g、冰醋酸 11.42ml、$Na_2EDTA·2H_2O$ 7.44g,加水至 1L。稀释成 1×TAE 为工作的电泳缓冲液。

10×TBE 贮存液:Tris-base 108g、硼酸 55g、$Na_2EDTA·2H_2O$ 7.44g,加水至 1L。TBE 工作液为 0.5×TBE。

②溴化乙啶(EB):5g/L,EB 是诱变剂,并具有中等毒性,实验中要戴手套。

③10×上样缓冲液:0.4% 溴酚蓝,60% 蔗糖。

④DNA 分子质量标准物、电泳级琼脂糖。

⑤琼脂糖凝胶电泳系统和凝胶成像仪。

## 三、操作步骤

①配置足量的电泳缓冲液(1×TAE 或 0.5×TBE)用于灌胶。

②根据预分离的 DNA 片段大小用电泳缓冲液配制适宜浓度的琼脂糖溶液(表 6-1),应准确称量琼脂糖干粉到盛有定好量的电泳缓冲液的三角烧杯或玻璃瓶中。

表 6-1 用不同浓度的琼脂糖分离 DNA 片段的范围

| 琼脂糖凝胶浓度 | 线性 DNA 的有效分离范围(kb) |
| --- | --- |
| 0.3% | 5~60 |
| 0.6% | 1~20 |
| 0.7% | 0.8~10 |
| 0.9% | 0.5~7 |
| 1.2% | 0.4~6 |
| 1.5% | 0.2~4 |
| 2.0% | 0.1~3 |

③以配置 20ml 浓度 1.0% 的琼脂糖凝胶为例,称取 0.2g 琼脂糖,放入三角瓶,加入 20ml 1×TAE 缓冲液,置于微波炉加热至完全溶解。

④用隔热手套或夹子转移三角烧杯或玻璃瓶于室温冷却。

⑤待熔化的凝胶冷却至室温,加入溴化乙啶,终浓度为 0.5g/L。

⑥轻轻晃动以充分混匀凝胶溶液。

⑦倒入已封好的凝胶灌制平台上,插上样品梳。

⑧待琼脂糖凝胶凝固后,拔出梳子,放入加有足够电泳缓冲液的电泳槽中,缓冲液高出凝胶表面 1mm。

⑨用适量的 10×上样缓冲液制备 DNA 样品。

⑩用移液器加入 DNA 分子质量标准物和处理后的 DNA 样品。

⑪接通电极,使 DNA 向阳极移动,在 80~100V 的电压下进行电泳。

⑫当上样缓冲液中的溴酚蓝迁移至足够分离 DNA 片段的距离时,关闭电源。
⑬在凝胶成像仪上观察电泳结果并照相。

## 四、结果判读

DNA 分子在高于等电点 pH 溶液中带负电荷,在电场中向正极移动。由于糖-磷酸骨架在结构上的重复性质,相同碱基数量的双链 DNA 几乎具有等量的净电荷,因此他们能以相同的速率向正极方向移动。在一定的电场强度中,DNA 分子的迁移速率取决于分子筛效应,即 DNA 分子本身的大小和构型。具有不同相对分子质量的 DNA 片段迁移速率不一样,可进行分离。所以,不同大小 DNA 在琼脂糖凝胶电泳中迁移速率不同而实现分离。

凝胶中加入 EB,电泳后 DNA 存在处应显示白色条带。如果在其中一个泳道加入已知大小的 DNA 片段(DNA 分子质量标准物),可以根据样品中未知 DNA 条带的相对位置估计 DNA 分子的大小,判断样品中 DNA 是否与预计的理论大小相符。

所得实验结果举例如下:图 6-1 是利用 1.5% 琼脂糖凝胶电泳检测 PCR 扩增鸡抗病毒蛋白 *Mx* 基因的结果。

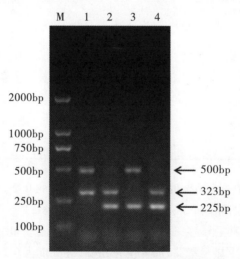

图 6-1  1.5%琼脂糖凝胶电泳检测 *Mx* 基因的 PCR 产物
M:DNA ladder DL2000。1~4:不同 PCR 产物

## 五、注意事项

● 根据所要鉴定的 DNA 片段大小,配制不同浓度的琼脂糖凝胶。
● 在微波炉中加热琼脂糖一定要充分,保证其完全熔化。时间过长亦会导致液体挥发。

- 熔化后的琼脂糖凝胶一定要冷却至室温才能灌注,勿忘加溴化乙啶。
- 待凝胶完全凝固才可进行电泳,否则电泳后的DNA条带会扭曲变形。
- 溴化乙啶有致癌风险,必须戴手套操作。

## 六、个人心得

- 不同浓度的琼脂糖凝胶形成的孔径差异较大,其分离DNA的有效范围有所差异。所以,根据样品中DNA分子的大小选择配制浓度的凝胶是该方法的关键。
- 加热过程中务必将琼脂糖充分溶解,然后混匀。溶解不充分的琼脂糖颗粒影响凝胶形成的孔径大小不一致,影响电泳结果。
- 灌胶后静置30min左右,待凝胶冷却至室温后再进行电泳。我们还可用手背轻轻触摸凝胶表面来判断是否凝胶冷却,有手凉的感觉说明凝胶冷却至室温,可以进行电泳。
- 点样时需要将样品缓慢加入点样孔中,避免太快导致样品溢出。同时保证点样孔在电泳槽的负极端。前几次做实验的同学容易犯相关错误,随手将凝胶放入电泳槽,不顾及方向问题。电泳过程中DNA样品带负电荷,将从电场的负极向正极迁移。如果点样孔在正极端,样品不会进入凝胶,直接迁移至电泳缓冲液中,导致实验失败,同时浪费实验样品。
- 电泳过程中,电场强度愈大,带电颗粒的泳动率愈快,但凝胶的有效分离范围随电压的增大而减小。在低电压时,线性DNA分子的泳动率与电压成正比。一般凝胶电泳的电场强度不超过5V/cm(cm表示两电极间的距离)。

# 第五节  凝胶回收DNA

## 一、基本原理及实验目的

利用琼脂糖凝胶电泳分离DNA,然后将目标DNA片段纯化回收。

## 二、主要仪器及试剂

电子天平、水浴锅、高速离心机以及胶回收试剂盒(Bioflux)。

## 三、操作步骤

①取1.5ml离心管在电子天平上称量。
②紫外灯下用刀片切胶,放入1.5ml离心管中。
③再次在电子天平上称量。两次称量之差就是切下的胶质量。

④按质量与体积比为1∶3加入溶胶液(如胶的重量200mg,则加入600μl溶胶液)。

⑤将混合物置于55℃~65℃水浴锅中,期间不断振摇,直至胶完全融化。

⑥待混合溶液在室温冷却后,吸出加入DNA回收纯化柱上,室温静置2min,室温5000r/min,离心1min。

⑦弃去甩出液,用700μl的溶胶液洗涤,室温12 000r/min,离心1min。

⑧弃去甩出液,用700μl的洗涤液,室温12 000r/min,离心1min。重复这一操作步骤,弃去甩出液。

⑨空离心,室温12 000r/min,离心1min。

⑩把柱子置于一个干净的1.5ml的离心管中,加入TE缓冲液50~100μl柱子上,静置2min。

⑪室温12 000r/min,离心1min,以洗脱出DNA。可选重复操作进行第二次洗脱。测定胶回收的DNA产物浓度,做好标记,可于4℃短期保存,并可于-70℃或-20℃长期保存。

## 四、结果判读

通过凝胶电泳分离不同大小DNA,然后切胶回收目的DNA条带,实现DNA的纯化。纯化后,用核酸浓度微量检测仪测定DNA浓度,或者通过琼脂糖凝胶电泳再次检查DNA是否为单一条带。

## 五、注意事项

- 切胶时,要保证切下全部DNA片段的同时,凝胶的体积尽可能的小。
- 尽量减少凝胶在紫外灯下的暴露时间,以防止目的基因的碱基突变。
- 水浴温度不宜过高(50℃~55℃),以防DNA片段不稳定。

## 六、个人心得

- 琼脂糖凝胶电泳将不同大小DNA分离,然后通过切胶的方式回收纯化DNA片段。该实验的关键之一是切胶位置要准确,不能切错位置导致回收的是非目的DNA,而丢失了目的DNA。
- 切胶时保证目的DNA所在区域全部被切下来,同时尽量少切无DNA的空白胶。溶胶一定要充分,确保DNA都从凝胶中释放出来。
- 如果从DNA条带较多的样品中回收目的DNA,需要用DNA marker来确定目的DNA位置,从而保证回收的DNA是实验所需。

# 第六节 重组DNA的构建

## 一、基本原理及实验目的

外源目的DNA与载体分子的连接称为DNA重组,重新组合的DNA称为重组体或重组子。通过本实验学会DNA分子的酶切、连接以及阳性重组子的鉴定,完成重组DNA的构建。

研究中需要克隆或表达的基因为外源DNA。载体是指能够携带外源基因进入受体细胞,并在其中进行扩增或诱导外源基因表达的工具。其中质粒载体最为常用。

质粒是独立于细菌染色体外自我复制的DNA分子。所有的质粒载体都有复制子、选择性标志和多克隆位点3个共同的特征。质粒载体的选择包括载体的大小、载体拷贝数、多接头以及筛选插入片段的能力。

以Invitrogen公司的pcDNA 3.1的载体(图6-2)为例,分为(+)和(-)两方面。可以看到pcDNA 3.1的载体上包括CMV启动子、原核生物筛选标志Ampicillin、真核生物筛选标志Neomycin和多克隆位点。

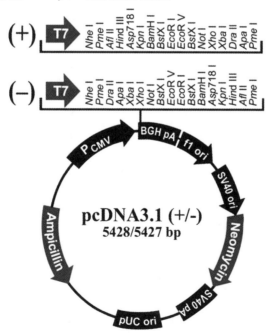

图6-2 pcDNA3.1载体结构示意图

## 二、仪器及试剂

基本仪器与本章第一节至第五节相同,此外需要的试剂主要有内切酶1、内切酶2、T4 DNA 连接酶。

## 三、操作步骤

获得目的基因的方法有限制性内切酶直接分离法、文库筛选法、PCR(或 RT-PCR)和人工合成法。其中 PCR 方法是获得目的基因的最常见方法,这里主要介绍 PCR 方法扩增目的基因:

①设计并合成含酶切位点的寡核苷酸上下游引物,扩增目的 DNA 片段,纯化回收。

②PCR 获得的目的基因 DNA 片段和载体同时酶切,按表6-2 准备双酶切反应体系,并将酶切体系置于37℃保温1h。

表6-2 双酶切体系(20μl)

| 管号 | 所加 DNA | 10×buffer | 内切酶1 | 内切酶2 | $ddH_2O$ |
|---|---|---|---|---|---|
| 1 | 6μl pcDNA3.1 | 2μl | 1μl | 1μl | 10μl |
| 2 | 6μl 目的基因 | 2μl | 1μl | 1μl | 10μl |

③酶切产物的纯化和回收。参照本章第四节琼脂糖凝胶电泳检测酶切后的载体和目的片段 DNA,根据 DNA 分子质量标准物判断 DNA 片段和载体大小是否正确,如果正确即可按照本章第五节进行胶回收。

④载体和目的基因的连接。将酶切后的载体和目的基因连接,按表6-3 加入准备连接反应体系。反应体系置于16℃,连接过夜。

表6-3 连接体系(20μl)

| 载体 | 目的基因 | 10×ligase buffer | T4 DNA 连接酶 | $ddH_2O$ |
|---|---|---|---|---|
| 4μl(30ng/μl) | 2μl(30ng/μl) | 2μl | 1μl | 11μl |

⑤连接产物的转化。参考本章第二节,将连接产物转化至大肠杆菌感受态细胞。

⑥挑克隆。挑选2~3个单克隆,置于含 Amp 抗生素(50μg/ml)的 LB 液体培养基中,摇菌培养12~16h。

⑦质粒提取。参考本章第三节,提取挑选的单克隆菌中的质粒。

⑧酶切鉴定。利用双酶切鉴定外源目的基因是否插入骨架载体,酶切体系见表6-4。酶切体系置于37℃水浴,保温1h,利用琼脂糖凝胶电泳检测酶切结果,判别DNA片段已经与载体连接好,如果连接正确,会出现DNA片段与载体两条条带。

表6-4 双酶切鉴定体系(10μl)

| 质粒 | 内切酶1 | 内切酶2 | 内切酶缓冲液 | ddH$_2$O |
|---|---|---|---|---|
| 1μl(300ng/μl) | 0.3μl | 0.3μl | 1μl | 7.4μl |

⑨将DNA电泳鉴定正确的克隆送测序以进一步确定。

## 四、结果判读

质粒构建成功与否可以通过酶切电泳初步鉴定,阳性克隆送测序公司确定是否存在突变。如图6-3所示,泳道1、2在分子质量750 bp处的条带即是通过酶切鉴定得到的目的条带GFP,与720bp的理论大小一致,定义为阳性克隆;泳道3则未见得目的条带,定义为阴性克隆。酶切鉴定的阳性克隆需要测序插入的外源DNA序列,确保目的基因无突变。

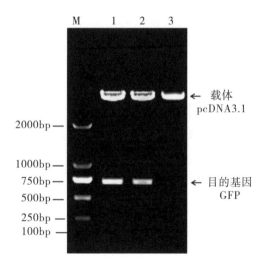

图6-3 连接产物酶切电泳图例

## 五、注意事项

● 切记引物设计时需要在引物5′端加酶切位点和保护碱基。如果是双酶切要保证酶的切割效率,如果是单酶切要注意插入DNA片段的正向和反向。

- 严格控制酶切时间。酶切时间过短,空载体可能会没有被切开,酶切时间过长,黏性末端可能会消失。随着工艺的提高,现在生产的大多数酶试剂酶切 1h 基本能将 DNA 全部切开,且保持黏性末端的完整。
- 挑取克隆时要辨认清楚,保证挑取的是单克隆。

### 六、个人心得

- 重组 DNA 的构建是分子生物学领域中的常用技术,质粒构建的成功与否直接影响到后续实验工作的开展,因此在构建克隆的过程中,要认真对待其中的每一步。
- PCR 过程中,退火温度的摸索是关键,退火温度越高,反应的特异性越好,而退火温度越低,反应的灵敏度越高。
- 延伸的时间与目的片段的大小有关,一般认为每 1000bp 片段的延伸时间应为 1min。如果目的片段过大,可对同一种样品进行多管的 PCR 反应,以增加回收时目的基因的拷贝数。
- 酶切位点在载体多克隆位点处选择,同时选择的酶切位点不能包含在目的基因中。
- 酶切时间应保证充分,以防止载体未被完全切割,造成假阳性的克隆较多。PCR 产物和酶切产物放置时间不宜过长,最好是即时进行连接,未用完的酶切产物置于 -20℃ 保持,否则 PCR 产物会容易降解,而酶切产物的黏性末端容易脱落。
- 连接体系中骨架载体和目的基因的分子数之比为 1:3~1:10。同时可以设置一个空白对照体系,其中有酶切后的载体而无目的基因,以检测酶切载体的效率。当转化的实验连接体系克隆数大于空白对照连接体系的克隆数,说明连接效率较高,可以进行单克隆的鉴定。
- 转化过程中,保证感受态的高转化效率是克隆构建成功的关键。对于酶切鉴定出的阳性克隆,一定要通过测序进一步鉴定,以防克隆构建过程中的碱基突变或缺失。

## 第七节 病毒载体介导的重组 DNA 技术

病毒载体因其对细胞天然的感染性而成为重要的基因导入手段,目前常用的病毒载体有复制缺陷型腺病毒载体、腺相关病毒载体、慢病毒载体及逆转录病毒载体等,本章主要对复制缺陷型腺病毒载体和慢病毒载体的包装进行简要介绍。

# 第六章 重组DNA技术

# 复制缺陷型腺病毒载体的包装

## 一、基本原理及实验目的

将目的基因或shRNA构建入腺病毒载体后进行体外的病毒包装,包装成功的病毒颗粒通过识别细胞膜表面特异性受体而感染细胞,使目的基因或shRNA在细胞中表达,从而实现目的基因在靶细胞中过表达或干涉。

## 二、主要仪器、试剂和材料

### 1. 主要仪器
① 常温离心机。
② 二氧化碳孵箱。
③ 倒置显微镜、荧光显微镜。
④ 生物安全柜。
⑤ 超净工作台。
⑥ 4℃冰箱、-20℃冰箱、-80℃冰箱。

### 2. 试剂和材料
① LIBRARY EFFICIENCY DB 3.1™ 感受态细胞。用于扩增入门载体 pEN-TRTM1A。
② One Shot ccdB Surviva™ T1 PHage-抗性细胞。用于扩增目标载体 pAd/CMV/V5-DEST。
③ One Shot TOP10 感受态细胞。用于转化筛选重组体。
④ Gateway LR ClonaseTM II Enzyme Mix。即重组酶混合物。用于介导入门载体与目标载体之间的重组反应。
⑤ 293A 细胞系:是293细胞的一个亚系,具有更好的贴壁性,且其形态扁平,易于观察细胞空斑,用于包装并扩增腺病毒。
⑥ 腺病毒载体系统(图6-4)。入门载体 pENTRTM1A 用于克隆目的基因并与目标载体重组,功能相当于穿梭载体。目标载体 pAd/CMV/V5-DEST 可与携带有目的基因的入门载体发生重组,功能相当于腺病毒骨架载体。从图谱可以看出,入门载体和目标载体分别带有重组位点 attL 和 attR。二者重组位点之间均有一个毒性基因 ccdB,该基因可杀死不能对抗其毒性的细菌,因此具有筛选作用。上述的 DB3.1 和 T1 感受态均能够对抗 ccdB 的毒性,实验室常用的细菌如 TOP10、DH5α 都不能耐受 ccdB 的毒性。但须注意的是,XL-10 细菌能够耐受 ccdB 基因的毒性。目

标载体 pAd/CMV/V5-DEST 的重组位点之间还有一个氯霉素筛选标记,用于负性筛选,即重组成功的克隆不能耐受氯霉素,而未发生重组的克隆则可耐受氯霉素。

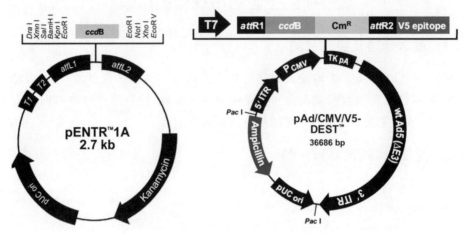

图 6-4　入门载体及目标载体图谱

⑦磷酸钙共沉淀转染试剂盒或脂质体转染试剂。
⑧胎牛血清。
⑨DMEM 培养基。
⑩Taq 酶、各种限制性内切酶、T4 DNA 连接酶、重组酶。
⑪胶回收试剂盒、质粒提取试剂盒。
⑫寡核苷酸引物。
⑬1.5ml 离心管。
⑭细胞培养瓶、培养皿、培养板等。
⑮不同规格的移液器。
⑯滤膜孔径为 0.45μm 的滤器。

## 三、实验流程

腺病毒载体的构建流程可以分为三部分:①将目的基因克隆入穿梭载体中;②将含有目的基因的穿梭载体与腺病毒骨架载体重组获得腺病毒重组体;③将腺病毒重组体线性化后,转染包装细胞系获得腺病毒。

目前商品化的腺病毒包装系统虽然有许多种,但其核心区别在于穿梭载体与腺病毒骨架载体的重组方式不同。因此,可根据穿梭载体与腺病毒骨架载体的重组方式将腺病毒的构建策略分为如下四种:

### 1. 体外酶切连接法

如 Clontech 公司的 Adeno-X™ 系统。该系统的特征是在穿梭载体多克隆位点的两侧和骨架载体 E1 区缺失部位有两个稀有的核酸内切酶位点,PI-SceⅠ和I-CeuⅠ。

基本流程如图 6-5 所示,首先将目的基因克隆到穿梭载体中,用 PI-SceⅠ和I-CeuⅠ双酶切后回收片段,与同样酶切的腺病毒骨架质粒连接,即可得到腺病毒重组体。

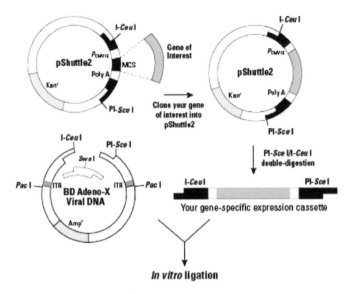

图 6-5　Adeno-X™ 系统腺病毒构建策略

图 6-5 显示了 Adeno-X™ 系统的腺病毒构建策略,这种方法的优点是克隆的效率较高,可达 90%;重组过程简单、快速;产生额外重组事件的概率较小。缺点在于:由于腺病毒序列在大肠杆菌中遗传选择压力较小,发生突变导致腺病毒活力下降的可能性较大;PI-SceⅠ和 I-CeuⅠ的价格昂贵;需将目的基因与 30kb 左右的骨架质粒连接,对于克隆经验较少的实验者来说比较困难。

2. 细菌内同源重组

如 Stratagene 公司的 AdEasy™ 系统。该系统的特征是穿梭质粒和骨架质粒均带有左、右臂(Left and right arm),二者上的左、右臂在重组酶 RecA 的作用下可发生重组反应。

重组基本流程如图 6-6 所示,首先将目的基因亚克隆到穿梭载体中,在穿梭载体左右臂之间有一个 PmeⅠ限制性内切酶位点,经 PmeⅠ线性化后可暴露其左右臂。若采用 AdEasy-1 系统,须将线性化的穿梭载体与骨架质粒共转化 RecA 酶阳性的大肠杆菌 BJ5183;若采用 AdEasy-2 系统,由于骨架质粒已稳定存在于细菌中,故仅须转化线性化的穿梭载体。线性化的穿梭载体与骨架质粒在 BJ5183 内发生同源重组,经抗性筛选从而得到正确的腺病毒重组体。

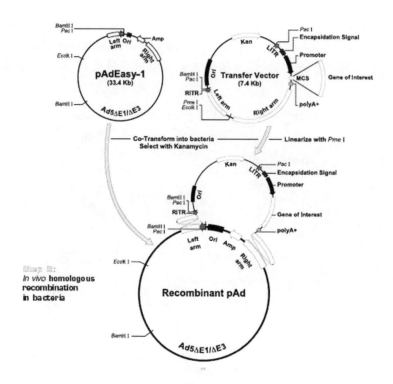

图6-6 AdEasy™系统腺病毒构建策略

图6-6显示了AdEasy™系统的腺病毒构建策略,该系统的优点是有适用于不同目的的穿梭载体可供选择,如无启动子的pShuttle、带CMV启动子的pShuttle-CMV、带EGFP报告基因的pTrack和pTrack-CMV。BJ5183内的RecA酶是一种高效的同源重组酶,正确的同源重组率在60%以上。但由于腺病毒序列在大肠杆菌中遗传选择压力较小,发生突变从而导致腺病毒活力下降的可能性较大。

3. 在293细胞中重组

如Microbix公司的AdMax系统。该系统的特征是穿梭载体和骨架载体各含有一个同向排列的LoxP位点,骨架载体还含有Cre基因,在293细胞中通过Cre/LoxP介导的位点特异性重组获得重组病毒。

基本流程如图6-7所示,将穿梭载体与骨架载体共转染293细胞,骨架载体所携带的Cre基因表达后可介导两个LoxP位点之间发生重组,剪掉骨架载体上的细菌内复制元件、抗性基因以及Cre基因,同时将目的基因插入到骨架载体中。虽然骨架载体携带有大部分的腺病毒基因组DNA,但缺少腺病毒颗粒包装信号(φ),而穿梭载体可提供包装信号(φ),因此只有在两个载体之间发生了重组,才能包装出有感染能力的重组腺病毒颗粒。

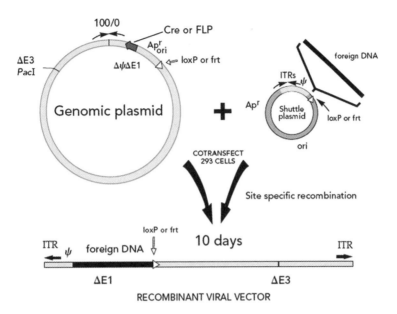

图 6-7　AdMax 系统的腺病毒构建策略

### 4. 体外位点特异性重组

如 Invitrogen 公司的 ViraPower™ 系统。位点特异性重组(site-specific recombination)是指发生在两条 DNA 链之间特异位点上的重组,重组的发生需要特异性位点的存在和重组酶的介导。目前应用较多的有 Cre/loxP、FLP/FRT 和 BP/attBP、LR/attLR 系统,其中 Cre、FLP 和 BP/LR 为特异性重组酶,loxP、FRT 和 attBP/attLR 为特异性位点。

我们将以 BP/attBP、LR/attLR 为例作一简要介绍。BP 与 LR 共同介导如下的双向反应:

attB1—gene—attB2 × attP1—ccdB—attP2 和 attL1—gene—attL2 × attR1—ccdB—attR2 双向反应。

这一反应正是 Invitrogen 公司 Gateway 技术的核心。在 Invitrogen 公司的腺病毒包装系统中包括入门载体(pENTR vectors)和目标载体(Destination vectors)两个载体,其功能分别对应穿梭载体和腺病毒骨架载体。入门载体带有 attL 位点,目标载体带有 attR 位点,通过 LR 重组酶介导的重组反应,可将入门载体上的目的基因克隆至目标载体,通过筛选即可获得腺病毒重组体。

这种方法的优点:酶切与连接步骤少;正确的重组概率可达 90% 以上;重组过程简单、快速;产生额外重组事件的概率较小。缺点:由于腺病毒序列在大肠杆菌中遗传选择压力较小,发生突变导致腺病毒活力下降的可能性较大。

## 四、操作步骤

### 1. 构建入门载体 pENTR1A – 目的基因

构建入门载体时,目的基因的两个酶切位点必须分别位于 *ccdB* 基因两侧,酶切连接后替换掉入门载体上的 *ccdB* 基因。连接产物转化大肠杆菌 TOP10 感受态,铺卡那霉素抗性的平板,挑克隆、提质粒,进行双酶切鉴定。

需要注意的是入门载体与目的基因的连接产物不要转化 XL-10 感受态,因为它能够耐受 *ccdB* 基因的毒性,若入门载体酶切不完全,转化 XL-10 感受态后会有克隆生长,增加了筛选的难度。

### 2. pENTR1A-目的基因与 pAd/CMV/V5-DEST 进行重组

表 6-5 LR 重组体系

| 成分 | 体积 |
| --- | --- |
| pENTR1A – 目的基因(50~150ng/reaction) | 1~7μl |
| pAd/CMV/V5-DEST(300ng/reaction) | 1μl |
| TE Buffer,pH8.0 | 补齐至 8μl |
| LRClonase™ II enzyme mix | 2μl |

按照表 6-5 加入个重组反应体系,置于 25℃反应 16h。反应结束后,用蛋白水解酶 K 在 37℃处理 10min 以降解重组体系中的蛋白质因子。

### 3. 重组产物转化 TOP10 感受态

蛋白水解酶 K 处理后的产物即用来转化 TOP10 感受态,铺氨苄西林抗性平板,挑克隆、摇菌。由于 pAd/CMV/V5-DEST 载体的重组区含有氯霉素抗性基因和 *ccdB* 基因,因此,若重组成功,由于 *ccdB* 基因和氯霉素抗性基因被 *EGFP* 基因替换,就可在氨苄西林抗性平板上生长;若重组失败,由于 *ccdB* 基因未被替换,会导致 TOP10 菌体死亡,不会生长出克隆。需要注意的是重组产物不能转化 XL-10 感受态,原因同前。

### 4. 重组体鉴定

(1)氯霉素负性筛选鉴定

由于 *ccdB* 基因有可能发生突变,导致其毒性作用丧失,引起未发生重组的克隆也可能生长。因而,上面获得的克隆还要经过氯霉素负性筛选,若长出的克隆能够在含氯霉素的培养基中生长,则表明未发生重组且 *ccdB* 基因突变;若不能生长,则表明重组成功。

(2)PCR 鉴定

用 EGFP 的特异性引物进行 PCR,检测重组体是否有 *EGFP* 基因存在。

## 5. PacⅠ线性化重组体

对鉴定好的重组体进行扩增,提取质粒,用 PacⅠ酶切线性化,酶切体系如表6-6所示。

表6-6 PacⅠ酶切体系

| 成分 | 体积 |
| --- | --- |
| 10×NEB 缓冲液 | 5μl |
| 重组体质粒 | 10μg |
| 100×BSA | 0.5μl |
| PacⅠ内切酶 | 1μl |
| 灭菌去离子水 | 补充至50μl |

酶切反应条件为37℃反应5h。PacⅠ酶切线性化会切掉目标载体上的细菌复制起点和氨苄抗性基因,共约2kb大小。

## 6. 乙醇沉淀回收线性化的重组体

由于线性化的重组体比较大(达35kb左右),因此采用凝胶回收纯化的方法不仅回收效率低下,还容易导致线性化的重组体发生断裂。建议采用乙醇沉淀的方法回收重组体。

试剂准备 3mol/L乙酸钠,pH 5.2;-20℃乙醇;-20℃ 70%乙醇($\omega_{乙醇}=0.7$)。操作步骤:①酶切体系中加入5μl乙酸钠,振荡混匀;②加2.5倍体积的冰冷乙醇,轻微振荡混匀,冰浴15min后4℃,12 000r/min离心10min,弃上清液;③1ml 70%乙醇($\omega_{乙醇}=0.7$)洗涤沉淀,4℃,12 000r/min离心5min,弃上清液,烘干,用50μl的灭菌去离子水溶解沉淀。在乙醇沉淀回收重组体的整个过程中,动作要轻柔,混匀时用手指弹或用振荡器振荡,不要用枪吹打,以防止DNA发生断裂。

## 7. 在293A细胞中包装腺病毒

在$25cm^2$培养瓶内接种$1×10^6$ 293A细胞,培养基为5ml。待细胞密度达90%时,用脂质体2000(Lipofectin2000)转染乙醇沉淀回收的重组体。10μg PacⅠ酶切的重组体,需20μl的脂质体2000,具体转染操作按说明书进行。转染完成后,在37℃,5% $CO_2$($\varphi_{CO_2}=0.05$)的条件下培养5~12d。

细胞病变的时程是相对的,受到293A细胞状态、细胞密度、转染的重组体量等因素影响。有时病变出现很快,5d左右即可完全病变,有时即使10d也不会完全病变。待70%~80%细胞出现病变时,用滴管吹打细胞,将细胞与上清液一起收集,-80℃和37℃反复冻融3次,12 000r/min离心10min,收集上清液,共约5ml,-80℃保存。此即为初代腺病毒,滴度为每毫升$1×10^7$~$1×10^8$个噬斑形成单位(plaque forming unit,PFU)。

### 8. 小量扩增腺病毒

在 75cm² 培养瓶内接种 $3\times10^6$ 293A 细胞,待细胞密度达 90% 时,加入初代病毒液约 100μl,2~3d 后待 80%~90% 的细胞出现病变时,收集细胞与培养基,-80℃ 和 37℃ 反复冻融 3 次,12 000r/min 离心 10min,收集上清液,共约 10ml,-80℃ 保存。此即为第二代的腺病毒,滴度为每毫升 $1\times10^8 \sim 1\times10^9$ PUF。若只是进行小规模的细胞实验,扩增得到的病毒就可以满足实验需要;若要进行大规模实验如动物实验,则还需进行病毒扩增。扩增时初代病毒的用量是相对的,根据扩增的结果可以调整用量,但一般要求所用的量要保证细胞在 2~3d 后有 80%~90% 的细胞出现病变。

### 9. 大量扩增腺病毒

可用上面得到的第二代腺病毒进行后续的大规模扩增,扩增的量根据实验要求而定。多个 75cm² 培养瓶内每瓶接种 $3\times10^6$ 293A 细胞,待细胞密度达 90% 时,每瓶加入第二代病毒液约 100μl,2~3d 后待 80%~90% 的细胞出现病变时,收集细胞及上清液,方法同前。若进行动物试验,获得的病毒液要进行纯化。此时得到的病毒为第三代,如果还要进行病毒的扩增,最好用第一代或第二代的病毒,不要用第三代的,因为代数越高,扩增产生复制型腺病毒(Replication competent adenoviruses, RCA)的可能性越大。但一般来说,第三、四代的病毒出现 RCA 的可能性是很低的。

### 10. 氯化铯密度梯度离心法纯化腺病毒

氯化铯密度梯度离心法纯化腺病毒是最常规的方法,其他方法如纯化试剂盒(原理类似质粒提取,病毒液通过柱子时可被特殊的膜吸附,然后洗脱)、阴离子柱层析等,这里介绍氯化铯密度梯度离心法。

溶液制备:透析缓冲液 50mmol/L $MgCl_2$ 10ml,甘油 100ml,10×PBS 100ml,加去离子水定容至 1000ml,CsCl 溶液用灭菌的 20mmol/L Tris 配制成 pH 8.0 溶液。

操作步骤:①收集扩增后的病毒上清液,按每 20ml 上清液中加入 10ml 20% PEG8000/2.5mol/L NaCl,混匀后冰浴 1h;②4℃,12 000r/min 离心 30min,弃上清液;③沉淀用 5ml 1.1g/ml CsCl 溶解;④4℃,12 000r/min 离心 10min,取上清液;⑤超速离心管中依次加入 2ml 1.4g/ml CsCl、3ml 1.3g/ml CsCl、5ml 上清液;⑥20℃,60 000g 离心 2h,吸出病毒带(1.3~1.4g/ml CsCl 之间);⑦病毒转入透析袋,4℃ 透析过夜,分装后 -80℃ 保存。

## 五、结果判读

腺病毒的滴度测定,采用 TCID50 法。提前 1d 接种 HEK293 细胞于 96 孔板,每孔 $1\times10^4$ 个细胞。稀释病毒步骤:

①第 1 管中加入 0.9ml 2% DMEM,其余加入 1.8ml。第 1 管中再加入 0.1ml 病

毒保存液,上下吸打5次混匀。

②换用新枪头,从第1管中吸取0.2ml加入第2管中。

③倍比稀释至最高稀释度。

④最后8个稀释液加入96孔板,每孔0.1ml,每个稀释度10孔,2孔为阴性对照。阴性对照孔中加入0.1ml 2% DMEM 监测细胞存活情况。加样时从最高稀释度开始。

⑤37℃培养10d,10d后倒置显微镜下观察,计算每一排中出现细胞病理效应(Cyto pathic effect,CPE)的孔数。只要有一小点或是一些细胞出现CPE即为阳性,如果无法确定,可与阴性对照比较。

⑥计算每一排中出现阳性的比率。如果阴性对照中无任何CPE且细胞生长良好,最低稀释度100%阳性而最高稀释度100%阴性,则本测试即为有效。

⑦滴度计算。对于100μl的病毒保存液,滴度为:$T = 10^{S+0.5}$(S 为阳性比率之和)

## 六、个人心得

腺病毒的制备相对来讲是有一定难度的,实验中间有许多需要注意的环节,在前面的讲述中提到了一些,下面介绍几点个人体会,希望对进行病毒包装的同学能有所帮助。

首先要选择合适的腺病毒包装系统。每个系统都有自己的优点和缺点,前面已有介绍,相对来讲 AdEasy™系统和 ViraPower™系统更加容易一些,成功率更高。其次要具备扎实的实验基本功,因为病毒包装的操作环节比较多,每个步骤的成败都会影响到整个实验进程。最后要有耐心,任何实验都很难一次就做得很完美,需要不断地重复,在重复的过程中要不断地改进并优化实验条件。

# 慢病毒载体的包装

## 一、基本原理及实验目的

将目的基因或 shRNA 构建入慢病毒载体后进行体外的病毒包装,包装成功的病毒颗粒通过感染细胞,将目的基因或 shRNA 逆转录为 DNA 并整合于宿主细胞中,最终实现目的基因在靶细胞中稳定过表达或干涉。

## 二、主要仪器、试剂和材料

1. 主要仪器

常温离心机、二氧化碳孵箱、倒置显微镜、荧光显微镜、生物安全柜、超净工作台、4℃冰箱、-20℃冰箱、-80℃冰箱。

2．试剂和材料

①慢病毒载体系统。

②磷酸钙共沉淀转染试剂盒。

③胎牛血清。

④DMEM 培养基。

⑤1mol/L 丁酸钠。

⑥Taq 酶、各种限制性内切酶，T4 DNA 连接酶。

⑦胶回收试剂盒、质粒提取试剂盒。

⑧寡核苷酸引物。

⑨1.5ml 离心管。

⑩细胞培养瓶、培养皿、培养板等。

⑪不同规格的移液器。

⑫滤膜孔径为 0.45μm 的滤器。

### 三、实验流程

①根据目的基因相关信息（序列、序列号等），构建含有外源基因或 siRNA 的重组载体。

②对于测序正确的重组质粒，提取和纯化高质量的不含内毒素的重组质粒。

③使用高效重组载体和病毒包装质粒共转染 293T 细胞，进行病毒包装和生产，收集病毒液。

④浓缩、纯化病毒液。

⑤用病毒液感染细胞。

⑥通过定量 PCR 精确测定病毒滴度（高精确滴定方法）和 Western-blot 分析实验结果。含有 GFP 和 LacZ 的重组慢病毒载体还可通过荧光显微镜或转染 293T 细胞的 X-gal 颜色反应来进行滴度测定。

⑦用病毒液感染宿主细胞，检测基因功能或 siRNA 的沉默效率以及使用药物进行稳定转染细胞株的筛选。通常状况下，筛选的细胞克隆株可以具有长期稳定的表达性。病毒液可直接用于一般的动物活体实验。流程示意如图 6-8。

### 四、实验步骤

用磷酸钙转染法，采用 PRLsin MCS-Deco、P△R 8.71、VSVG 三质粒系统在 293T 细胞中包装过表达的慢病毒为例：

①第 1 天细胞铺板。早晨 9:00 至 10:00 将细胞按照 $(2 \sim 2.5) \times 10^6$ 密度铺于

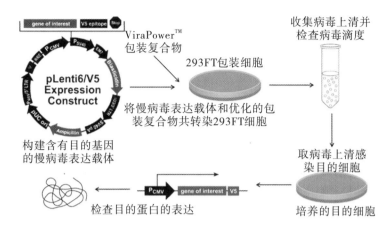

图6-8 慢病毒包装流程图

注:摘自 Invitrogen 公司 pLenti6/V5 Directional TOPO(r) Cloning Kit 的使用手册,货号为 K4955-00,K4955-10。

10cm 平皿。

②第2天细胞转染。早晨9:00 至 10:00,细胞密度为50%~60%,更换为新鲜的培养基10ml。下午3:00 至 5:00,按照磷酸钙转染试剂盒的说明书进行细胞转染。

③第3天更换培养基。早晨10:00,加入含有10mmol/L 丁酸钠的6ml新鲜培养基于前1d转染的细胞中,37℃孵育8h。下午6:00,更换为10ml新鲜的培养基。

④第4天收获病毒。早晨11:00,第一次收获病毒,将细胞上清液经0.45μm滤器过滤后分装。如果需要第二次收获病毒,则再向平皿中加入6ml新鲜培养基;否则,给平皿中加入次氯酸钠以杀死病毒。如果需要,可用收获的病毒立即进行感染,否则,-80℃冻存。

⑤第5天第二次收获病毒。操作过程同第一次收获病毒。

## 五、结果判读

用收获的病毒液感染靶细胞,若构建的病毒载体中带有荧光标签,则于感染48~72h后在荧光显微镜下计数被感染带有荧光的细胞,根据被感染细胞所占比例来初步判定病毒包装是否成功。若病毒载体中不带有荧光标签,则靶细胞被感染48~72h后裂解,收取蛋白,进行 Western-blot 检测,通过判断目的基因是否实现过表达或干涉,初步判定病毒包装是否成功。除上述外,可进一步进行病毒滴度的检测,以此明确病毒颗粒数。

### 六、注意事项

- 慢病毒理论上可以包装 5~7kbp 的片段，但过大的片段包装会影响病毒的出毒效率，导致获得的病毒滴度较低，影响病毒感染效果。因此一般建议最好将包装的片段控制在 1.5kbp 以内。
- 包装细胞多选择 293T 或 293FT。要求细胞生长旺盛、状态良好，避免过密生长和体外传代次数过多。
- 病毒液避免反复冻融，否则明显降低效率。
- 一般情况下，病毒液于 -80℃ 中可保存 1 年，但建议半年之后重新检测病毒滴度。

### 七、个人心得

- 目前慢病毒干涉和过表达载体种类较多，各有优缺点，可根据自己实验情况进行选择。不同载体系统包装出来的病毒滴度会有差别，且对不同的靶细胞感染效率也有差别，建议在选择购买之前详细了解情况。
- 病毒载体易突变和丢失，克隆过程中可能出现质粒的包装信号突变或大小不等的片段丢失，导致无法成功包装出病毒。因此建议构建好含有目的基因的克隆载体（尤其插入片段大于 1.5kbp）后首先进行测序，以确保关键序列都正确无误。
- 当目的基因含有多个重复序列时，慢病毒包装过程中易引起重复序列的丢失，导致目的基因的缺失。所以，如果针对含重复序列的目的基因，包装完成后需要检测目的基因的大小，确保病毒中目的基因的完整性。
- 转染时对质粒纯度要求较高，最好为去掉内毒素的超螺旋质粒，以提高转染效率。多采用磷酸钙转染方法，既节约成本又可获得高的转染效率（一般可达到 80%~95%）。
- 无论是三质粒或四质粒慢病毒系统，转染各质粒之间的比例非常重要，直接影响出毒效率。不同公司提供的质粒有所差别，因此无法一概而论，需要根据给出的比例进行调整优化。
- 转染前，细胞密度控制在 50%~60% 为佳。转染前 4~8h 换液，转染后不换液。转染第 2 天添加丁酸钠（TPA）可明显提高出毒率，之后 8h 再换液。每次换液前应将培养基预热至 37℃，换液时动作轻柔以防细胞漂起。
- 一般情况下，转染 48h 后收获得到的病毒颗粒最多，但也与当时细胞状态、生长速度和培养基 pH 值有关。收获病毒时培养基应呈红色，若过酸呈现黄色则会降低病毒收获率。

- 不同厂家和批次的血清对病毒的产量影响很大,需要筛选。
- 如果经费宽裕且时间紧迫,病毒用量也不大,则包装工作可交给公司完成。目前承担该业务的国内公司很多,从载体系统的选择、构建到病毒的制备、纯化只需2个月即可完成,滴度达 $3\times10^7\sim3\times10^8$ 个转导单位(transmission unit,TU),可直接用于细胞水平或动物体内实验,所有费用约为 1.5 万元。

(王　令,陕西理工大学,e-mail:wangling619@163.com)

## 第八节　目的蛋白的原核表达与分离纯化

根据研究目的选择合适的方案,前期载体选择、目的基因核苷酸序列优化、纯化标签设置都是获得良好纯化的基础和关键。工程菌株的构建是前提和决定性因素。由于每种蛋白都有其独特的属性,因此最优化的表达纯化条件必须通过实验摸索。最佳的表达纯化条件可通过小规模方法快速确定,涉及因素包括诱导时间、诱导温度、诱导剂浓度、变性剂种类及浓度、结合缓冲液浓度、洗涤缓冲液浓度、洗脱缓冲液浓度等。通过最佳条件确定,可用于后续大规模操作。

## 目的蛋白的原核诱导表达

### 一、基本原理及实验目的

利用大肠杆菌过量表达重组蛋白是常用的获得大量目的蛋白,并进一步研究其结构与功能的重要手段。大肠杆菌表达系统具有遗传背景清楚,目的基因表达水平高,培养周期短,抗污染能力强等特点,是研究者生产重组蛋白的首选表达系统,尤其适合表达不经过翻译后修饰(如糖基化)就具有生物活性的重组蛋白。

### 二、主要仪器及试剂

**1. 材料与设备**

超净工作台、恒温水浴锅、恒温培养箱、恒温培养摇床、Bio-Rad 电泳设备(包括稳压电源、电泳槽、玻璃板、制胶器、梳子等)、低温高速离心机、1.5ml 离心管、15mm×150mm 菌种管、微量注射器、移液器、烧杯、量筒和容量瓶等。

**2. 试　剂**

①LB 培养基配制。胰蛋白胨 10g、酵母抽提物 5g、NaCl 10g,先加水 800ml,加入 1mol/L NaOH 将 pH 调至 7.0,定容至 1L,混匀后 121℃高压灭菌 20min。如果要配

制 LB 固体培养基,再加入琼脂粉 15g,调节 pH 至 7.0,定容至 1L,混匀后 121℃高压灭菌 20min。

②原核表达载体及相应的大肠杆菌宿主。

③1000×氨苄西林:100mg 溶于 1L 去离子水,过滤除菌并储存于 -20℃。

④1000×异丙基硫代-β-D-半乳糖苷(IPTG):2.38g 溶于 100ml 去离子水,过滤除菌并储存于 -20℃。

## 三、操作步骤

**1. 重组表达载体的构建与鉴定(以表达载体 pET-32a,醇脱氢酶基因 rcr 为例)**

醇脱氢酶基因 rcr 来源于近平滑假丝酵母(*Candida parapsilosis*),以近平滑假丝酵母基因组为模板,PCR 反应扩增目标基因 rcr,反应体系 50μl,反应条件:95℃ 5min;94℃ 1min,57℃ 1min,72℃ 1min,30 个循环;72℃ 10min。PCR 产物 rcr 经纯化后与 pMD19-T 连接,连接产物转化 *E. coli* DH5α 感受态细胞,经过酶切和测序鉴定,获得阳性重组质粒 T-RCR。

用限制性内切酶 NcoⅠ/XhoⅠ分别对表达载体 pET-32a 和 T 载体 T-RCR 进行双酶切,回收的 DNA 片段通过黏性末端连接后,转化感受态细胞 *E. coli* DH5α,涂布氨苄西林(100mg/L)抗性平板,经双酶切及 DNA 测序鉴定,获得重组表达载体 pET-RCR,-20℃储存备用。

**2. 重组表达菌株的构建(以大肠杆菌 BL21(DE3)为例)**

*E. coli* BL21(DE3)是原核表达的常用表达菌株。BL21 是大肠杆菌 B 菌株的蛋白酶缺陷株,通常用来表达异源蛋白。DE3 是染色体里稳定存在的溶原基因,主要部分是 lacUV5 启动子控制的 T7pol,乳糖或 IPTG 诱导后表达 T7 噬菌体 RNA 聚合酶,后者专一识别 T7 启动子后的读码框,转录大量的 mRNA。

将表达载体 pET-RCR 转化感受态细胞 *E. coli* BL21(DE3),涂布氨苄西林(100mg/L)抗性平板,经双酶切及 DNA 测序鉴定,获得重组表达菌株 BL21(DE3)/pET-RCR,甘油管 -20℃储存备用。

**3. 目的蛋白诱导表达条件的确定**

①挑取重组菌的单菌落接种于氨苄西林抗性的 2ml 新鲜 LB 液体培养基中,37℃振荡培养过夜。

②以 1% 接种量转接至 1.5ml 新鲜的含抗生素 LB 培养基中,37℃振荡培养 2~3h,直至菌体 $OD_{600}$ 值达到 0.6~0.8 时,取出适当培养物作为诱导前对照,剩余培养物分别加 IPTG 至终浓度为 0.1~1mmol/L,20~30℃诱导目的蛋白的表达。通过诱导时机、IPTG 浓度、诱导温度、诱导时间等条件的改变,从而确定最佳表达条件。

③将培养物分别转移培养物至 1.5ml 离心管中,4℃下 12 000r/min 离心 2min,

收集细胞沉淀,用于检测目的蛋白的表达情况。

### 四、结果判读

以 C. parapsilosis 基因组 DNA 为模板,PCR 扩增基因 rcr。经 1% 琼脂糖凝胶电泳分析,PCR 产物都只有单一条带,大小均为 1.0kb 左右(图 6-10 中 1~2 泳道)。纯化后 PCR 产物分别与 pMD19-T 载体连接,经酶切验证获得阳性质粒 T-RCR。NcoⅠ/XhoⅠ双酶切回收目的片段后与同样酶切后的载体 pET-32a,以 T4 DNA 连接酶进行连接。经 NcoⅠ/XhoⅠ双酶切,获得约 1.0kb 左右的目的条带,与预期大小相符,证实获得表达质粒 pET-RCR(图 6-9 中 5~7 泳道)。同时,DNA 测序结果表明,基因 rcr 与已报道 C. parapsilosis 的目的基因序列完全一致。

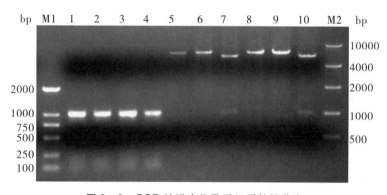

图 6-9 PCR 扩增产物及重组质粒的鉴定

1,2:rcr;3,4:以 pET-RCR 为模板的扩增产物;5:NcoⅠ酶切 pET-RCR;6:XhoⅠ酶切 pET-RCR;7:NcoⅠ/XhoⅠ酶切 pET-RCR;M1:DL2000 DNA 分子量标准

### 五、注意事项

- 根据目的扩增片段、引物来设置合适的 PCR 扩增程序。
- 分别双酶切表达载体和 T 载体时,需要考虑两种限制性内切酶的最适温度和最适缓冲液是否一致,如果不同,需要先进行单酶切,回收目的片段后再进行另一种单酶切,最终回收获得所需目的片段。
- 通过双酶切鉴定出阳性克隆后,需送至测序公司进行 DNA 测序,进一步证实获得插入正确目的片段的重组载体。
- 重组表达菌株在进行涂布和液体培养时,都需在固体培养基和液体培养基中提前加入相应的筛选抗性,否则会导致质粒丢失、菌株退化。

### 六、个人心得

- 重组表达载体转化至表达宿主后,从单菌落至摇瓶,甚至发酵罐的扩大培养过程中,切勿传代次数过多,传代时培养时间过长,从而导致质粒丢失,菌株退化,影响目的蛋白的表达水平。

- 由于诱导物 IPTG 对细胞生长存在抑制作用,因此在添加 IPTG 诱导时,在保证启动目的蛋白表达的情况下,应尽量降低 IPTG 的诱导浓度,以减少 IPTG 对细胞生物的抑制,在单位质量菌体表达量。
- 在 IPTG 诱导过程中,需严格控制菌体 OD 值范围,即 0.6~0.8,前期诱导可能增加代谢负担,导致最终菌生长不旺盛。对数后期诱导可避免对菌代谢负担。
- 若产生包涵体可降低重组菌的培养和诱导温度,以降低无活性聚集体形成的速率和疏水相互作用,从而可减少包涵体的形成。也可添加可促进重组蛋白质可溶性表达的生长添加剂。如添加高浓度的醇类、蔗糖或非代谢糖,可以阻止分泌到周质的蛋白质聚集反应。

# 目的蛋白的表达检测

## 一、基本原理与实验目的

十二烷基硫酸钠 - 聚丙烯酰胺凝胶电泳(SDS-PAGE)是蛋白分析中最经常使用的一种方法。它是将蛋白样品同离子型去垢剂十二烷基硫酸钠(SDS)以及巯基乙醇一起加热,使蛋白变性,多肽链内部的和肽链之间的二硫键被还原,肽链被打开。打开的肽链靠疏水作用与 SDS 结合而带负电荷,电泳时在电场作用下,肽链在凝胶中向正极迁移。不同的大小的肽链由于在迁移时受到的阻力不同,在迁移过程中逐渐分开,其相对迁移率与分子量的对数间成线形关系。

以已知分子量的标准蛋白质的迁移率做参考,根据目的蛋白的相对迁移率和理论分子量大小,即可判断目的蛋白的位置以及表达情况。

## 二、主要仪器及试剂

1. 主要仪器

电泳仪一套(包括稳压电源、电泳槽、玻璃板、制胶器、梳子等,图 6-10),摇床,微量注射器,移液器,烧杯,量筒和容量瓶等。

2. 试 剂

低相对分子质量标准蛋白、丙烯酰胺(Acr)、亚甲基双丙烯酰胺(Bis)、TEMED、过硫酸铵、SDS、Tris-base、HCl、巯基乙醇、溴酚蓝、甘氨酸、考马斯亮蓝 R-250、甲醇、冰醋酸、乙醇和去离子水等。

# 第六章 重组DNA技术

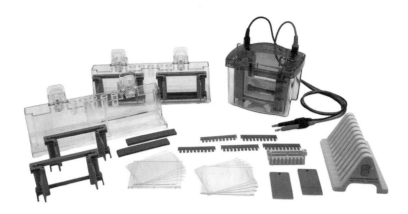

图 6-10

## 三、操作步骤

### 1. 溶液配制

①Acr/Bis 母液:称取 30g Acr 和 0.8g Bis,加水溶解,并加水定容到 100ml,滤纸过滤。贮于棕色瓶,可在 4℃ 保存一个月。

②TEMED(N,N,N′,N′-四甲基乙二胺)(增速剂):采用原包装,4℃ 保存,不稀释。

③10% 过硫酸铵(引发剂):1g 过硫酸铵溶于 10ml 双蒸水中,使用时现配制。

④10% SDS:称取 10g SDS 溶于双蒸水中,至终体积为 100ml,溶液应透明无色。室温下溶液数周之内稳定,但遇冷则产生沉淀。

⑤分离胶缓冲液:1.5mol/L Tris-HCl pH 8.8。称取 54.45g Tris-base,加入约 80ml 双蒸水溶解,用 1mol/L HCl 调 pH 至 8.8 后,再加双蒸水定容至 300ml,4℃ 保存。

⑥浓缩胶缓冲液:0.5mol/L Tris-HCl pH 6.8。称取 6g Tris-base,加入约 30ml 双蒸水溶解,用 1mol/L HCl 调 pH 至 6.8 后,再加双蒸水定容至 100ml,4℃ 保存。

⑦2×样品缓冲液:内含 1% SDS,1% 巯基乙醇,40% 蔗糖或 20% 甘油,0.02% 溴酚蓝,0.01mol/L Tris-HCl pH 8.0 缓冲液。

⑧电泳缓冲液(pH 8.3):分别称取 Tris-base 6g,甘氨酸 28.8g,SDS 2g,用蒸馏水溶解并定至 1000ml,使用时稀释 1 倍。

⑨染色液:0.25g 考马斯亮蓝 R-250 或 G-250,加 90.8ml 50% 甲醇,加 9.2ml 乙酸,溶解混匀后使用。

⑩脱色液:75ml 乙酸,50ml 甲醇,加蒸馏水 875ml,混匀使用。

### 2. 制 胶

①将玻璃板及电泳槽洗净晾干。用专用的制胶板固定好两块玻璃板。

②按下列配方在烧杯中配制15%的分离胶(注:根据蛋白质分子量大小可选用不同浓度的分离胶,具体见第七章):

| | |
|---|---|
| 双蒸水 | 1.9ml |
| 分离胶缓冲液 | 2.0ml |
| 10% SDS | 80μl |
| Acr/Bis 母液 | 4.0ml |
| TEMEC | 4μl |
| 10%过硫酸铵 | 20μl |
| 总体积 | 8.0ml |

③混合均匀后,立即用移液管沿玻璃板壁快速并小心灌入,大约5cm左右,为浓缩胶预留一定的空间,用滴管轻轻在顶层加入少许蒸馏水,覆盖分离胶,静置30min。凝胶配制过程要迅速,催化剂TEMED要在注胶前再加入,否则凝结无法注胶。注胶过程最好一次性完成,避免产生气泡。水封的目的是为了使分离胶上延平直,并排除气泡。凝胶聚合好的标志是胶与水层之间形成清晰的界面。倒掉上层的水,用滤纸吸干分离胶顶端残留的水。

④按下列配方在烧杯中配制6%的浓缩胶:

| | |
|---|---|
| 双蒸水 | 2.16ml |
| 分离胶缓冲液 | 1.0ml |
| 10% SDS | 40μl |
| Acr/Bis 母液 | 0.8ml |
| TEMEC | 4μl |
| 10%过硫酸铵 | 20μl |
| 总体积 | 4.0ml |

⑤混合均匀后,立即用移液管沿玻璃板壁连续平稳加入浓缩胶至离边缘5mm处,迅速插入梳子,静置30min使聚合完全。梳子需一次平稳插入,梳口处不得有气泡,梳底需水平。

3. 样品的制备

取上述纯化实验获得的样品,分别按等体积加入"2×样品缓冲液",混匀后置100℃保温5min,冷却备用。同时低相对分子质量标准蛋白也在100℃保温5min,冷却备用。

4. 电 泳

小心拔出梳子后,在孔槽内加入缓冲液,使锯齿孔内的气泡全部排出,否则会影响加样效果。在电泳槽中加入电泳缓冲液。用移液器分别吸取10~20μl的样品和标准蛋白液,沿玻璃板壁小心加入不同的梳孔中,使样品沉入梳孔底部,并记录好加样顺序。

接通电源,开始时电压控制在 80~100V,待染料色带进入分离胶后,将电压升高至 120~150V,注意电泳过程中保持电压稳定,当染料色带抵达离底部约 1cm,切断电源,回收电泳缓冲液,以备注下次使用。

### 5. 剥离与染色

电泳结束后,用专用工具撬开短玻璃板,从凝胶板上切下一角作为加样标记,然后放在大培养皿内,加入染色液覆盖凝胶,放在脱色摇床上室温染色 30min 左右。

### 6. 脱 色

染色后的凝胶板用蒸馏水漂洗数次,再用脱色液脱色,期间至少更换一次脱色液,直到蛋白质区带清晰。

### 7. 将凝胶照相并进行分子量分析、测定

将凝胶至于薄板上(水润避免破损),并置于白色背景上,进行拍照。根据标准蛋白和样品的相对迁移率,判断目的蛋白的迁移位置和表达情况。

## 四、结果判读

以重组菌 E. coli BL21(DE3)/ pET-RCR,诱导表达目的蛋白 RCR 为例。

根据 SDS-PAGE 结果显示,重组表达菌株中有分子大小约 57kDa 的目的蛋白表达条带(图 6-11),由于表达载体 pET-32a 自身具有融合标签(如 Trx-Tag、His-Tag 和 S-Tag 等)分子大小约为 20kDa,故使表达后的重组 RCR 分子大小从 37kDa 增加至 57kDa。说明重组菌经 IPTG 诱导后,重组蛋白 RCR 成功获得了表达,且表达水平较高。此外,可看出 0.1mmol/L 和 0.5mmol/L IPTG 诱导条件下,RCR 的表达量基本一致,说明添加 0.1mmol/L IPTG 即可满足重组蛋白的诱导表达。

## 五、注意事项

- 制胶时 APS 和 TEMED 是促凝的,根据温度加入的量可以稍调,一般不超过 30%。
- 制胶前玻璃板一定要洗干净,否则制胶会有气泡,影响电泳。
- 丙烯酰胺和甲叉双丙烯酰胺单体及溶液是中枢神经毒物,操作时要小心注意安全,但经聚合形成的聚丙烯酰胺凝胶无毒。
- 凝胶的时间要严格控制好,一般在 20~30min,做浓缩胶后,需尽快将梳子垂直插入胶板中。
- 样品加入 EP 管中处理时,沸水浴使蛋白充分变性,以防在电泳时产热蛋白质降解,一般要 5~10min,要注意将样品管口密封完全,以防沸水浴时盖子冲开,水进入样品中稀释样品,影响电泳及结果分析。

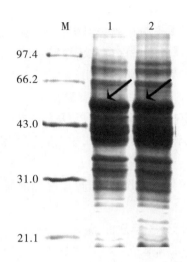

图 6-11　重组菌 E. coli BL21（DE3）/pET-RCR 的目的蛋白的表达

M = 标准蛋白分子量；1 = 0.1mmol/L IPTG 诱导；2 = 0.5mmol/L IPTG 诱导

- 点样时，如果孔比较多样品少，尽量将样品点在中央，边缘泳道可以加入等体积的缓冲液，防止样品条带呈倾斜状，影响结果分析。
- 点样前要排尽胶底部的气泡，防止干扰电泳。
- 脱色时，尽量多次更换脱色液。

## 六、个人心得

- 凝胶的时间要严格控制好，一般在 20~30min，做浓缩胶后，需尽快将梳子垂直插入胶板中。
- 开始电泳时，通常先低电压(80V)保持 20~30min，待样品在浓缩胶中被压成很细的线时，再提高电压至 100~120V，进行分离胶的分离。
- 电泳结束后，取胶时，小心将玻璃板翘起，随即放入水溶液中，防止胶破裂。
- 样品上样量不宜太高，蛋白含量每个孔控制在 10~50μg 及 15μl 以内。
- 上样时，标准蛋白 Marker 最好放在中间上样，以便于结果判断与分析。

# 菌体的细胞破碎

## 一、基本原理与实验目的

大肠杆菌属于革兰阴性细菌，细胞壁的厚度有 10~13nm，组分有肽聚糖、脂蛋白、脂多糖、磷脂和蛋白质等。细胞破碎的主要阻力来自于肽聚糖的网状结构，网状结构越致密,破碎的难度越大。超声波细胞破碎的工作原理基于超声波在液体中的空化作用,换能器将电能量通过变幅杆在工具头顶部液体中产生高强度剪切力,形成高频的交变水压强,使空腔膨胀、爆炸将细胞击碎。另一方面由于超声波在液体中传播时产生剧烈地扰动作用,使颗粒产生很大的加速度,从而互相碰撞或与器壁互相碰撞而使细胞破碎。

重组大肠杆菌表达醇脱氢酶是胞内表达,要获得重组蛋白首先要进行细胞破碎,才能进行下一步的分离与纯化。

## 二、主要仪器及试剂

1. 器 材

超声波破碎仪、电子天平、磁力搅拌器、高速离心机、显微镜、试管、烧杯和量筒等。

2. 材料与试剂

重组菌体细胞、细胞破碎缓冲液(10mmol/L,pH 7.4 Tris-HCl)。

## 三、实验步骤

① 用电子天平称取 10g 湿菌体于 250ml 烧杯中,加入 50ml 细胞破碎缓冲液,将烧杯置于冰浴中,磁力搅拌器上持续搅拌,直至菌体完全分散于缓冲液中。

② 混合液倒入塑料杯中,并置于冰水浴中,放入超声波破碎仪中,选择破碎条件:工作时间 4s,间歇时间 3s,破碎 10min,运行功率 30%。

③ 在显微镜下观察破碎后的细胞形态。

④ 离心获得上清液:破碎后的溶液转入离心管中,4℃下 10 000r/min,离心 20min,收集上清液用于下一步分离纯化。

## 四、结果判读

首先可通过肉眼透光进行观察,判断溶液的是否澄清,如果非常混浊,说明破碎率较低。也可取少量样品进行离心,如果沉淀较多,说明含有大量未破碎或者破碎不完全的菌体细胞。进一步可通过镜检,观察破碎后的细胞形态,或点取少量样品在载玻片上,酒精灯上固定,用结晶紫染色 1min,纯化水冲洗,在油镜下观察,如有完整菌体,表示破碎不够完全。

## 五、注意事项

① 在启动仪器过程中,切记空载(一定要将超声变幅杆插入样品液面以上才能开机)。

②变幅杆(超声探头)入水深度：1.5cm左右,液面高度最好有30mm以上,探头要居中,不要贴壁。超声波是垂直纵波,插入太深不容易形成对流,影响破碎效率。

③超声参数设置时,根据不同样品选择合适的破碎条件：

· 时间：超声时间每次最好不要超过5s,间隙时间应大于或等于超声时间,以便于热量散发。时间设定应以超声时间短,超声次数多原则,可延长超声机子以及探头的寿命。

· 超声功率：不宜太大,以免样品飞溅或起泡沫,如小于10ml样品容量,功率应在200W以内,选用2mm超声探头,另将面板后面的变幅杆选择开关打到相应档；10～200ml样品容量的功率在200～400W,选用6mm超声探头,另将面板后面的变幅杆打到相应档；200ml以上的样品容量功率在300～600W,选用10mm超声探头,另将面板后面的变幅杆打到相应档；2mm的小探头功率严禁超过350W。

· 容器选择：根据样品的多少选择合适的容量的容器,有利样品在超声中对流,提高破碎效率。例如：20ml的处理量最好用20ml或较大规格烧杯。

④若样品放在1.5ml的EP管里一定要将EP管固定好,以防冰浴融化后液面下降导致空载。

⑤日常保养：用完后用乙醇溶液洗探头或用清水进行超声。

## 六、个人心得

• 对于生物活性物质,超声时间不宜太长,功率不宜太高,需权衡破碎率与生物活性。从外观判断可初步判断破碎情况：超声前菌悬液是浑浊的,超声完全后变得透明、清澈；液体的黏滞性：超声后菌液从枪头滴下不粘连。

• 破碎过程利用冰水浴降温时,要及时观察冰块多少和样品容器的固定情况,以及时添加冰块或调整容器。

• 超声后加入核酸酶消除核酸对蛋白的污染。

• 尽量防止泡沫的产生,影响破碎效果。

• 如果超声时出现黑色沉淀,说明超声功率太强。

# 镍离子亲和层析纯化

## 一、基本原理与实验目的

亲和层析(Affinity chromatography,AC)是利用生物大分子和固定相表面的亲和配基之间可逆的特异性相互作用,进行选择性分离的一种液相层析分离方法。依靠生物分子与其互补结合体间的亲和识别能力,吸附到固体介质上,然后在特定条件下洗脱下来,往往可快速达到很高的纯化倍数。

本实验的亲和层析方式为金属螯合亲和层析,又称固定化金属离子亲和层析(Immobilized metal chelated affinity chromatography,IMAC)。所纯化的目的蛋白在 N 端含有 6 个连续的组氨酸残基。利用金属镍离子与组氨酸的咪唑基的配位螯合作用,使目的蛋白特异性结合于层析柱上,随后再利用高浓度的咪唑溶液洗脱目的蛋白,从而纯化与金属离子有亲和作用的蛋白质。这种亲和纯化简单方便,吸附容量大,选择性及通用性较好,易于再生,成本低等优点,逐渐成为分离纯化蛋白质等生物工程产品最有效的技术之一。

## 二、主要仪器及试剂

### 1. 仪 器

层析仪一套(包括恒流泵、核酸蛋白检测仪、自动部分收集器、紫外检测器、自动记录仪、电脑)、色谱柱(层析柱)、电子天平、量筒、烧杯、试管、吸管、玻璃棒等。

### 2. 试 剂

Ni Sepharose 6 Fast Flow 凝胶填料(GE 公司)、NaCl、Tris-base、HCl 和双蒸水等。

## 三、实验步骤

### 1. 缓冲液配制

①缓冲液 A:25mmol/L Tris-HCl,150mmol/L NaCl,20mmol/L 咪唑,pH 8.0。称取 3.03g Tris-base,8.77g NaCl,1.36g 咪唑,加入双蒸水约 500ml,搅拌充分溶解后,用 1mol/L HCl 调 pH 至 8.0,再用双蒸水定容至 1000ml。

②缓冲液 B:25mmol/L Tris-HCl,150mmol/L NaCl,250mmol/L 咪唑,pH 8.0。称取 3.03g Tris-base,8.77g NaCl,17.02g 咪唑,加入双蒸水约 500ml,搅拌充分溶解后,用 1mol/L HCl 调 pH 至 8.0,再用双蒸水定容至 1000ml。

③缓冲液 C:25mmol/L Tris-HCl,150mmol/L NaCl,pH 8.0。称取 3.03g Tris-base,8.77g NaCl,加入双蒸水约 500ml,搅拌充分溶解后,用 1mol/L HCl 调 pH 至 8.0,再用双蒸水定容至 1000ml。

### 2. 装柱和平衡

按层析装柱的要求,将凝胶约 5ml 沿层析柱壁小心加入,注意装填要均匀,不能产生气泡。层析柱顶部进口与恒流泵连接,底部出中与紫外检测器连接。通入缓冲液 A,控制流速 1~2ml/min,平衡约 10 个柱体积,流出液经紫外检测 $A_{280nm}$ 为 0。

### 3. 上 样

将前期实验所获得的上清液以过 0.22μm 微孔滤膜过滤,以除去残留的固体杂质,用恒流泵泵入层析柱中,控制流速 1ml/min,直至样品完全泵入层析柱中。

### 4. 洗 涤

通入缓冲液 A 约 10 个柱体积,控制流速 1~2ml/min,直至紫外检测吸收峰回归平衡。

### 5. 洗 脱

蠕动泵混合缓冲液 A 和 B,控制流速 1~2ml/min,缓冲液浓度从 0~50% 进行梯度洗脱,流出液经紫外检测后,用部分收集器分管收集洗脱峰,每管 5ml。

### 6. 清 洗

通入缓冲液 B 约 10 个柱体积,控制流速 1~2ml/min,直至紫外检测吸收峰达到平衡。随后通入双蒸水 5~10 个柱体积,再通入 20% 乙醇 5~10 个柱体积,用以保存层析柱。

### 7. 将蛋白浓度高且纯度较好的收集管合并,紫色分光光度法测定蛋白浓度

## 四、结果判读

以重组醇脱氢酶的纯化为例:

细胞破碎液,经过镍柱亲和层析,N 端含有 6 个组氨酸标签的重组醇脱氢酶结合于镍柱上,而杂蛋白被直接洗脱。随着洗脱过程中咪唑浓度的逐渐提高,醇脱氢酶在 120mmol/L 咪唑浓度下洗脱下来。SDS-PAGE 分析融合蛋白大小约 54kDa(图 6-12),与预期一致,确定目的蛋白洗脱范围并收集 10~30 管的样品,透析于缓冲液 C 中,以除去洗脱后样品中的咪唑,避免高浓度咪唑对酶活力的影响。

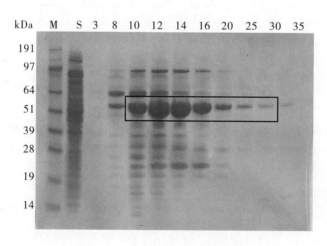

图 6-12 目的蛋白的亲和层析纯化
M = 蛋白标准分子量;S = 样品

## 五、注意事项

- 亲和层析柱一般体积较小,长度较短,上样时应注意选择适当的条件,包括上样流速、缓冲液种类、pH 值、离子强度、温度等,以使待分离的物质能够充分结合在亲和吸附剂上。
- 在上样、平衡、洗脱过程中,缓冲液的 pH 值尽量保持不变。
- 平衡缓冲液及上样缓冲液中加入一定量氯化钠,比如 200mM,避免离子键结合,但加的量不要太大,太大会有疏水作用。
- 洗脱过程中,如不确定目的蛋白被洗脱时的咪唑浓度,可以采用梯度洗脱,缓慢提高咪唑浓度的洗脱方式;如已明确目的蛋白被洗脱时的咪唑浓度,可以采用阶段洗脱,分阶段快速提高咪唑浓度的洗脱方式,可提高纯化效率。
- 洗脱后应尽快中和酸碱,透析去除离子和咪唑,以免待分离物质丧失活性。

## 六、个人心得

- 样品液的浓度不易过高,上样时流速应比较慢,以保证样品和亲和吸附剂有充分的接触时间进行吸附。特别是当配体和待分离的生物大分子的亲和力比较小或样品浓度较高、杂质较多时,可以在上样后停止流动,让样品在层析柱中反应一段时间,或者将上样后流出液进行二次上样,以增加吸附量。
- 样品缓冲液的选择要使待分离的生物大分子与配体有较强的亲和力。另外样品缓冲液中一般有一定的离子强度,以减小基质、配体与样品其他组分之间的非特异性吸附。
- 上样后用平衡缓冲液或上样缓冲液洗去未吸附在亲和吸附剂上的杂质。缓冲液的流速可以快一些,但如果待分离物质与配体结合较弱,平衡缓冲液的流速还是较慢为宜。平衡缓冲液及上样缓冲液中可加入一定量低浓度的咪唑,比如 20mM 可以减少特异性吸附,可提高纯化后目的蛋白的纯度。

# DEAE 阴离子交换层析

## 一、基本原理与实验目的

DEAE-SephadexA-50(二乙基氨基乙基－葡聚糖 A-50)为弱碱性阴离子交换剂。在纤维素上结合了 DEAE,含有带正电荷的阳离子纤维素 $-O-C_6H_{14}N+H$,它的反离子为阴离子(如 $Cl^-$ 等),可与带负电荷的蛋白质阴离子进行交换。

溶液的 pH 值与蛋白质等电点相同时,静电荷为 0,当溶液 pH 值大于蛋白质等电点时,则羧基游离,蛋白质带负电荷。反之,溶液的 pH 值小于蛋白质等电点时,则氨基电离,蛋白质带正电荷。溶液的 pH 值距蛋白质等电点越远,蛋白质的电荷越多;反之则越少。

在适当的盐浓度下,溶液的 pH 值高于等电点时,蛋白质被阴离子交换剂所吸附;当溶液的 pH 值低于等电点时,蛋白质被阳离子交换剂所吸附。由于各种蛋白质所带的电荷不同。它们与交换剂的结合程度也不同,只要溶液 pH 值发生改变,就会直接影响到蛋白质与交换剂的吸附,从而可能把不同的蛋白质逐个分离开来。

醇脱氢酶属于中性蛋白,其理论等电点为 pH 7.0~7.5,而其他杂蛋白多属于酸性蛋白。在 pH 8.0~8.5 的环境中,醇脱氢酶分子带少量负电荷,与层析柱的吸附力较弱,易被洗脱,而酸性杂蛋白带大量负电荷,与层析柱的吸附力较强,不易被洗脱。因此,可通过洗脱液中盐离子浓度逐渐提高,将目的蛋白和杂蛋白顺序洗脱下来。

## 二、主要仪器及试剂

### 1. 仪 器

①层析玻璃柱(1.3cm×40cm),滴定铁架,自由夹,螺旋夹,尼龙纱(200 目)。

②普通冰箱,紫外分光光度计,电导仪,抽滤装置(包括抽气机、干燥瓶、布氏漏斗、橡皮垫圈、抽滤瓶),pH 计。

③透析袋、滤纸、pH 精密试纸。

④量筒、烧杯、试管、吸管、滴管、灭菌小瓶等。

### 2. 试 剂

①亲和纯化获得的重组醇脱氢酶。

②0.5N NaOH,0.5N HCl,2M NaCl。

③DEAE-Sephadex A-50,聚乙二醇(PEG)。

④缓冲液 A:20mmol/L Tris-HCl,pH 8.5。

⑤缓冲液 B:20mmol/L Tris-HCl,500mmol/L NaCl,pH 8.5。

⑥缓冲液 C:20mmol/L Tris-HCl,150mmol/L NaCl,pH 8.5。

## 三、实验步骤

### 1. DEAE-Sephadex A-50 预处理

称取 DEAE-Sephadex A-50(简称 A-50) 5g,悬于 500ml 蒸馏水中,1h 后倾去上层细粒。按每克 A-50 加 0.5N NaOH 15ml 的比例,将 A-50 浸泡于 0.5N NaOH 中,搅匀,静置 30min,装入布氏漏斗(垫有 2 层滤纸)中抽滤,并反复用蒸馏水抽洗至 pH 呈中性;再以 0.5N HCl 同上操作过程处理,最后以 0.5N NaOH 再处理一次。处理完后,将 A-50 浸泡于 0.1M,pH 7.4 PB 中过夜。

## 2. 装 柱

①将层析柱垂直固定于滴定铁架上,柱底垫一园尼龙纱,出水口接乳胶或塑料管并关闭开关。

②将 0.1M,pH 7.4 PB 沿玻璃棒倒入柱中至 1/4 高度,再倒入经预处理并以同上缓冲液调成稀糊状的 A-50。待 A-50 凝胶沉降 2~3cm 厚时,启开出水口螺旋夹,控制流速 1ml/min,同时连续倒入糊状 A-50 凝胶至所需高度。

③关闭出水口,待 A-50 凝胶完全沉降后,柱面放圆形滤纸片,以橡皮塞塞紧柱上口,通过插入橡皮塞之针头及所连接的乳胶或塑料管与洗脱液瓶相连接。

## 3. 平 衡

层析柱顶部进口与恒流泵连接,底部出中与紫外检测器连接。通入缓冲液 A,控制流速 1~2ml/min,平衡约 10 个柱体积,并以 pH 计与电导仪分别测定洗脱液及流出液之 pH 值与离子强度是否相同。

## 4. 上样及洗涤

将前期实验所获得的亲和层析并透析后获得的蛋白样品,经过 0.22μm 微孔滤膜过滤,以除去在放置过程中可能形成的沉淀,用恒流泵泵入层析柱中,控制流速 1ml/min,直至样品完全泵入层析柱中。再通入缓冲液 A 约 10 个柱体积,控制流速 1ml/min,直至紫外检测吸收峰回归平衡。

## 5. 洗 脱

蠕动泵混合缓冲液 A 和 B,控制流速 1ml/min,缓冲液 B 浓度从 0~50% 进行梯度洗脱,流出液经紫外检测后,用部分收集器分管收集洗脱峰,每管 5ml。

## 6. 测蛋白

以紫外分光光度计分别测定每管 $OD_{280nm}$ 与 $OD_{260nm}$,计算各管蛋白含量。

## 7. 合并和浓缩

将洗脱峰的上坡段与下坡段各管收集液分别进行合并,再透析到低盐的缓冲液 C 中。

## 8. A-50 凝胶的再生

在柱上先以 2M NaCl 洗柱上的杂蛋白至流出液的 $OD_{280nm} < 0.02$,再以蒸馏水洗去柱中盐。然后按预处理过程将 A-50 再处理一遍即达再生。近期用时泡于洗脱缓冲液中 4℃ 保存;近期不用时,以无水酒精洗两次,再置 50℃ 温箱烘干,装瓶内保存。

## 四、结果判读

以重组醇脱氢酶的纯化为例:

经过镍柱亲和层析的醇脱氢酶样品纯度已相对较高,杂蛋白较少,为了进一步除去残留的杂蛋白,进行下一步阴离子交换层析。

醇脱氢酶属于中性蛋白,其理论等电点为 pH 7.0~7.5,配制平衡缓冲液 A 的 pH 为 8.5,使目的蛋白带少量负电荷,在穿透峰和低浓度盐离子浓度下被洗脱,而杂蛋白与层析柱的吸附力较强,随着梯度洗脱过程盐离子浓度不断提高,杂蛋白被洗脱下来。

目的蛋白经去除融合标签后,理论分子量大小约 37kDa(图 6-13),SDS-PAGE 结果表明条带大小与预期一致,穿透峰和洗脱前期的目的蛋白的纯度较高,收集穿透峰和收集管 6~10 中的样品,再透析至低盐的缓冲液 A 中。

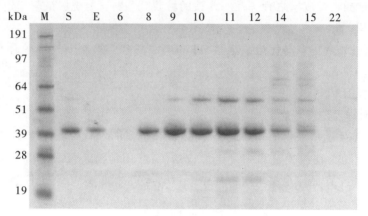

图 6-13 目的蛋白的阴离子交换层析纯化
M = 蛋白标准分子量;S = 样品;E = 穿透

### 五、注意事项

- 柱的选择:从理论上说,只要柱足够长,就得获得理想的分辨率,但由于层析柱流速同压力梯度有关,柱长增加使流速减慢,峰变宽,分辨率降低。柱的直径增加,使液体流动的不均匀性增加,分辨率明显下降。
- 纯化过程必须严格控制脱缓冲液的 pH 值及离子强度。样品与 A-50 凝胶必须用上样缓冲液彻底平衡后,才能进行柱层析。
- 装柱时,柱床必须表面平整,无沟流及气泡,否则应重装。

### 六、个人心得

- 洗脱过程中应严格控制流速,且勿过快。
- 上样的样品体积要小,浓度不宜过高,如样品过多,可分多次进行纯化。
- 目的蛋白为中性蛋白时,选择离子交换层析进行纯化时,可以选择阴离子交换法或阳离子交换法,取决于目的蛋白在酸性和碱性条件下的稳定性和与层析柱吸附能力的强弱。

# 凝胶过滤层析

## 一、基本原理与实验目的

凝胶过滤层析(gel filtration chromatography)法又称排阻层析或分子筛方法,主要是根据蛋白质的大小和形状,即蛋白质的质量进行分离和纯化。层析柱中的填料是某些惰性的多孔网状结构物质,多是交联的聚糖(如葡聚糖或琼脂糖)类物质,使蛋白质混合物中的物质按分子大小的不同进行分离。该方法是把样品加到充满着凝胶颗粒的层析柱中,然后用缓冲液洗脱。大分子不能进入凝胶颗粒中的静止相中,只留在凝胶颗粒之间的流动相中,因此以较快的速度首先流出层析柱,而小分子则能自由出入凝胶颗粒中,并很快在流动相和静止相之间形成动态平衡,因此就要花费较长的时间流经柱床,从而使不同大小的分子得以分离。

凝胶过滤柱层析所用的基质是具有立体网状结构、筛孔直径一致,且呈珠状颗粒的物质。这种物质可以完全或部分排阻某些大分子化合物于筛孔之外,而对某些小分子化合物则不能排阻,但可让其在筛孔中自由扩散、渗透。任何一种被分离的化合物被凝胶筛孔排阻的程度可用分配系数 $K_{av}$(被分离化合物在内水和外水体积中的比例关系)表示。$K_{av}$值的大小与凝胶床的总体积($V_t$)、外水体积($V_o$)及分离物本身的洗脱体积($V_e$)有关,即:

$$K_{av} = (V_e - V_o)/(V_t - V_o)$$

在限定的层析条件下,$V_t$和$V_o$都是恒定值,而$V_e$值却是随着分离物分子量的变化而变化的。分离物分子量大,$K_{av}$值小;反之,则$K_{av}$值增大。

$V_e$(洗脱体积)为某一成分从加入样品算起,到组分的最大浓度(峰)出现时所流出的体积。$V_e$随溶质的相对分子质量的大小和对凝胶的吸附等因素而不同。一般相对分子质量较小的溶质,它的$V_e$值比相对分子量较大的溶质要大。通常选用蓝色葡聚糖 2000 作为测定外水体积的物质。该物质分子量大(为 200 万),呈蓝色,它在各种型号的葡聚糖凝胶中都被完全排阻,并可借助其本身颜色,采用肉眼或分光光度仪检测(210nm、260nm 或 620nm)洗脱体积(即 $V_o$)。但是,在测定激酶等蛋白质的分子量时,不宜用蓝色葡聚糖 2000 测定外水体积,因为它对激酶有吸附作用,所以有时用巨球蛋白代替。

$V_o$为层析柱内凝胶颗粒之间隙的总容积,称外水体积。$V_i$为层析柱内凝胶内部微孔的总容积,称内水体积,$V_i = V_t - V_o$。测定内水体积($V_i$)的物质,可选用硫酸铵、N-乙酰酪氨酸乙酯,或者其他与凝胶无吸附力的小分子物质。

$K_{av}$是判断分离效果的一个重要参数。当某种成分的 $K_{av} = 0$ 时,意味着这一成分完全被排阻于凝胶颗粒的微孔之外而最先被洗脱出来,即 $V_e = V_o$。当某种成分

的 $K_{av} = 1$ 时,意味着这一成分完全不被排阻,它可以自由地扩散进入凝胶颗粒内部的微孔中,而最后被洗脱出来,即 $V_e = V_t$。介于两者分子量之间的物质,其 $0 < K_{av} < 1$,在中间位置被洗脱。可见,$K_{av}$ 的大小顺序决定了被分离物质流出层析柱的顺序。

本实验采用有凝胶介质为葡聚糖凝胶 Sephadex G-75,它是一种多孔网状结构,每克干胶可吸水 7.5ml,可分离分子量范围在 2000~70000 之间的多肽与蛋白质。上样样品为经亲和层析与离子交换层析纯化后的蛋白样品,当样品流经层析柱时,目的蛋白与杂蛋白因 $K_{av}$ 值不同而被分离。

## 二、主要仪器与试剂

### 1. 仪　器

层析仪一套(包括恒流泵、核酸蛋白检测仪、自动部分收集器、紫外检测器、自动记录仪、电脑)、色谱柱(层析柱)、量筒、烧杯、试管、吸管、玻璃棒等。

### 2. 试　剂

经亲和层析与离子交换层析获得的蛋白样品、Sephadex G-75。缓冲液:20mmol/L Tris-HCl,150mmol/L NaCl,pH 8.5。

## 三、实验步骤

### 1. 凝胶预处理

称取干凝胶 12g 至烧杯中,加入大量蒸馏水室温浸泡过夜,使其充分溶胀。稍搅拌后用倾泻法除去浮在液面的细颗粒,重复几次,直至没有细颗粒。将溶胀后的凝胶抽干,再倒入约 300ml 的缓冲液中平衡2h以上,减压脱气 10min 以除去残留的气泡。

### 2. 装　柱

将层析柱垂直固定好,关闭出水口阻止液体流出,在柱内选注入约 1/4 高度的缓冲液。轻轻搅动凝胶成均匀的浆状,立即沿层析柱的内壁绕圈缓慢倒入柱中,待柱底部沉积的凝胶有 2~3cm 时,打开出口管让缓冲液缓慢流出,同时继续由柱顶加入凝胶,使凝胶不断下沉,当凝胶沉积至离柱顶端 5~6cm 时,停止装柱。检查柱内凝胶是否均匀,并应没有"纹路"和气泡。

### 3. 平衡柱

通入 3~5 倍柱体积的缓冲液平衡柱,控制流速为 0.3~0.4ml/min。

### 4. 上样和洗脱

用小滴管小心吸去柱顶端的液体,或打开下端出口流出液体,直至液体刚至床层面上。取 1ml 待分离混合液沿层析柱壁绕圈小心加入凝胶上,防止将凝胶冲起。

打开出口管,让液体缓慢流出,当样品液面降至凝胶表面后,再用少量缓冲液小心沿柱内壁加入,使残留在壁上的样品也渗入胶床,重复 1~2 次。然后加入洗脱液至胶床以上 3~4cm 高度,保持一段液柱,盖好柱的顶盖,注意不能漏气。

连接好层析仪各管线,用恒流泵匀速打入洗脱液,控制流速为 0.3~0.5ml/min。流出液经核酸蛋白检测仪于 280nm 波长处检测后,用部分收集器收集,设定每管收集 3ml。连接电脑自动记录各组分流出峰。

**5. 清 洗**

顺序更换双蒸水和 20% 乙醇清洗柱子,最后将柱子保存于 20% 乙醇中,拧紧出入口盖子,避免乙醇挥发破坏凝胶。

## 四、结果判读

根据 SDS-PAGE 结果(图 6-14),判断收集管目的蛋白的纯度,将符合电泳纯的样品收集起来,超滤浓缩至所需浓度,再经 SDS-PAGE 检测蛋白的最终纯度,以用于进一步结构与功能的分析。

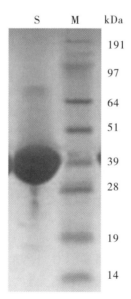

图 6-14 纯化后电泳纯的目的蛋白
M = 蛋白标准分子量;S = 样品

## 五、注意事项

**1. 层析柱的选择**

层析柱大小主要是根据样品量的多少以及对分辨率的要求来进行选择。一般来讲,主要是层析柱的长度对分辨率影响较大,长的层析柱分辨率要比短的高;但层析柱长度不能过长,否则会引起柱子不均一、流速过慢等实验上的一些困难。一般柱长度不超过100cm,为了得到高分辨率,可以将柱子串联使用。层析柱的直径和长度比一般为1:100~1:25。

2. 洗脱液的选择

由于凝胶过滤的分离原理是分子筛作用,流动相只是起运载工具的作用,一般不依赖于流动相性质和组成的改变来提高分辨率。由于凝胶过滤的分离机理简单以及凝胶稳定工作的pH范围较广,所以洗脱液的选择主要取决于待分离样品,一般来说只要能溶解被洗脱物质并不使其变性的缓冲液都可以用于凝胶过滤。为了防止凝胶可能有吸附作用,一般洗脱液都含有一定浓度的盐。

3. 加样量

加样量对实验结果也可能造成较大的影响,加样过多,会造成洗脱峰的重叠,影响分离效果;加样过少,提纯后各组分量少、浓度较低,实验效率低。加样量根据具体的实验要求而定:凝胶柱较大,加样量可较大;样品中各组分分子量差异较大,加样量也可以较大;一般分级分离时加样体积约为凝胶柱床体积的1%~5%左右,而分组分离时加样体积可以较大,一般约为凝胶柱床体积的10%~25%。如果有条件可以首先以较小的加样量先进行一次预实验,,根据洗脱峰的情况来选择合适的加样量。

4. 不溶物处理

加样前要注意,样品中的不溶物必须在上样前去掉,可通过离心或过滤的方式,以免污染凝胶柱。样品的黏度不宜过大,否则会影响分离效果。

5. 洗脱速度

洗脱速度也会影响凝胶过滤的分离效果,一般洗脱速度要恒定而且合适。保持洗脱速度恒定通常有两种方法,一种是使用恒流泵,另一种是恒压重力洗脱。洗脱速度取决于很多因素,包括柱长、凝胶种类、颗粒大小等,一般来讲,洗脱速度慢一些样品可以与凝胶基质充分平衡,分离效果好。但洗脱速度过慢会造成样品扩散加剧、区带变宽,反而会降低分辨率,而且实验时间会大大延长;所以实验中应根据实际情况来选择合适的洗脱速度,可以通过进行预备实验来选择洗脱速度。市售的凝胶一般会提供一个建议流速,可供参考。

总之,凝胶过滤的各种条件,包括凝胶类型、层析柱大小、洗脱液、上样量、洗脱速度等等,都要根据具体的实验要求来选择。例如样品中各个组分差异较小,则实验要求凝胶过滤要有较高的分辨率,提高分辨率的选择应主要包括:选择颗粒小的凝胶,选择分辨率高的凝胶类型,选择较长、直径较大的层析柱、减少加样量、降低洗脱速度等等。各种选择都有一个限度的问题,超过这个限度可能会产生相反的效果。另外需要提的一点是,实验时应尽可能参考相关实验和文献以及进行预实验,以选择最合适的实验条件。

## 六、个人心得

- 层析柱必须有柱头及分布器,紧压胶面完合没有空隙,否则样品上样受影响。
- 凝胶悬浮液不可太稠,否则很容易出气泡;太稀装柱时间过长,亦影响效果。50%~70%较适合。若是干粉,溶胀时间必须充足。装柱前需完全搅匀。
- 凝胶一次性倒入层析柱中,容量不够则需加装柱器。切不可分几次倒,柱效和对称性都很难合格。
- 装柱及层析工作所用缓冲液的温度需保持一致。
- 柱底网下的气泡一定要除掉,可先用20%乙醇湿一下底网。
- 上样前柱平衡非常重要,UV和离子强度等都需保持稳定。
- 缓冲液pH值会影响分离效果,经验中用pH 7.0和pH 4.5的缓冲液分离5个低分子量标准蛋白,结果颇有不同,因此,需要注意纯化过程中pH值的选择及变化。
- 加入低盐即0.15M NaCl,可防止非特异性的吸附及蛋白间的聚合。

(王珊珊,陕西理工大学,e-mail:jieyishanshan319@163.com)

# 第七章　Western-blot 技术

Western-blot,又称蛋白质免疫印迹,是用来检测蛋白质的一种技术。原理:首先将含有待测蛋白的蛋白质混合物进行凝胶电泳分离,然后将已经分离的蛋白质通过电泳技术从凝胶转移到固体载体上,这一固体载体目前常用硝酸纤维素薄膜(NC膜)和聚偏二氟乙烯膜(PVDF膜)。固相载体以非共价键形式吸附蛋白质,且能保持电泳分离的多肽类型及其生物学活性不变。随后以待测蛋白质上抗原决定簇特异性的抗体(称为第一抗体)为探针,与固体载体上的蛋白质进行免疫反应,最后用偶联有辣根过氧化物酶或碱性磷酸酯酶的抗第一抗体的抗体(第二抗体)与第一抗体进行免疫反应,只有与第一抗体特异性结合的待测蛋白才能与第二抗体发生免疫反应。在有辣根过氧化物酶的底物和显色剂存在时就会出现颜色反应,结合有第一抗体、第二抗体的待测蛋白,通过颜色反应即能显现出来。该技术也广泛应用于检测蛋白水平的表达。该技术的优点:高分辨率的电泳技术;特异敏感的抗原－抗体反应;可检测 1~5ng 中等大小的靶蛋白。

## 第一节　蛋白样品制备

Western-blot 样品制备是实验的第一步,也是关键的一步。只有在获得高质量的总蛋白的提前下才有可能通过后续步骤检测到目的蛋白的表达。不同的样本,提取蛋白的方法不同,本章将对实验室常用检测物的蛋白提取方法作一介绍。

### 一、细胞培养物蛋白的提取

①以 100mm 培养皿细胞为例:将细胞培养至 80% 左右密度时,弃去细胞培养基,经预冷的 PBS(0.01M pH 7.2~7.3)漂洗 3 次以洗去培养基,将 PBS 弃净后把培养皿置于冰上。

②按 1ml 裂解液加 10μl 苯甲基磺酰氟(PMSF)(100mM,对人体有剧毒,注意小心防护),摇匀置于冰上(PMSF 要摇匀至无结晶时才可与裂解液混合)。

③每皿细胞加 200μl 含 PMSF 的裂解液,于冰上裂解 30min,为使细胞充分裂解,裂解液要均匀加入培养皿且要经常拍打混匀。

④裂解完后,用干净的细胞刮将细胞刮于培养皿的一侧,然后用枪将细胞碎片和裂解液移至 1.5ml 离心管中(整个操作尽量在冰上进行)。

⑤离心管于4℃下12 000rpm离心5min(提前开离心机预冷)。
⑥将离心后的上清分装转移入0.5ml的离心管中放于-20℃保存。

## 二、组织蛋白的提取

①将少量组织块置于1~2ml匀浆器的球状部位,用干净的剪刀将组织块尽量剪碎。

②加400μl裂解液(含PMSF)于匀浆器中进行匀浆,然后置于冰上。

③几分钟后再碾一会儿再置于冰上,要重复碾几次使组织尽量碾碎。

④也可用长镊子夹住组织放入液氮冷冻片刻,取出后用液氮冷冻过的铁锤在铁板上锤击已经冻硬的组织块,把碎粉末倒入离心管,再加入裂解液冰上裂解。

⑤裂解30min后,用移液器将裂解液移至1.5ml离心管中,4℃下12 000r/min离心5min,取上清分装于0.5ml离心管中置于-20℃保存。

## 三、加药物处理贴壁细胞蛋白的提取

受药物作用的影响,一些贴壁细胞会从瓶壁脱落下来,所以除按常规细胞培养物的蛋白提取操作外还应收集培养液中的细胞。以下是培养液中细胞总蛋白的提取:

①将培养液倒至15ml离心管中,于2500r/min离心5min。

②弃上清,加入4ml PBS并用枪轻轻吹打洗涤,然后2500rpm离心5min。弃上清后用PBS重复洗涤一次。

③用枪吸干上清后,加100μl裂解液(含PMSF)冰上裂解30min,裂解过程中要经常弹一弹以使细胞充分裂解。

④将裂解液与培养瓶中裂解液混在一起,4℃ 12000r/min离心5min,取上清分装于0.5ml离心管中并置于-20℃保存。

## 四、注意事项及个人心得

• 样品制备是Western-blot的第一步,在开始制备样品之前,我们应该对自己的实验有一个非常清晰的思路,需要明确以下问题:

· 目的蛋白在样本中的表达量有多少?能否被Western-blot检测出来?目的蛋白是否在细胞的某个特殊时期表达?

· 是否存在多种异构体?

· 目的蛋白是否仅存在于特殊的细胞器中而需要分离出细胞器?

• 收集到的临床组织标本首先尽快去除脂肪和坏死组织,并将蘸有的血液清洗干净,否则影响提取蛋白定量的质量和浓度。整理干净的标本立即放入液氮中冻存,至少应尽快放入 -70℃ 冰箱,才能尽量减少蛋白的降解。

● 裂解细胞时,可将加了裂解液的样品置于冰浴上超声,以加快细胞的裂解。超声间隔时间应长于或至少等于超声工作时间,以使样本充分冷却,建议工作时间 10~20s。超声后溶液会变得较超声前透光均匀,且超声功率设置不能过大,过大会造成蛋白质焦化。

● 制备好的蛋白样品推荐根据每次实验的用量进行分装,做好标记,包括样品名称、提取日期等后存入 -70℃ 冰箱备用,以免反复冻融加速蛋白的降解。即使分装冻存的蛋白也不可放太久,最好不要超过 1 个月。

## 第二节 蛋白定量

蛋白提取出来后要知道细胞裂解是否成功,提取的效果怎么样,怎样才能在同等量的基础上上样。这就需要对提取的蛋白进行定量。目前用得最多的定量方法有两种,一种是 BCA 法,一种是 Bradford 法。我们以 BCA 法为例介绍蛋白定量的方法。

### 一、实验原理

BCA(bicinchonininc acid)与二价铜离子的硫酸铜等其他试剂混合后成为苹果绿,即 BCA 工作试剂。在碱性条件下,BCA 与蛋白质结合时,蛋白质将 $Cu^{2+}$ 还原为 $Cu^+$,1 个 $Cu^+$ 螯合两个 BCA 分子,工作试剂由原来的苹果绿形成紫色复合物,最大光吸收强度与蛋白质浓度成正比,测定其在 562nm 处的吸收值,并与标准曲线对比,即可计算待测蛋白的浓度。

### 二、实验试剂及器材

蛋白样品,BCA 蛋白质定量试剂盒(公司购买,含 BCA Reagent A,室温保存;Cu Reagent B,室温保存;BSA standard 4mg/ml,-20℃ 冻存)EP 管,96 孔板,37℃ 孵箱,酶标仪。

### 三、实验步骤

①配制工作液:根据标准品和样品数量,按 50 体积 BCA 试剂加 1 体积 Cu 试剂(50:1)配制成 BCA 工作液(均含在试剂盒中),充分混匀(混合时可能会有浑浊,但混匀后就会消失)。BCA 工作液室温 24 小时内稳定。

②按照说明书将标准品 BSA 用双蒸水、0.9% 生理盐水、PBS 或用待测蛋白样品之缓冲液进行倍比稀释:100μl 4000μg/ml BSA + 100μl 稀释溶液 = 200μl(BSA =

2000μg/ml),取 100μl 连续倍比稀释 7 次,得到 BSA 标准溶液 2000μg/ml、1000μg/ml、500μg/ml、250μg/ml、125μg/ml、62.5μg/ml、31.25μg/ml、15.625μg/ml。

③每孔 96 孔板中加入 200μl AB 混合液,将标准品和样品 25μl,分别加入到混合液中,混合均匀。

④放置到培养箱中,37℃孵育 30min,然后室温静置 10min。

⑤562nm 处检测吸光度,并绘制标准曲线,根据公式计算出样品蛋白浓度。如测出的样品 OD562 = 0.8(即 y = 0.8),则对应的 X 值(样品蛋白浓度)= (0.8 - 0.1214)/0.0003 = 2262μg/ml(即 2.3μg/μl)。该图来源于说明书。

⑥根据蛋白浓度用裂解液调整实验备组总蛋白量一致,并加入 1/5 体积的 5×上样缓冲液,95℃条件煮 5min,即可上样或暂置于 4℃。

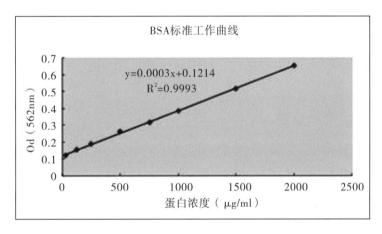

图 7-1　BCA 标准工作曲线

## 四、BCA 法特点

- 灵敏度高,检测浓度下限达 25μg/ml,最小检测蛋白量达 0.5μg,待测样品体积为 1~20μl。
- 测定蛋白浓度不受绝大部分样品中的去污剂等化学物质的影响,可以兼容样品中高达 5% 的 SDS,5% 的 Triton X-100,5% 的 Tween 20、60、80。
- 在 20~2000μg/ml 浓度范围内有良好的线性关系。
- 检测不同蛋白质分子的变异系数远小于考马斯亮蓝法蛋白定量。
- 受螯合剂和略高浓度的还原剂的影响:EDTA < 10mM,DTT < 1mM,巯基乙醇 < 1mM。

### 五、注意事项及个人心得

- 要准确测定蛋白浓度,首先要保证移液器的精度。其次,操作要规范,每次用移液器吸样品,要先将枪头在样品中预吸几次,然后在 EP 管底打出,尽可能减少吸附。
- 工作液应现用现配,配制时务必混匀。
- 反应颜色的深浅除了与样品的蛋白质浓度相关外,还与反应的温度有关。如果样品的浓度较高($>50\mu g/ml$),反应温度一般采用 37℃。如果样品蛋白质的浓度较低($<50\mu g$),反应的温度为 60℃,该温度下,色氨酸、酪氨酸和肽键得到充分氧化,大大提高了检测的灵敏度。
- 回归系数小于 0.98 时,计算所得的蛋白浓度可能不太准确。
- 操作时要戴手套。

## 第三节  SDS-PAGE 电泳

### 一、主要试剂和仪器

Prestained protein marker,电泳缓冲液,蛋白电泳仪。

### 二、操作步骤

1. 清洗玻璃板

蘸取少量洗洁精擦洗玻璃板两面,擦洗过后用自来水充分冲洗,再用蒸馏水冲洗干净后立在筐里晾干。梳子用水洗干净,临用前用无水乙醇擦拭晾干。

2. 灌胶与上样

①玻璃板对齐后放入夹中卡紧。然后垂直卡在架子上准备灌胶(操作前先往玻璃板间灌水,检查是否有渗漏)。

②不同分子大小的蛋白质,选择相应浓度的分离胶(表 7-1 和表 7-2)。配制凝胶时在充分混匀的前提下迅速灌胶(凝胶速度由 AP 以及 TEMED 决定,此外室温越高凝胶速度越快)。注意保证试剂的新鲜,特别是过硫酸铵。分离胶灌注完成后加一层水,一方面压齐分离胶,另一方面加速凝胶。注意:未聚合的丙烯酰胺具有神经毒性,操作时应该戴手套防护。梳子插入浓缩胶时,应确保没有气泡。注意给积层胶留出足够的空间(分子克隆推荐长度为插入的梳齿长再加 1cm)。

③当水和胶之间有一条折射线时,说明胶已凝固。倒去上层封胶的水并用吸水纸将玻璃板中的剩余水吸干。

表7-1 SDS-PAGE分离胶浓度与最佳分离范围

| SDS-PAGE分离胶浓度 | 最佳分离范围 |
|---|---|
| 6%胶 | 50~150kD |
| 8%胶 | 30~90kD |
| 10%胶 | 20~80kD |
| 12%胶 | 12~60kD |
| 15%胶 | 10~40kD |

表7-2 SDS-PAGE分离胶配方(注:如配制非变性胶,配方中去掉10%SDS)

| 成分 | 配制不同体积SDS-PAGE分离胶所需各成分的体积(ml) | | | | | |
|---|---|---|---|---|---|---|
| 6%胶 | 5 | 10 | 15 | 20 | 30 | 50 |
| 蒸馏水 | 2.0 | 4.0 | 6.0 | 8.0 | 12.0 | 20.0 |
| 30% Acr-Bis(29:1) | 1.0 | 2.0 | 3.0 | 4.0 | 6.0 | 10.0 |
| 1M Tris, pH 8.8 | 1.9 | 3.8 | 5.7 | 7.6 | 11.4 | 19.0 |
| 10% SDS | 0.05 | 0.1 | 0.15 | 0.2 | 0.3 | 0.5 |
| 10%过硫酸铵 | 0.05 | 0.1 | 0.15 | 0.2 | 0.3 | 0.5 |
| TEMED | 0.004 | 0.008 | 0.012 | 0.016 | 0.024 | 0.04 |

| 成分 | 配制不同体积SDS-PAGE分离胶所需各成分的体积(ml) | | | | | |
|---|---|---|---|---|---|---|
| 8%胶 | 5 | 10 | 15 | 20 | 30 | 50 |
| 蒸馏水 | 1.7 | 3.3 | 5.0 | 6.7 | 10.0 | 16.7 |
| 30% Acr-Bis(29:1) | 1.3 | 2.7 | 4.0 | 5.3 | 8.0 | 13.3 |
| 1M Tris, pH 8.8 | 1.9 | 3.8 | 5.7 | 7.6 | 11.4 | 19.0 |
| 10% SDS | 0.05 | 0.1 | 0.15 | 0.2 | 0.3 | 0.5 |
| 10%过硫酸铵 | 0.05 | 0.1 | 0.15 | 0.2 | 0.3 | 0.5 |
| TEMED | 0.003 | 0.006 | 0.009 | 0.012 | 0.018 | 0.03 |

| 成分 | 配制不同体积SDS-PAGE分离胶所需各成分的体积(ml) | | | | | |
|---|---|---|---|---|---|---|
| 10%胶 | 5 | 10 | 15 | 20 | 30 | 50 |
| 蒸馏水 | 1.3 | 2.7 | 4.0 | 5.3 | 8.0 | 13.3 |
| 30% Acr-Bis(29:1) | 1.7 | 3.3 | 5.0 | 6.7 | 10.0 | 16.7 |
| 1M Tris, pH 8.8 | 1.9 | 3.8 | 5.7 | 7.6 | 11.4 | 19.0 |
| 10% SDS | 0.05 | 0.1 | 0.15 | 0.2 | 0.3 | 0.5 |
| 10%过硫酸铵 | 0.05 | 0.1 | 0.15 | 0.2 | 0.3 | 0.5 |
| TEMED | 0.002 | 0.004 | 0.006 | 0.008 | 0.012 | 0.02 |

| 成分 | 配制不同体积 SDS-PAGE 分离胶所需各成分的体积(ml) | | | | | |
|---|---|---|---|---|---|---|
| 12%胶 | 5 | 10 | 15 | 20 | 30 | 50 |
| 蒸馏水 | 1.0 | 2.0 | 3.0 | 4.0 | 6.0 | 10.0 |
| 30% Acr-Bis(29:1) | 2.0 | 4.0 | 6.0 | 8.0 | 12.0 | 20.0 |
| 1M Tris,pH 8.8 | 1.9 | 3.8 | 5.7 | 7.6 | 11.4 | 19.0 |
| 10% SDS | 0.05 | 0.1 | 0.15 | 0.2 | 0.3 | 0.5 |
| 10% 过硫酸铵 | 0.05 | 0.1 | 0.15 | 0.2 | 0.3 | 0.5 |
| TEMED | 0.002 | 0.004 | 0.006 | 0.008 | 0.012 | 0.02 |

| 成分 | 配制不同体积 SDS-PAGE 分离胶所需各成分的体积(ml) | | | | | |
|---|---|---|---|---|---|---|
| 15%胶 | 5 | 10 | 15 | 20 | 30 | 50 |
| 蒸馏水 | 0.5 | 1.0 | 1.5 | 2.0 | 3.0 | 5.0 |
| 30% Acr-Bis(29:1) | 2.5 | 5.0 | 7.5 | 10.0 | 15.0 | 25.0 |
| 1M Tris,pH 8.8 | 1.9 | 3.8 | 5.7 | 7.6 | 11.4 | 19.0 |
| 10% SDS | 0.05 | 0.1 | 0.15 | 0.2 | 0.3 | 0.5 |
| 10% 过硫酸铵 | 0.05 | 0.1 | 0.15 | 0.2 | 0.3 | 0.5 |
| TEMED | 0.002 | 0.004 | 0.006 | 0.008 | 0.012 | 0.02 |

④按说明配制浓缩胶(表7-3),摇匀后立即灌胶。将剩余空间灌满浓缩胶后将梳子插入浓缩胶中。插梳子时要使梳子保持水平。当胶彻底凝固后在电泳前将梳子拔出。

表7-3 SDS-PAGE 浓缩胶配方(也称堆积胶、积层胶或上层胶)

| 成分 | 配制不同体积 SDS-PAGE 浓缩胶所需各成分的体积(ml) | | | | | |
|---|---|---|---|---|---|---|
| 5%胶 | 2 | 3 | 4 | 6 | 8 | 10 |
| 蒸馏水 | 1.4 | 2.1 | 2.7 | 4.1 | 5.5 | 6.8 |
| 30% Acr-Bis(29:1) | 0.33 | 0.5 | 0.67 | 1.0 | 1.3 | 1.7 |
| 1M Tris,pH 8.8 | 0.25 | 0.38 | 0.5 | 0.75 | 1.0 | 1.25 |
| 10% SDS | 0.02 | 0.03 | 0.04 | 0.06 | 0.08 | 0.1 |
| 10% 过硫酸铵 | 0.02 | 0.03 | 0.04 | 0.06 | 0.08 | 0.1 |
| TEMED | 0.002 | 0.003 | 0.004 | 0.006 | 0.008 | 0.01 |

3. 电泳

①取适当体积样本混合 6×Loading buffer,100°加热5min。

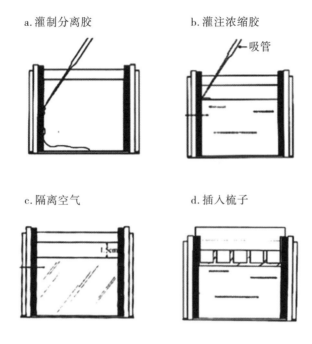

图 7-2 灌胶过程示意图

②配制好的胶从夹子上卸下后连同玻璃板一起垂直安装到电泳槽上,检查胶板和电极架的密合度,在内池中灌满电泳缓冲液(配制见表 7-4),如果 5min 内液面没有明显变化,说明胶板与电极架贴紧,没有漏液,可以用于实验。在外池中补充电泳缓冲液淹没胶板下沿 2~3cm。

表 7-4 电泳缓冲液(pH 8.3) 配方

| 成分 | 剂量 |
| --- | --- |
| Tris | 3.03g |
| 甘氨酸(Gly) | 14.4g |
| SDS(或 10% SDS) | 1g(10ml) |
| 蒸馏水定容至 | 1L |

③用加样器或移液器贴壁吸取样品,将枪头插至加样孔中缓慢加入样品,依法依次加入样本和蛋白预染 marker。注意:加样太快可使样品冲出加样孔,若有气泡也可能使样品溢出。15 孔 1.5mm 胶的最大上样量为 20μl,10 孔 1.5mm 胶的最大上样量为 30μl。

④上样完成后接上电源,尽快进行电泳,以免蛋白质条带扩散。电泳时间和电

压按照各实验室的惯例和目的蛋白的大小自行确定和调整。可将电源设为恒流输出，一般15mA/胶的电流强度是合适的。电泳至溴酚蓝刚跑出即可终止电泳，正常情况下，电泳可以在2h内结束。电泳结束后立即转膜。

### 三、注意事项和个人心得

- 洗玻璃板前要检查玻璃是否有缺损，尤其是在灌注胶的位置。玻璃板的规格要选好，两片玻璃板的型号要一致。同时注意梳子是否和玻璃板匹配。
- 配胶时要戴手套操作，因为30%过硫酸铵（AP）和四甲基乙二胺（TEMED）均有神经毒性，应避免直接与皮肤接触。
- 组装玻璃板时先检查胶板夹上的垫子是否干净和平整，这将直接影响灌胶时是否有渗漏。
- 配胶时应最后加入TEMED，并立即吹打混匀，迅速加入玻璃板中。因为一旦加入TEMED，凝胶会很快凝固。
- 由于胶凝固时体积会收缩减小，从而使加样孔的上样体积减小，所以在浓缩胶凝固前最好在梳子两边补胶至刚刚冒顶。
- 拔梳子时要非常小心，可以打开自来水龙头，一边用细水流冲洗玻璃板一边轻柔拔出梳子。
- 煮完的蛋白样品要冷却后离心，防止蛋白浓度改变。
- 由于电泳的边际效应，最边上的两个泳道的条带往往会出现变形，所以一般情况下边上的两个孔舍弃，用6×Loading Buffer填充，体积与上样量一致。
- 加样前可用注射器将胶孔中的残胶吹洗干净。这样得到的条带清晰漂亮，不容易变形或者粘连。
- 各上样蛋白为保证相同的浓度会出现不同的体积，这时需要用双蒸水或者1×上样缓冲液将各蛋白样品的体积补齐，以免影响电泳条带的美观。
- 电泳缓冲液最好不要重复使用。
- 开始电泳前检查胶板底部是否有气泡，如有气泡会影响电泳效果，应赶走气泡。

## 第四节 电转移

要将电泳后分离的蛋白质从凝胶中转移到固相载体（例如NC膜或PVDF膜）上，通常有两种方法：毛细管印迹法和电泳印迹法。常用的电泳转移方法有湿转和半干转。两者的原理完全相同，只是用于固定胶/膜叠层和施加电场的机械装置不同。现以湿转法为例介绍转膜的方法。

## 一、操作步骤(图7-3)

①电泳结束后,将胶板卸下,同时准备好电转移所需的物品:6张滤纸,1张PVDF膜,尺寸与凝胶大小相仿(膜与胶一样大,滤纸比胶大一些),预冷电转移槽和电转液。注意:剪滤纸和膜时一定要戴干净手套,以免手上的蛋白污染膜。PVDF膜使用前应用100%甲醇浸泡20min,目的是为了活化PVDF膜上面的正电基团,使它更容易跟带负电的蛋白质结合。

②将玻璃板撬开后剥离胶,立即放入加有转移液(表7-5)的培养皿中,再轻轻刮去浓缩胶,避免把分离胶刮破。将裁好的胶、浸过甲醇的PVDF膜和滤纸在转移液中平衡10min左右,以除去滤纸和转移膜中的气泡以及胶上多余的SDS。

③三明治的制作:按顺序在转移夹内放置预先经转移缓冲液浸泡的海绵、3层滤纸、凝胶、硝酸纤维素膜、3层滤纸、海绵,保证每层之间没有气泡。组装顺序:转膜夹黑色面(负极)—海绵垫—滤纸—胶—膜—滤纸—海绵垫—红色面(正极)。

④将转移夹插入电转移槽中,加入4℃预冷的转膜缓冲液,将凝胶面与负极相连,硝酸纤维素膜与正极相连,即"黑对黑"。同时插入内置的冰盒。关于转膜电流和时间:一般转膜的电流在200~400mA之间,转移时间为30~60min。也可以在15~20mA转膜过夜。大片段的蛋白>50KD的可以选用350mA,小片段的可以用250mA,上述电流均能很好地把大部分蛋白转过去。具体的转膜时间要根据目的蛋白的大小而定,目的蛋白的分子量越大,需要的转膜时间越长,目的蛋白的分子量越小,需要的转膜时间越短。

⑤电转结束后,断开电源,取出PDVF膜,可以发现原本在胶上的marker现在已经被转移到了膜上。立即将PVDF膜浸泡入封闭液(5%的脱脂牛奶)中,勿使膜变干。室温封闭PVDF膜1h。有些实验室为了便于观察电泳效果和转膜效果使用1×丽春红预染,可根据自己的实际情况酌情采纳。注:封闭的作用是为避免作为检测试剂的特异性第一抗体与膜发生非特异性结合,使非特异性背景提高,需对膜上的潜在结合位点进行封闭处理。

表7-5 转移缓冲液配方

| 成分 | 剂量 |
| --- | --- |
| Tris | 3.03g |
| 甘氨酸(Gly) | 14.4g |
| 甲醇 | 200ml |
| 蒸馏水定容至 | 1L |

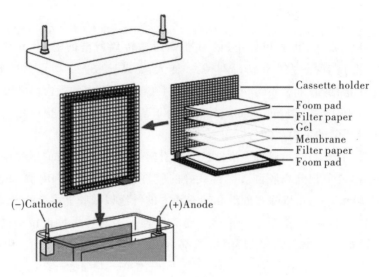

图7-3 转膜流程示意图

## 二、注意事项

- 裁剪的滤纸不要太大,防止上下两层滤纸互相接触引起短路。
- 夹好膜和凝胶后,一定确保在凝胶/膜和滤纸之间没有气泡存在,否则会导致转膜不完全。
- 注意要戴手套或用塑料镊子接触膜,因为手上的蛋白和油脂会影响转膜效率。
- 在转膜过程中会产生大量的热,需把转膜槽整个放置在冰浴中进行转膜。

# 第五节 酶免疫定位

## 一、操作步骤

①孵育一抗:将一抗用封闭液稀释(一般用5%的脱脂牛奶稀释即可,如果背景不高用TBST稀释也可)至适当浓度(开始实验时的浓度可以参考抗体供应商的建议,在以后的实验中逐步摸索最佳的条件),与封闭好的PVDF膜孵育4℃过夜或室温2h。用TBST在室温下脱色摇床上洗膜3次,每次10min。

②孵育二抗:用含5%脱脂牛奶的TBST稀释与一抗相应的二抗(一般1:1000甚至1:10000),于室温下孵育1h。用TBST在室温下脱色摇床上洗膜3次,每次10min。

③在暗室内,将膜取出平铺于暗盒内的保鲜膜上,避免产生气泡。将 ECL 的 A 和 B 两种试剂在 EP 管内等体积混合,均匀滴在 PVDF 膜的蛋白面,反应 1~2min 后将 PVDF 膜上多余的 ECL 工作液吸干,把保鲜膜另一侧翻过来盖在其上。取出一张 X 线胶片(剪去一角表明方向),覆盖于膜上(盖好后避免胶片移动)。用记号笔沿胶片上缘画直线标记胶片位置。盖上暗盒,曝光。

④将 1× 显影液和定影液分别倒入塑料盘中,将曝光的胶片从暗盒取出,放入显影液中显影。观察到胶片上有条带出现,即可将胶片取出,自来水冲洗后将放入定影液中,片刻后用水冲洗,晾干。干好的胶片按曝光时标记好的位置放回暗盒。按照 PVDF 膜上预染 marker 的条带位置,用记号笔在胶片上标记好 marker(胶片上的 marker 条带位置严格与 PVDF 膜上的预染 marker 对应)。

⑤将胶片进行扫描或拍照,用凝胶图像处理系统分析目标带的分子量和净光密度值,比如 bio-rad 的 Quantity One。

## 二、结果判读

良好的发光结果可在 X 光片上看到特异、整齐、低背景的黑色条带,见图 7-4。

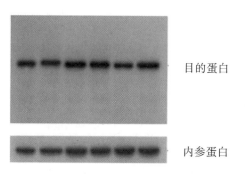

图 7-4 曝光后获得的胶片上的蛋白条带

## 三、注意事项和个人心得

• 一抗是 Western-blot 过程中关键的部分。首先是一抗的质量,要选择适合做本实验的高质量的抗体。其次是一抗的孵育,影响一抗结合抗原的因素比较多,比如封闭剂的种类、孵育的温度和时间、一抗使用浓度。初次实验一抗使用供应商推荐浓度,4℃过夜孵育。杂交效果不理想时根据情况进行优化调整。

• 相比一抗,二抗作用的影响因素主要和孵育时间有关,二抗孵育时间若过长或过短都将直接影响结果。二抗孵育之后还应彻底洗涤,否则显影时可能导致背景脏。

• 膜上要做好标记,分清楚正反面和上下,剪一个小角最方便。

- 在孵育抗体时应使膜保持平整,抗体的量足够均匀的盖过整张膜,避免造成抗体结合不均匀。
- 理论上抗体可以回收使用,但在实际操作中要综合各方面因素考虑。例如有人曾经把 Santa 的原装抗体和分装抗体做过比对(抗体品种、货号等完全一致),在都能做出来的前提下,原装抗体能重复使用的次数要多出许多。
- 显影液和定影液最好用新鲜配制的,且均有毒性,在棕色瓶内避光低温保存。
- 未使用的 X 线片不能暴露于日光灯下。
- X 线片放置到膜上以后避免移动位置,否则会出现条带重影。
- 曝光夹里面的透明塑料膜要擦干净,防止 ECL 猝灭。
- 胶片的压取时间要根据目的条带来判断。如在压片前肉眼能看到绿色的目的条带,压片几秒就够了。如肉眼看不到,第一张可压片 1min,第二张 5min,依次延长压片时间。
- 定完影的 X 线片要流水冲洗干净,否则会留下白色的印记,影响后续分析。
- 除了化学发光显色,还可以利用荧光二抗显色,X 光片的使用逐渐被直接的膜曝光成像系统代替。

(刘 燕,青海大学,e-mail543394169@qq.com)

# 第八章 蛋白相互作用筛选及验证

## 第一节 酵母双杂交系统筛选

### 一、基本原理和实验目的

酵母双杂交系统是将待研究的两种蛋白质的基因分别克隆到酵母表达质粒的转录激活因子的 DNA 结合结构域基因和转录激活因子激活结构域基因,构建成融合表达载体,从表达产物分析两种蛋白质相互作用的系统。

酵母双杂交技术的发展基于研究者对酵母转录因子结构的认识。一个完整的酵母转录因子包括 DNA 结合结构域(DNA binding domain,DNA-BD)和转录激活结构域(activation domain,AD)两个部分,如果把这两个结构域强制分开,则任何一部分都不具有一个完整转录因子的功能,不能启动下游靶基因的转录。酵母转录因子 GAL4 包含 881 个氨基酸,其中位于 N′端 1~174 位氨基酸构成转录因子的 DNA(BD)结合结构域,而位于 C′端 768~881 位的氨基酸构成 DNA(AD)激活结构域。Clontech 公司 MatchmakerTMGAL4 Two-Hybrid System 3 的研发者利用 GAL4 转录因子的这一结构特点,分别将 BD 结构域与蛋白质 X 融合,构建出 BD-X 质粒载体;AD 结构域与 cDNA 文库、基因片段或基因突变体(以 Y 表示)融合,构建出 AD-Y 质粒载体;两个穿梭质粒载体共转化至酵母体内表达。酵母菌本身无报告基因的转录活性,如果蛋白质 X 和 Y 可以发生相互作用就会导致了 BD-X 与 AD-Y 在空间上的接近,从而激活下游报告基因(主要包括 HIS3、ADE2、LacZ、MEL1 四个报告基因)的表达,而表达了相应报告基因(HIS3 或 ADE2)的酵母菌能够在特定营养缺陷的培养基上生长,并在 X-gal 存在下呈蓝色克隆(表达了 LacZ)。研究者通过观察报告基因的转录情况就可以确定 X 蛋白和 Y 蛋白是否发生了相互作用。

### 二、主要仪器和试剂

(1)YPD 酵母培养基制备(1L)

20g/L 胰蛋白胨、10g/L 酵母提取物、20g/L 琼脂,加水至 950ml,调 pH 到 6.5,121℃灭菌 20min,待培养基的温度降至 55℃时加入 D-葡萄糖至 2% 终浓度(40ml 无菌的 50% 储存液),如有必要调节终体积至 1L。如要在高压消毒前加入 D-葡萄糖粉,消毒条件应为121℃灭菌15min。否则葡萄糖将碳化而使培养液颜色变黑,甚至会降低培养基的营养丰度。Clontech公司出售的YPD培养基中已加入D-葡萄糖,故消毒时间不要超过15min。

(2) YPDA酵母培养基制备(1L)

YPD培养基中加入15ml 0.2%硫酸腺嘌呤(adenine hemisulfate),硫酸腺嘌呤可耐受高温消毒。

(3) SD培养基制备(1L)

6.7g无氨基酸的酵母氮源(Yeast nitrogen base without amino acids)、20g琼脂(固体培养基用)、950ml水,调节pH值至5.8后高压消毒,待培养基的温度降至55℃时加入D-葡萄糖至2%(40ml无菌的50%储存液),如有必要调节终体积至1L。

(4) SD缺陷培养基制备(1L)

研究者可以购买Clontech公司的Minimal SD Base,按照公司的说明配制培养基。例如要准备SD/-Leu/-Trp琼脂培养基,可以将SD基础培养琼脂粉(SDminimal agar base)和Leu/-Trp DO Supplement依据公司说明按比例混合。如果自己购买成分配制,可按照以下配方准备SD培养基:6.7g无氨基酸的酵母氮源(Yeast nitrogen base without amino acids)、20g/L葡萄糖、20g琼脂(固体培养基用)、850ml水,100ml筛选所需的10×筛选(Dropout, DO)储存液,调节pH值至5.8,然后121℃灭菌15min,如有必要调节终体积至1L。

(5) 10×DO溶液制备

10×DO溶液包括以下成分中除一种或多种成分以外的所有营养成分(表8-1)。

表8-1 10×DO溶液配方

| 营养成分 | 10×浓度(mg/L) | 货号(Sigma公司) |
| --- | --- | --- |
| L-Adeninehemisulfate salt | 200 | A-9126 |
| L-Arginine HCl | 200 | A-5131 |
| L-Histidine HCl monohydrate | 200 | H-8125 |
| L-Isoleucine | 300 | I-2752 |
| L-Leucine | 1000 | L-8000 |
| L-Lysine HCl | 300 | L-5626 |
| L-Methionine | 200 | M-9625 |
| L-Phenylalanine | 500 | P-2126 |
| L-Threonine | 2000 | T-8625 |
| L-Tryptophan | 200 | T-0254 |

续表

| 营养成分 | 10×浓度(mg/L) | 货号(Sigma 公司) |
| --- | --- | --- |
| L-Tyrosine | 300 | T-3754 |
| L-Uracil | 200 | U-0750 |
| L-Valine | 1500 | V-0500 |

(6) Leu/-Trp 筛选溶液制备(1L)

200mg 腺嘌呤半硫酸盐、200mg 盐酸精氨酸、200mg 盐酸-水化合物组氨酸、300mg 异亮氨酸、300mg 盐酸赖氨酸、200mg 蛋氨酸、500mg 苯丙氨酸、2000mg 苏氨酸、300mg 酪氨酸、200mg 尿嘧啶、1500mg 缬氨酸,将以上成分溶解于 1L 去离子水中,高压灭菌。10×筛选液体灭菌后可在 4℃存放 1 年。如要在高压消毒前加入 D-葡萄糖粉,消毒条件应为 121℃灭菌 15min,否则葡萄糖将碳化而使培养液颜色变黑,甚至会降低培养基的营养丰度。Clontech 公司出售的 YPD 培养基中已加入 D-葡萄糖,故消毒时间不要超过 15min。

(7) 鲑鱼精 carrier DNA(10g/L)制备

超声裂解的鲑鱼精 carrier DNA 溶液可单独购买,或根据标准方法自己准备(Sambrook,et al 1989),在开始实验之前,将 carrier DNA 在水中加热 20min 变性后立即在冰上冷却,要应用高质量的 carrier DNA,不推荐使用小牛胸腺 DNA。

(8) PEG/LiAc solution(polyethylene glycol/lithium acetate,聚乙二醇/醋酸锂)制备(表 8-2)

表 8-2 聚乙二醇/醋酸锂(PEG/LiAc 溶液)配方

| 终浓度 | 准备 10ml 溶液 |
| --- | --- |
| PEG-4000 | 8ml 50% PEG |
| TE-缓冲液 | 1ml 10×TE |
| 醋酸锂 | 1ml 10×LiAc |

(9) β-半乳糖苷酶筛选试剂制备

Z 缓冲液,调节 pH 至 7.0 并高压灭菌,液体可在室温下保存 1 年。X-gal 储存液,将 5-溴-4-氯-3-吲哚-β-D-半乳糖苷(X-gal)溶解在 N,N dimethylformamide(DMF,二甲基甲酰胺)至 20g/L 终浓度,-20℃避光保存。Z 缓冲液/X-gal 溶液,100ml Z 缓冲液、0.27ml β-mercaptoethanol(β-ME,β-巯基乙醇)、1.67ml X-gal 储存液。

(10) MEL1 报告基因激活检测试剂制备

X-α-gal 配制,将 X-α-gal 以 20g/L 浓度溶解在 DMF 中,溶液可储存在玻璃或塑料瓶中-20℃避光保存。

(11)配制SD/X-gal指示平皿

如上所述准备92ml SD固体培养基,不用调节pH值,高压消毒。待培养基的温度降至55℃时加入4ml 50% D-葡萄糖储存液和0.1ml浓度为20g/L的X-gal。将准备好的固体培养基倒入平皿(100ml的SD固体培养基一般可准备4块直径为100mm的平皿)在室温下凝固。将平板倒置放入塑料袋中,避光4℃可储存2个月以上。将X-α-gal涂在预制的平皿上。如上所述配制SD固体培养基倒入平皿中。每块直径100mm的平皿涂40μl的X-α-gal(4g/L),室温晾干备用。如果加入X-gal时培养液过热(>55℃),X-gal将被分解破坏,温度低时培养基又很容易凝固,故可适当降低培养基中琼脂粉的浓度至1.2%~1.5%。

(12)其 他

50% PEG3350(平均摩尔质量为3350,用去离子水配制,必要时加热至50℃有助于PEG溶解)、100% DMSO(Dimethyl sulfoxide,二甲基亚砜)、10×TE缓冲液(0.1mol/L Tris HCl、10mmol/L EDTA,pH 7.5,高压灭菌)、10×LiAc(1mol/L醋酸锂用醋酸调节至pH 7.5并高压灭菌)。

## 三、操作步骤

### 1. 基本流程

①构建诱饵载体,并将载体转化酵母AH109菌株,用培养基SD/-Ura筛选,检测诱饵质粒对酵母的毒性作用。

②检测诱饵质粒是否具有直接激活报告基因的活性。

③同时构建或购买cDNA文库,检测文库滴度及扩增文库。

④纯化足够的质粒以转化含有诱饵质粒的酵母细胞,并检测质粒的转化效率。

⑤用低严谨度及高严谨度的培养基筛选共转化子。

⑥将蓝色的阳性克隆进行1次以上的划种,尽可能分离克隆中的多种文库质粒。

⑦提取阳性克隆中的酵母质粒,电转化DH5a宿主菌,提取大肠杆菌中的质粒,酶切鉴定文库质粒中是否具有插入片段并进一步通过测序排除相同的文库质粒。

⑧将获得的阳性质粒与诱饵质粒共转酵母,检测是否仍为阳性克隆。

⑨用体外结合及免疫共沉淀实验在体内体外验证相互作用。

⑩用BLAST分析阳性克隆,查阅阳性克隆相关文献,为下一步的工作做出提示。

### 2. 准备工作

(1)构建融合表达质粒

①用PCR或酶切法获得目的基因片段;②用适当的核酸内切酶消化DNA-BD

## 第八章 蛋白相互作用筛选及验证

和 AD 载体并纯化;③连接载体和片段,并将连接产物转化 E. coli;④用酶切法或用文库质粒的插入片段扩增引物进行 PCR 鉴定包含插入片段的质粒;⑤根据测序结果分析载体中的片段读框是否正确。

如果要利用酵母双杂交筛选与未知功能蛋白相互作用的分子,则可将未知功能蛋白的编码基因克隆入系统的诱饵载体中。基因的片段可通过 PCR 和酶切的方法获得,按照普通的分子克隆方法将其克隆入诱饵载体。需要注意的是,将基因克隆入诱饵载体 pGBKT7 时读框要与载体上的 BD 结构域的读框相一致,这样才能编码出正确的融合蛋白。如果只是验证两个已知基因序列的蛋白之间的相互作用,则可以将两个分子任意克隆入双杂交系统中的 pGBKT7 或者 pGADT7 载体中。分子中具有 DNA 结合结构域的分子不能克隆入 pGADT7 载体中,具有激活结构域的分子不能克隆入 pGBKT7 载体中。

(2)制备酵母感受态细胞(小规模)

①挑取酵母菌 AH109 3~4 克隆,接种于 SD-Ura 的液体培养基中,于 30℃以 250r/min 振荡培养 16~18h 至 $OD_{600} \geq 1.5$;②将上述新鲜培养液接种于 300ml YPDA 培养基中,培养至 $OD_{600} \approx 0.2~0.3$,再于 30℃以 250r/min 振荡培养至 $OD_{600} \approx 0.4~0.5$(约 3h);③在室温下 5000r/min 离心 5min,弃上清液,加 15~25ml 去离子水重悬沉淀,洗涤酵母细胞,再离心、取沉淀,用 1×TE/LiAc 重悬,即为酵母感受态细胞。

(3)酵母感受态细胞转化检测诱饵质粒的毒性作用

①准备 PEG/LiAc 溶液,在每个 1.5ml 微量离心管中,加入已构建好的诱饵载体 0.1μg,同时另取两管分别加入阳性、阴性对照质粒;②每管加入鲑鱼精 carrier DNA 0.1mg 及 100μl 上述制备的酵母感受态细胞,最后加入 0.6ml PEG/LiAc 溶液,振荡混匀;③30℃,200r/min 振荡培养 30r/min,每管加入 70μl DMSO,轻轻混匀;④42℃热休克 15min,冰浴 1~2min;⑤室温以 14 000r/min 离心 5s,去上清液,用 100μl 1×TE/LiAc 重悬上述细胞,铺于相应的营养缺陷培养基上,将诱饵载体转化的酵母感受态细胞铺于 SD-Ura 培养基上,30℃倒置培养 3d,若有菌落生长,则诱饵质粒对酵母宿主菌无毒性作用。

(4)融合表达载体的自激活检测

①用牙签挑取含有 DNA-BD 融合载体的酵母菌 AH109 克隆,依次在 SD/-his、SD/-Trp/X-α-gal 营养缺陷平板上划线,同时设置阳性和阴性对照,30℃倒置培养 3d,检测 HIS3 和 MEL1 报告基因的激活(如果检测 AD 融合载体转化的酵母菌 AH109,则用 SD/-Leu/X-α-gal 平板来检测);②挑取含有阳性对照质粒、阴性对照质粒和诱饵质粒的 AH109 酵母菌落,涂在滤纸上,将滤纸放入平皿中,取液氮少许加入平皿中裂解酵母,将滤纸放入另一平皿,加入 Z 缓冲液 2ml,置于 30℃,4h 内观察

菌落颜色,检测 β-半乳糖酶活性;③如果 SD/-his 营养缺陷平板上无酵母克隆生长或 SD/-Trp/X-α-gal 营养缺陷平板上及滤纸上的克隆为白色,表示报告基因没有被激活,如果克隆为蓝色则表明酵母中的质粒有自激活作用。

(5)TCA 法准备酵母蛋白并验证诱饵蛋白的表达

将诱饵蛋白转化酵母后,在筛选文库之前要验证诱饵蛋白在酵母中的表达。常用的方法为 TCA 法提取蛋白(蛋白表达的验证参见第七章"Western-blot 技术")。酵母细胞壁是非常坚硬的,必须用物理和化学方法联合使用才可使其裂解。内源性的激酶必须用强烈的蛋白激酶抑制剂混合物来抑制。影响酵母蛋白提取的瓶颈不包括细胞壁的破解、抑制许多内源性的酵母蛋白激酶。

酵母菌培养操作步骤:①挑取酵母菌单克隆至 5ml 与菌种所含质粒相应的 SD 筛选培养基中过夜,另准备 10ml 未转化酵母菌 YPD 培养基或者适合的 SD 培养基作为阴性对照;②涡旋振荡过夜培养菌 0.5~1min 使细胞团块分散,将待检测的每一个克隆接种于 50ml YPD 培养基中;③30℃,220~250r/min,培养直到 $OD_{600}$ 达到 0.4~0.6(这个过程一般需要 4~8h),用培养液体积乘以 $OD_{600}$ 值获得 $OD_{600}$ 单位的总值(比如 0.6×55ml=33 $OD_{600}$ 单位);④将培养液倒入预冷的 100ml 离心管中;⑤立即将离心管放入钻头已经预冷的离心机中,4℃,1000g 离心 5min;⑥去上清液,将细胞团块用 50ml 冰冷的水重悬;⑦4℃,1000g 离心 5min,重新收集细胞团块;⑧立即将装有细胞团块的试管置于干冰上或液氮中,也可将细胞储存于-70℃直到准备好下一步的实验。

酵母菌培养所需的材料和试剂包括 YPD 和所需的 SD 液体培养基、20ml 和 50ml 离心管、预冷的水、干冰或液氮。

TCA 法准备蛋白提取物操作步骤:①将细胞团块在冰上溶解(10~20min);②每 7.5 $OD_{600}$ 单位的细胞用 100μl 冰冷的 TCA buffer 重悬细胞团块(比如 33 个 $OD_{600}$ 单位的细胞,用 0.44ml 的 TCA buffer),把试管置于冰上;③将细胞转移至 1.5ml 离心管中,管中预先加入玻璃珠和冰冷的 20% TCA,每 7.5 $OD_{600}$ 单位的细胞用 100μl 的玻璃珠和 100μl 冰冷的 20% TCA;④为了破解细胞,将试管置于高速珠磨式组织研磨器研磨 2 次,每次 30s,在两次间隔中,将试管置于冰上 30s(著者按:如果没有珠磨式组织研磨器,也可用高速的涡旋器 4℃工作 10min,或者用涡旋器工作,每次 1min,最少 4 次,每次涡旋之间将试管置于冰上 30s);⑤将玻璃珠沉淀的上清液转移至新鲜的 1.5ml 离心管中并置于冰上,此即一号细胞提取物(著者按:玻璃珠沉淀很快,所以这一步不用离心);⑥清洗玻璃珠程序,加入 500μl 冰冷的按 1:1 混合的 20% TCA 和 TCA 缓冲液,将试管置于高速珠磨式组织研磨器再次作用 30s(或用涡旋器 4℃作用 5min,或者在室温涡旋 2 次,每次 1min,两次涡旋之间将细胞置于冰上 30s),再次将玻璃珠沉淀上面的上清液转移至一号细胞提取物的 1.5ml 离心管中

(步骤⑤的试管);⑦让混合细胞提取物中的玻璃珠沉淀1min,然后将玻璃珠沉淀的上清液转移至新鲜的1.5ml离心管中;⑧4℃,14000r/min,10min离心收集蛋白团块;⑨仔细弃上清液;⑩快速离心使残留的液体沉淀,用枪头去除多余的液体,用TCA-Laemmli上样缓冲液重悬团块,每个$OD_{600}$单位的细胞用10μl上样缓冲液(著者按:如果样品中残留的酸太多,buffer中的溴酚蓝通常会变成黄色,这将会影响电泳的结果);⑪将试管至于100℃沸水中煮10min;⑫室温(20℃~22℃),14 000r/min离心样品10min;⑬将上清液转移至1.5ml离心管中;⑭将准备好的样品上样,或者将样品置于干冰上或者冻在-70℃直至准备好电泳;⑮用转化子准备Western-blot样品。一抗可选用c-myc和HA表位标签或GAL4 DNA-BD和AD单克隆抗体,以未转化的酵母作为对照(编者按:用多克隆抗体可能会导致多个条带的交叉反应)。

TCA法准备蛋白提取物所需的材料和试剂包括1.5ml离心管、玻璃珠(φ=425~600μm)、蛋白酶抑制剂溶液、PMSF储存液、珠磨式组织研磨器(bead beater)、TCA缓冲液、冰冷的TCA水溶液($\rho TCA=0.2$)、TCA-Laemmli上样缓冲液。除非额外声明,将蛋白样品置于冰上。如果没有珠磨式组织研磨器,也可用高速涡旋器来代替,但是后一种方法的效率要低一些。

TCA法准备酵母蛋白试剂制备步骤为:①浓缩蛋白酶抑制剂溶液,工作液要新鲜配制,用之前在冰上预冷;②PMSF(pHenylmethyl-sulfonyl fluoride)储存液(100×),将0.1742g PMSF溶入10ml异丙醇(isopropanol),密封室温保存PMSF,主要抑制丝氨酸蛋白酶,在具体应用时PMSF浓度往往大于1×,故需要过量应用(著者按:PMSF有毒,应用时要仔细阅读说明,玻璃珠(粒径=425~600μm);③细胞破解缓冲液(Cracking buffer),准备1.13ml细胞破解缓冲液,细胞破解缓冲液储存液1ml(如上)、β-巯基乙醇10μl、蛋白酶抑制剂70μl,预冷(如上),PMSF 100×储存液50μl(编者按:配方为一次提取蛋白所需,在用之前新鲜配制。PMSF在水溶液中半衰期很短,为7min,最初加入的过量PMSF很快就会被降解,因此实验时需定时重新补充PMSF);④20% TCA水溶液,置于4℃(Sambrook, et al.1989);⑤TCA缓冲液(10ml)(用之前将TCA缓冲液置于冰上预冷,在用之前加入蛋白酶抑制剂和PMSF);⑥SDS/甘油储存液(12ml);⑦Tris/EDTA溶液(10ml);⑧TCA-Laemmli上样缓冲液(1ml)。

(6)获得或构建AD融合的文库

研究者可以从Clontech购买商业化的各种组织和种属来源的cDNA文库。双杂交的文库通常被构建在AD而不是DNA-BD中。与DNA-BD随机融合的蛋白将产生更多比例具有自激活功能的转录因子(Ma & Ptashne,1987)。购买的文库通常是E coli转化子而不是纯化的DNA,扩增文库以获得足够的酵母双杂交筛选文库所需的质粒DNA。如果购买了Clontech公司的Matchmaker cDNA Library,根据公司提供的操作手册进行扩增。如果文库购买自其他公司则根据公司的用户说明进行扩增。用标准的方法生产 cDNA(Sambrook, et al. 1989; Ausubel, et al. 1995)。关于文库构建的详细信息可参考文献(Vojtek, et al. 1993; Durfee, et al. 1993; Dalton, Triesman. 1992; Luban, et al. 1992)。扩库之前务必留出 1.0ml 的文库,用 25% 甘油冻存,以保证日后的扩增。

(7) 文库的滴度检测

步骤:①准备所需的 LB 培养液及几块 LB/amp(氨苄西林)培养板(100mm 平板);②将所需的文库放在冰上;③将文库轻柔的混合均匀,取 1μl 文库加入盛有 1ml LB 培养液的 1.5ml 离心管中,轻柔混匀,这一稀释梯度为 A($1:1\times10^3$);④取 1μl 的稀释液 A,在一个 1.5ml 离心管中用 1ml 的 LB 培养基将其稀释并轻柔混匀,这一稀释梯度为稀释液 B($1:1\times10^6$);⑤在一个 1.5ml 离心管中将 1μl 的稀释液 A 用 50μl 的 LB 培养基稀释、轻柔混匀,将混合液全部铺在一块预热的 LB/amp(氨苄西林)平板上;⑥取 50μl 和 100μl 稀释液 B 铺在 LB/amp(氨苄西林)平板上;⑦平板在室温下放置 15~20min 使接种液完全渗入培养基中;⑧将平板倒置于 37℃ 孵育 18~20h,或者 30℃~31℃ 孵育 24~36h(编者按:如果使用 pACT 和 pACT2 文库,可将平板置于 30℃~31℃ 孵育 36~48h);⑨计算克隆数以决定滴度(编者按:单位用 CFU/ml,CFU 即克隆形成单位,colony forming unit),稀释液 A 以克隆数 $\times 10^3 \times 10^3$ = 滴度(CFU/ml)计算,稀释液 B 以(克隆数/所铺液体体积)$\times 10^3 \times 10^3 \times 10^3$ = 滴度(CFU/ml)计算。

文库稀释后稳定性会大大降低,因此,一旦文库被稀释,务必在几个小时内应用,否则文库滴度会急剧下降。在分装和处理文库时一定要注意无菌操作,设置对照检测交叉污染。应用所推荐的抗生素浓度来控制质粒的稳定性。pACT 和 pACT2 文库分别来自噬菌体 λACT 和 λACT2 文库,由于文库中少量残留噬菌体的存在,在 37℃ 孵育 pACT 和 pACT2 文库可能会出现噬菌斑,这些噬菌斑不会影响文库滴度。如果太多则需在 30℃~31℃ 孵育 36~48h。在涂细菌扩库前要将 LB 平板在 30℃ 预热 3h。如果平板上有液滴会导致细菌不能很均匀地涂抹在琼脂板上。pACT 和 pACT2 文库非常黏稠,反复冻融会增加黏稠度。为了精确吸取所需的文库,可用 10μl 的 LB 培养基稀释 10μl 文库然后再进一步稀释,计算滴度时不要忘记预先的稀释倍数。用三角玻棒持续涂抹直至看到琼脂培养基上的液体全部吸收为止,这个操作对克隆在平板上的均匀生长非常重要。滴度数值在 2~5 倍范围内的波动属于正常,特别是不同的人在检测滴度时。

(8) 文库的扩增

步骤:①计算需要的原始文库体积,按照文库独立克隆数的 3 倍,作为筛选的总克隆数。总克隆数除以文库的滴度也就是需要的原始文库的体积;②按照每块平板

(φ150mm)可以长出2000~10000个独立克隆,用总克隆数除以这个数字,就得到了所需的含氨苄西林(ampicillin,amp)的LB培养平板数;③取相应体积的原始文库,混匀在一定体积的LB培养液(按照每块平板需要300μl LB培养液计算),然后将此稀释液均匀涂布于所有的含氨苄西林的LB培养平板上,37℃倒置培养18~20h,可以见到密布而又彼此独立的细小克隆;④在每一块平板上加入5ml含25%甘油($\omega_{甘油}$=0.25)的LB培养液,用涂布棒刮下所有的克隆菌体,移入到一容器内;⑤所有菌体(包含质粒)即为扩增后的成人脑cDNA文库,取其中的50ml作为大提库质粒用,然后取5管(每管1ml)保存于-70℃以备文库的再次扩增用,另每管50ml保存于-70℃以备再次提取文库的质粒用(编者按:根据经验一般扩库将文库的稀释液铺在50~100块直径为150mm的平板上即可,在铺板前LB培养平板一定要37℃预热干燥,否则铺上去的液体很久不能吸收,最好将收回的菌体一次将质粒提取,菌体反复冻融后所提质粒会混有基因组DNA)。

文库滴度检测及文库质粒扩增所需试剂制备:①LB培养基,细菌用胰蛋白胨(Bacto-tryptone)10g/L、细菌用酵母提取物(Bacto-yeast extract)5g/L、NaCl 5g/L,用5mol/L NaOH调节pH至7.0,高压灭菌并于室温保存;②LB/amp培养基,准备LB培养基,然后高压灭菌并冷却至50℃,加氨苄西林至终浓度100μg/ml,4℃保存;③LB/amp平板,准备LB培养基,加入琼脂粉(18g/L),高压灭菌,冷却至50℃,加入氨苄西林至100μg/ml,储存于4℃。

(9)cDNA文库质粒的大量制备及质量验证(按QIAGEN公司质粒纯化手册步骤进行)

步骤:①称取1.5g文库菌体,加入50ml的P1液体重悬细胞,充分混匀;②加入P2液体50ml,轻柔颠倒混匀4~6次,室温下孵育5min;③加入50ml预冷的P3液体,轻柔颠倒混匀4~6次,冰上孵育30min;④4℃,20 000g,离心30min,将含有文库质粒的上清液迅速转入另一容器中;⑤4℃,20 000g,再次离心15min,将含有文库质粒的上清液迅速转入另一容器中;⑥取35ml的QBT缓冲液加入QIAGEN-tip 2500柱子中,让液体依靠重力作用流下,以平衡柱子;⑦将第5步离心所得的上清液液加入平衡过的QIAGEN-tip 2500柱子中,让液体依靠重力作用流下;⑧用200ml QC缓冲液冲洗柱子;⑨用35ml QF缓冲液将质粒DNA洗脱;⑩于室温向洗脱液中加入0.7倍体积异丙醇,充分混匀,4℃,15000g,离心30min,小心去除上清液;于室温用7ml的70%乙醇清洗核酸沉淀,4℃,15000g,离心15min,小心去除上清液;将沉淀风干15min,用适当体积的缓冲液融解沉淀(TE缓冲液,pH 8.0,或者10mmol/L Tris HCl,pH 8.5)。

### 3. 酵母的文库转化及筛选阳性克隆

(1)含有诱饵质粒的酵母感受态的制备

①挑取数个转有诱饵质粒的AH109酵母菌克隆,接种于SD/-Trp液体培养基

中,于 30℃ 以 250r/min 振荡培养 16~18h,至 $OD_{600}$ >1.5;②将上述新鲜培养液转接于 1L SD/-Trp 液体培养基中,使 $OD_{600}$ ≈0.2~0.3,再于 30℃ 以 250r/min 振荡培养至 $OD_{600}$ ≈0.4~0.5(约 3h);③在室温下将培养液以 1000r/min 离心 5min,弃上清液;④加 500ml TE 液(pH 7.5)重悬沉淀,洗涤酵母细胞,再以 1000r/min 离心 5min,弃上清液;⑤用 8ml 1×TE/LiAc 溶液重悬,即为酵母感受态细胞。

(2)将 cDNA 文库转化于含有诱饵质粒的 AH109 酵母感受态细胞

①在 500ml 离心管内,加入 0.1~0.5mg 文库质粒和 20mg 鲱鱼精 DNA,混匀后再加入 8ml 新鲜制备的酵母感受态细胞,振荡混匀;②加入 60ml 消毒好的 PEG/LiAc 溶液,振荡混匀,以 200r/min 速度于 30℃ 振摇 30min;③加入 7ml DMSO,轻轻颠倒混匀,置于 42℃ 热休克 15min,然后立即放置在冰水浴中 1~2min,1000r/min 室温离心 5min,弃上清液;④沉淀悬于 15ml 1×TE 溶液;⑤将转化有 cDNA 文库和诱饵质粒的酵母菌(15ml)按每板 300μl 均匀涂布于 50 块 SD/-Leu-Trp 双缺平板上( $\phi$ = 150mm),放置于 30℃ 孵箱倒置培养 3~5d。

(3)测定共转化效率

转化效率是指每微克 DNA 转化到酵母菌内在相应的筛选平板上所形成的克隆数。如果两种或两种以上 DNA 转化到同一种酵母菌内时,每微克 DNA 转化到酵母菌内所形成的克隆数则是那一种 DNA 的共转化效率(单位 CFU/μg)。计算的公式为:

$$共转化率 = \frac{克隆形成单位(CFU) \times 悬液总体积(\mu l)}{铺板体积(\mu l) \times 稀释倍数 \times 所用 DNA 量(\mu g)}$$

共转化效率(CFU/μg)乘以转化的相应 DNA 量(μg),就是筛选的克隆数。如果筛选的克隆数 $<1\times10^6$,我们就需要转化更多量的 DNA,具体量可以由下面公式计算:

$$DNA 需要量 = 克隆数 \times 1\times10^6 / 共转化效率$$

(4)转化子文库滴度测定

①收集转化子文库,将铺有共转化子的 SD/-Leu/Trp 双缺平板在 4℃ 放置 3~4h,加 5ml TE(pH 7.0)到每块平板上,刮板并收集菌液后加入等体积的 65% 甘油/$MgSO_4$,分装并于 -70℃ 保存;②将含有转化子文库的甘油菌用 TE 液(pH 7.0)按 $1:1\times10^3$、$1:1\times10^6$、$1:1\times10^9$ 逐梯度稀释,各取以上稀释菌液 1μl,混匀于 100μl TE 液(pH7.0),然后铺于预热的 SD/-Trp/-Leu 两缺平板上,置于 30℃ 孵箱中培养 3~5d,计算 SD/-Trp/-Leu 平板上的克隆数,乘以稀释倍数,亦即文库的滴度(单位 CFU/μl,可以再换算成 CFU/ml)。

(5)共转化子的高严谨性筛选

①取 3~5 倍的筛选克隆数作为高严谨性筛选的总克隆数,它与转化子文库滴度的比值就是我们要吸取转化子文库的酵母菌体积;②从转化子文库吸取相应体积的酵母菌,用 TE 液(pH 7.0)稀释成终体积为 80μl,铺于 5~10 块 SD/-Ade/-His/

-Leu/-Trp/X-α-gal 平板上,置于 30℃ 孵箱中培养 3～5d 至菌落生成;③挑取 SD/-Ade/-His/-Leu/-Trp/X-α-gal 平板上直径≥2mm 呈蓝色的菌落,在 SD/-Leu/-Trp/X-α-gal 平板上画线 3 次,让含有多个文库质粒的共转化子随着分裂分布到不同的酵母菌中去,同时保持诱饵质粒及文库质粒的筛选压力,待 SD/-Leu/-Trp/X-α-gal 平板上的克隆呈现蓝白相间,表示文库质粒分离成功;④最后挑取蓝色克隆在 SD/-Ade/-His/-Leu/-Trp/X-α-gal 平板上划线,依然呈现蓝色的阳性克隆。

(6)酵母质粒的提取

①用牙签挑取阳性克隆,蘸于 1ml SD/-Leu 培养液中,振荡混匀,然后转接于 10ml SD/-Leu 培养液中,30℃,250r/min 振荡培养 36h;②用 1.5ml Eppendorf 管,5000r/min,离心 1min,收隔夜培养的菌液两次;③加入 200μl 酵母裂解液,振荡,然后加入经酸处理的玻璃珠 0.2g 以及酚/氯仿抽提液 0.2ml,振荡,5min;④液氮冷冻 10min,室温复融,振荡,5min,2000r/min 离心 10min,上清液转移至新的 1.5ml 离心管中;⑤加入 3mol/L NaAc(1/10V)无水乙醇(2.5V)-70℃ 放置 30～60min,12 500r/min,4℃ 离心 10min,弃上清液;⑥1ml 70% 乙醇洗,4℃,12 500r/min 离心 5min,弃上清液,风干约 15～20min,30μl 无菌去离子水溶解,-20℃ 保存。

(7)制备 DH5α 电转化感受态

①DH5α 菌种转接于 5ml LB 培养液中,37℃ 振荡过夜;②2.5ml 转接于 600ml LB 培养液中,30℃ 振摇 3h,测 OD 值;③冰浴 15min,4℃,4200r/min 离心 20min,弃上清液,加 500ml 预冷水重悬,4℃,4200r/min 离心 20min,迅速弃上清液,再加 500ml 预冷水重悬,4℃,4200r/min 离心 20min,弃上清液,加 10% 甘油 600μl 重悬菌体,按每管 80μl 分装于预冷的 1.5ml 离心管中,-70℃ 保存。

(8)酵母质粒 DNA 电转化大肠杆菌

①取酵母质粒 DNA 1μl,加入到预冷的 100μl 电转化感受态内,混匀后加入 0.1cm 的样品电转杯中;②电转化,1.8kV,250μF,200Ω,迅速加入 1ml 新鲜的 SOC 培养液中;③37℃ 恒温,150r/min 振荡 30～60min,铺板于含氨苄西林的 LB 平皿上,37℃ 培养 12～16h,至菌落生成;④每块平板上挑取两个克隆,提取质粒进行酶切鉴定,将插入片段大小相同的质粒归类,减少重复。

## 四、注意事项

- 双杂交系统分析蛋白间的相互作用定位于细胞核内,而许多蛋白间的相互作用依赖于翻译后加工,如糖基化、二硫键形成等,这些反应在核内无法进行。另外有些蛋白的正确折叠和功能有赖于其他非酵母蛋白的辅助,这限制了某些细胞外蛋白和细胞膜受体蛋白等的研究。

- 酵母双杂交系统的一个重要问题是如何排除"假阳性"。由于某些蛋白本身具有激活转录功能或在酵母中表达时发挥转录激活作用,使 DNA 结合结构域杂交蛋白在无特异激活结构域的情况下可激活转录。另外某些蛋白表面含有对多种蛋白质的低亲和力区域,能与其他蛋白形成稳定的复合物,从而引起报告基因的表达,产生"假阳性"结果。Clontech 公司的双杂交系统进行了改进和发展。例如采用假阳性显示分析法和双筛选系统以减少"假阳性"的发生,发展哺乳动物双杂交系统可以更好地研究蛋白间的相互作用。其中双筛选系统用两种不同的报告基因(常用 lacZ 和 HIS3)有以下优势:①用不同的启动子表达位于酵母 2 个染色体上的报告基因,可明显减少假阳性;②通过营养型筛选增强了筛选能力,尤其适用于对较大的库容量而被选蛋白较少情况下的筛选。

- 酵母双杂交系统不适合检测细胞膜表面受体与胞内分子的相互作用。
- 酵母双杂交系统只适合检测两个蛋白之间直接的相互作用而检测不到间接的相互作用。
- 酵母双杂交筛选到相互作用分子只是烦冗程序的第一步。后续工作还要包括对相互作用的体内外验证、相互作用部位的分析和相互作用的生物学意义,最重要的是相互作用的生物学意义。这需要多看文献,根据所筛选到的分子不同,相互作用生物学意义的研究都是不同的。

### 五、个人心得

酵母双杂交技术主要是用于研究蛋白质之间的相互作用,核心关键步骤是酵母的培养,它关系实验能否顺利进行。一定要严格控制酵母的培养时间,使用于实验研究的酵母菌的浓度和生长状态达到最适状态。此外,实验所需试剂及操作步骤较多,建议在开展实验前,能够熟悉每一步的操作流程及注意事项,在正式开展实验前,实验者应熟练掌握分子克隆技术相关的操作技巧及注意事项,避免在实验过程中出现交叉污染及其他意料之外的失误。

## 第二节 免疫共沉淀

### 一、基本原理和实验目的

免疫共沉淀(Co-Immunoprecipitation)是以抗体和抗原之间的专一性作用和金黄色葡萄球菌蛋白 A(SPA)能够特异性地结合到免疫球蛋白的 FC 片段的现象为基础开发出来的用于研究蛋白质相互作用的经典方法。其基本原理是:当细胞在非变性条件下被裂解时,完整细胞内存在的蛋白质 - 蛋白质间的相互作用被保留了下来。首先用预先固化在 Agarose beads 上的精制 SPA 吸附蛋白质 A 的抗体,并免疫沉淀

A 蛋白,那么与 A 蛋白在体内结合的蛋白质 B 也能一起沉淀下来。再通过 Western-blot 对 B 蛋白进行检测,进而证明两者间的相互作用。

## 二、主要仪器及试剂

① PBS：NaCl 20mmol/L, KCl 2.68mmol/L, $Na_2HPO_4$ 10mmol/L, $KH_2PO_4$ 1.76mmol/L(pH 7.4),室温保存。

②10×裂解缓冲液：Tris HCl 20mmol/L(pH7.5),NaCl 150mmol/L,EDTA 1mmol/L,EGTA 1mmol/L,1% Triton X-100,焦磷酸钠 2.5mmol/L,β-甘油磷酸酶 1mmol/L,$NaVO_4$ 1mmol/L,亮肽素 1μg/ml,-20℃保存(稀释成 1×裂解缓冲液后加入 1mmol/L PMSF)。

③2×SDS 上样缓冲液：Tris HCl(pH 6.8)125mmol/L,4% SDS,20% 甘油,DTT 100mmol/L,0.02% 溴酚蓝,室温保存。

④分离胶(下层胶,10% SDS PAGE)15ml。30% 丙烯酰胺 5ml,10×下层胶缓冲液(pH 8.8)1.5ml,$H_2O$ 8.5ml,10% AP 15μl,TEMED 15μl。

⑤10×下层胶缓冲液(pH 8.8)100ml。42.25g Tris base,10ml 10% SDS,室温保存。

⑥压缩胶(上层胶,4% SDS PAGE)5ml。30% 丙烯酰胺 0.65ml,4×上层胶缓冲液(pH 6.8)1.25ml,$H_2O$ 3.05ml,10% AP 5μl,TEMED 5μl。

⑦4×上层胶缓冲液(pH 6.8)100ml。6.06g Tris base,4ml 10% SDS,室温保存。

⑧电泳缓冲液：Tris base 0.125 mol/L,甘氨酸 0.96mmol/L,0.5% SDS,室温保存。

⑨电转缓冲液：Tris base 25mmol/L,甘氨酸 0.2mmol/L,10% 甲醇,室温保存。

⑩10×TBS(pH 7.6)。Tris base 2.42%,8% NaCl,室温保存。

⑪TBST：1×TBS,0.1% 吐温-20(Tween-20),室温保存。

⑫商品化 Protein A/G Agarose beads：CST,Abcam,Santa cruz 及 Life technology 均有销售。

## 三、操作步骤

### 1. 基本流程

①细胞转染及蛋白样品准备。
②Protein A/G Agarose beads 与抗体 A 偶合。
③利用偶合好的抗体-Agarose 复合物从细胞裂解获得的蛋白样品中"钓取"A 的相互作用分子。
④将抗体-Agarose-A 的相互作用分子复合物从固相洗脱下来,Western-blot 检

测复合物中是否含有 A 的相互作用分子 B。

2. 实验步骤

如果免疫共沉淀能够检测到细胞内自然状况下两个蛋白之间的相互作用,则是对双杂交实验最有力的证据。这就首先需要两个相互作用蛋白商品化、可用于免疫共沉淀的抗体,另外还需要两个相互作用蛋白都在细胞中高表达的细胞系。如果缺少针对相互作用蛋白商品化的抗体,也可以将两个相互作用分子插入带有标签的载体中构建重组表达载体。常用的标签载体有 pCMV-Myc、pFlag-CMV 和 pCMV-HA 载体等。将潜在的两个相互作用分子分别克隆至上述载体中,利用 Myc、Flag 或 HA 抗体,就能够很方便地进行 Co-IP。如果只能获得相互作用分子中一个分子的抗体而另一分子没有抗体,可以考虑将其中没有抗体的分子构建带标签的真核表达载体。将该载体转染高表达与其相互用分子的细胞中,再分别用标签抗体和商品化的抗体进行沉淀。

①以 60mm 细胞培养皿为例,细胞转染 24~36h 后,吸净培养液(可用 PBS 小心漂洗 1 次)。

②加入 100μl 预冷的 1×裂解缓冲液(商品化的裂解液最好选择非变性裂解液,以保证自然状态下两个相互作用分子的构象),于 4℃或冰上放置裂解细胞 30min。

③将细胞裂解液转移到 1.5ml 离心管内,于冷冻离心机 4℃,16 000g 离心 10min。

④将离心后的上清液进行 BCA 定量,根据蛋白浓度,将上清平均分成两份。一份加入等体积的 2×SDS 上样缓冲液,混匀后于 100℃煮 10min,作为总细胞裂解液(Total cell lysate,TCL,即 Input 组)于 -20℃保存;另一份用于免疫沉淀,参照所购买的 Protein A/G Agarose beads 的说明书及用于 IP 的蛋白总量,吸取相应体积的 Agarose beads 于 1.5ml 离心管中,并做好标记。将抗体(抗体加入量取决于用于 IP 的蛋白总量及 Agarose beads 结合抗体的能力,计算前因仔细阅读 Agarose beads 的说明书)和琼脂糖珠混合,补充裂解缓冲液(编者按:补充的裂解缓冲液的量能使每管能均匀分配到 50μl 琼脂糖珠及抗体的混合物,将琼脂糖珠及抗体的混合物按每管 50μl 分配到 1.5ml 离心管中,再加入 400μl 1×裂解缓冲液,备用)

⑤将用于免疫沉淀的上清液取出加入至上一步已分好的琼脂糖珠中,使终体积达到 850μl,将管子固定到混匀器上使混匀器匀速旋转(15r/min),免疫沉淀 3h。将免疫沉淀后的溶液于 4℃,3000r/min 离心 3min,去上清液,加入 500μl 1×裂解缓冲液洗涤琼脂糖珠,于冷冻离心机 4℃,3000r/min 离心 3min,弃上清液,共洗涤 3 次。最后一次洗涤完毕,弃上清液,管中只剩琼脂糖珠,加入 35μl 1×裂解缓冲液与等体积 2×SDS 上样缓冲液混合,于 100℃煮沸 10min,稍离心后取 10μl 左右上样到 PAGE 胶,进行电泳,或 -20℃冻存。电泳完毕,取下 PAGE 胶,与 PVDF 膜做成"三

明治"形状,用湿转法进行电转 1h。电转完毕,取下 PVDF 膜,加入 5% 脱脂奶粉,于脱色摇床摇荡(75r/min)封闭 1h 以消除非特异背景。封闭完毕,用 TBST 洗掉牛奶,加入一抗,于脱色摇床摇荡(75r/min)孵育 1h,使一抗与特异蛋白结合。回收一抗,用 TBST 洗 3 次(75r/min),每次 5~10min。然后加入二抗,于脱色摇床孵育 1h,使二抗与一抗结合。继用 TBST 洗 3 次,每次 5~10min。将 ECL A 液和 ECL B 液各 1ml 混匀,放入二抗孵育后的 PVDF 膜 30s,将 PVDF 膜平铺于曝光盒中,进暗室,用医学 X 线胶片曝光。经过显影、定影后的胶片,于室温下自然风干或烘干,描画蛋白 Marker 便于分析。

## 四、结果判读

免疫共沉淀的结果一般分为两大部分,分别是"Input"部分和"IP"部分,根据免疫共沉淀的步骤可知,Input 部分为未经沉淀的总蛋白裂解物,理论上一定能够得到最终的 WB 条带,目的是检验沉淀前样品中是否含有待验证的两个相互作用分子。比如,图 8-1 是利用 Co-IP 验证 DDR2 与 ANXA2 的相互作用,在 Input 部分的结果中,除了 Myc-ANXA2 组外,其余组均可获得 Anti-Flag 的阳性条带。IP 组则为沉淀后洗脱下来的蛋白-Agarose beads 复合物,复合物中一定含有偶合在 Agarose beads 上的抗体对应的抗原,但是否能检测到预期的相互作用分子则需要 WB 结果的支持。比如,图 8-1 中,偶合在 Agarose beads 上的是 Myc 抗体,WB 检测的是 Flag 标签融合表达蛋白的表达水平,Flag-DDR2 和 Myc-ANXA2 共转染组得到了阳性结果,表明 DDR2 与 ANXA2 发生了相互作用。

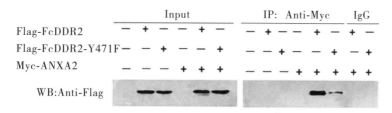

图 8-1 Co-IP 验证 DDR2 与 ANXA2 的相互作用
Arthritis Rheumatol. 2014;66(9):2355-67.

## 五、注意事项

● 细胞裂解液宜选择非变性裂解液,并注意防止裂解过程中蛋白质的降解,尤其是磷酸化蛋白质进行免疫沉淀时。

● Agarose beads 离心过程中转速不宜过高,否则会导致 Agarose beads 爆裂,影响结果。

● Western-blot 的转膜时间及条件应根据最终检测蛋白的分子量进行修改,不能完全照搬上述操作步骤。详细调整策略请参照 Western-blot 实验部分。

### 六、个人心得

●在开展免疫共沉淀验证蛋白质相互作用之前,首先应进行免疫荧光实验,明确待验证蛋白质和靶蛋白质在细胞中的共定位情况,如果两个分子没有共定位基础,那么免疫共沉淀实验也就没有必要进行了。

●市面上销售的商品化 Protein A/G Agarose beads 种类繁多,选择时最好选择本实验室使用过的或者文献中广泛使用的产品,并且在使用前仔细阅读相关说明书中的介绍,上述操作步骤不一定完全匹配不同公司生产的 Protein A/G Agarose beads,所以使用时请参考相关产品说明书。此外,随着技术的改进,一些带磁性并具有超强抗体结合能力的 Protein A/G 磁珠已经上市(Life technology),笔者建议有条件的实验室选择该类产品,较传统 Agarose beads,该类磁珠操作更为简便,抗体结合效率更高。

●熟练的 Western-blot 技术是获得较好免疫沉淀结果的基础,在开展免疫沉淀实验前,应熟练掌握 Western-blot 的各项操作,避免因为 Western-blot 实验的操作失误,掩盖阳性结果及浪费宝贵的免疫沉淀样品。如果遇到 Co-IP 结果背景过高或最终条带不唯一时,应从 Western-blot 过程中寻找问题。

●每次 Co-IP 实验均应该设计足够多的阴性及阳性对照。比如图 8-1 中的 IgG 组即为防止产生假阳性结果而设置的对照。

●笔者更倾向于将细胞裂解上清,即总蛋白样品进行等分处理,用作 Input 及 IP,这样有利于评价 IP 的效率、结果的定量化分析及不同组间的结果对比。当然,进行非等分处理亦可进行蛋白质相互作用的验证。

## 第三节 Pull-down 实验

### 一、基本原理和实验目的

Pull-down 实验是一种体外检测蛋白质之间相互作用的方法。其基本原理是将含有标签的融合蛋白(如 GST、His、生物素等)固化树脂或琼脂糖株上,作为与目的蛋白亲和的支撑物,充当一种"诱饵蛋白"。当目的蛋白溶液通过固相介质时,可利用蛋白质间的相互作用,从总蛋白中"钓取蛋白"与标签蛋白具有相互作用的目的蛋白,经洗脱后通过 SDS-PAGE 或 Western-blot 检测,从而证实两种蛋白间的相互作用或筛选相应的相互作用蛋白。

## 二、主要仪器及试剂(GST pull-down)

①PBS：NaCl 20mmol/L，KCl 2.68mmol/L，$Na_2HPO_4$ 10mmol/L，$KH_2PO_4$ 1.76mmol/L（pH 7.4），室温保存。

②PBS-1% Triton X-100：向99ml PBS中加入1ml Triton X-100混匀，4℃保存。

③PMSF：苯甲基磺酰氟，工作浓度0.1~1mM，这里使用1mM，储存浓度100mM，将0.174g PMSF溶于10ml无水乙醇混匀，-20℃保存。

④IPTG：异丙基硫代半乳糖苷，纯度>99%。

⑤Glutathione Agarose（GST beads）。

## 三、实验步骤

①通过全基因合成或PCR的方法获得蛋白质A的基因全长，并克隆至pGEX-4T-2空载体中。将重组质粒转化DH5α菌。

②挑取重组表达菌株，接种于5ml含氨苄西林的LB培养液，37℃培养过夜。次日按1∶25体积比转接于含氨苄西林的LB培养液，37℃振荡培养3h，再加入IPTG至终浓度0.1mmol/L诱导表达，37℃振荡培养2~5h。取菌体，用SDS-PAGE检测表达情况。

③如能获得可溶性的融合蛋白A，培养50ml诱导表达菌（留样以备进行SDS-PAGE），8000r/min离心5min收菌，用冰预冷的PBS 8ml洗一次，再3~5ml PBS重悬。

④超声破碎后，加入终浓度为1%的TritonX-100（约38μl），冰上放置30min。4℃，10000r/min离心5min，取上清液（留样以备进行SDS-PAGE）。

⑤加入60μl谷胱甘肽琼脂糖珠（Glutathione Agarose）4℃放置1h。6600r/min离心5min，弃上清液。

⑥用150μl K-IPB-GA（KCl 142.5mmol/L，$MgCl_2$ 2.5mmol/L，HEPES 10mmol/L，EDTA 1mmol/L，NP-40 0.2%，GTP 1μmol/L，ATP 5mmol/L）洗2次后，重悬于330μl K-IPB。取出不同量的琼脂糖珠，SDS-PAGE电泳，调整上样量。

⑦将已纯化好的GST融合蛋白与富含有诱饵蛋白的细胞裂解上清液4℃孵育2h。用K-IPB-GA洗4次，去上清液。也可将诱饵蛋白与His(HA、Myc)标签融合表达并纯化。

⑧向Glutathione Agarose珠中加入等体积2×上样缓冲液SDS-PAGE电泳，并做Western-blot检测诱饵蛋白。

## 四、结果判读

与免疫共沉淀的结果类似，pull-down的结果（这里指用于相互作用蛋白的验证时)往往也分为"Input"和"IP"部分,Input为未经沉淀的总蛋白裂解物,理论上一定能够得到最终的 WB 条带,目的是检验沉淀前样品中是否含有待验证的两个相互作用分子。比如,图 8-2 是利用 GST pull-down 验证 APPL1 与 SirT1 的相互作用,在 Input 部分的结果中,4 个实验组均可获得 SirT1 的阳性条带。IP 组则为沉淀后洗脱下来的复合物,复合物中一定含有 GST 标记的抗原,但是否能检测到预期的相互作用分子则需要 WB 结果的支持。比如,图 8-2 中,APPL1 被 GST 标记,WB 检测的是 APPL1 潜在的相互作用分子 SirT1,只有 GST-APPL1 组可以检测到 SirT1,而 GST 组则不能检测到,表明 APPL1 与 SirT1 具有相互作用;同时,ADPN 可增强 APPL1 与 SirT1 的相互作用。

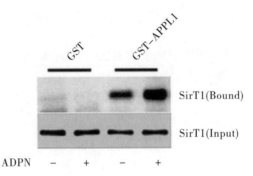

图 8-2　GST pull-down 验证 APPL1 与 SirT1 的相互作用

Mol Cell Endocrinol. 2016;433:12-9.

## 五、注意事项

- 细胞裂解液宜选择非变性裂解液,并注意防止裂解过程中蛋白质的降解。
- GST 融合蛋白的原核诱导表达过程中应注意观察菌液 OD 值的变化,菌的生长状态与融合蛋白表达的丰度直接相关。
- 与免疫沉淀类似 Agarose beads 离心过程中转速不宜过高,否则会导致 Agarose beads 爆裂,影响结果。
- Pull-down 实验与免疫共沉淀实验的最大区别在于 pull-down 实验是在细胞外环境下对蛋白质 A 和 B 的相互作用进行验证的;而免疫共沉淀则是在细胞内进行的相互作用验证,因此,可根据实验需要自行设计实验方案进行蛋白质相互作用的验证,笔者在此列出的步骤也仅仅适用于经典的 GST pull-down 操作。

## 六、个人心得

- 与免疫共沉淀实验类似,在验证蛋白质相互作用之前,或应同时开展免疫荧光实验,明确待验证蛋白质在细胞中的定位情况,如果两个分子没有共定位基础,那么免疫共沉淀实验也就没有必要进行了。

- 通过与双向电泳、SDS-PAGE、多肽质谱技术、RNA-Seq 等技术的联合应用，pull-down 实验还可以对靶蛋白的相互作用分子进行筛选。与酵母双杂交相比，pull-down 筛选操作较为简单、重复性好，同时不仅能够筛选到相互作用的蛋白质，还可筛选得到与靶蛋白相互作用的 RNA。此外，在经典蛋白质 pull-down 的基础上衍生出的 RNA pull-down 技术也被运用于非编码 RNA，尤其是长链非编码 RNA 的调控机制研究中。换句话说，目前对 pull-down 技术在分子生物学、细胞生物学研究中的运用，早已远远超出了经典的蛋白质相互作用验证的范畴。

- 与免疫共沉淀实验类似，理解和掌握 pull-down 实验的原理比掌握操作步骤更为重要，只有操作者明确了每一步实验的目的及原理，才能够在进行实验的过程中不出现误操。

- 熟练的 Western-blot 技术是获得较好免疫沉淀结果的基础，在 pull-down 实验前，应熟练掌握 Western-blot 的各项操作，避免因为 Western-blot 实验的操作失误，掩盖阳性结果及浪费宝贵的样品。

- 在进行 pull-down 实验时，如果发现"拉"到的蛋白或 RNA 等分子过多，或跟对照组没有明显的差异时，可考虑样品与固相柱之间发生了较多的非特异结合。解决方法：在用结合有"诱饵"固相"钓取"靶蛋白或其他分子前，先用不含有"诱饵"的固相与样品进行孵育，以排除固相与样品间的非特异结合，随后再用用结合有"诱饵"固相与样品进行孵育。

- 因为是在细胞外环境下进行的实验，笔者认为样品的使用量应稍多于在细胞内进行的实验，以便于顺利得到阳性结果。

（张　伟、穆　楠，第四军医大学，e-mail：zhangw90@fmmu.edu.cn）

# 第九章 蛋白泛素化检测

泛素化参与的翻译后修饰控制着诸多蛋白的稳定性、活性或者定位。泛素蛋白介导的蛋白质降解广泛存在于生物学过程中,例如,细胞周期进程调控、信号转导调控以及转录调控等。泛素(Ubiquitin,Ub)是由76个氨基酸组成的非常保守的多肽,在真核细胞中广泛存在。在泛素化过程中,泛素连接酶负责募集底物蛋白,并且催化底物蛋白赖氨酸残基与泛素蛋白C端之间异构肽键的形成,以共价键在底物蛋白上加上一个单独的泛素蛋白称为单泛素化(Ubiquitination),结果会改变底物蛋白质的定位或相互作用;而多聚泛素化(poly-Ubiquitination)会使蛋白产生不同的命运。目前研究显示,多泛素蛋白链与被修饰蛋白上的第48位赖氨酸残基相连,会介导靶蛋白进入蛋白酶体而被降解;如果与被修饰蛋白上其他位点,比如第63位赖氨酸残基相连,则靶蛋白可以发挥信号通路功能而不会被降解。

泛素修饰反应过程需要三种酶的连续作用:泛素激活酶E1,负责在ATP的帮助下转移泛素蛋白到泛素结合酶E2,泛素连接酶E3将泛素蛋白通过共价键结合到底物上。E3酶是泛素修饰途径中决定底物特异性的关键酶,人类有600多个泛素连接酶E3,可以分为两类:HECT(homologous to E6AP C-terminus)和RING(really interesting new gene)。HECT家族E3连接酶,可以与连接在E2上的泛素蛋白直接连接;RING家族E3连接酶,通过与其他蛋白形成复合物的方式,使底物与E2酶在空间上相互接近,便于E2将其连接的泛素蛋白转移到底物上。本章主要介绍体内及体外泛素化降解实验的步骤。

## 一、基本原理及实验目的

如果某种蛋白可被泛素化共价修饰,该蛋白的分子质量会在原来的基础上再加上一至多个泛素的分子质量,进行蛋白电泳时表现为出现迁移速度慢的条带或出现一系列高分子质量梯形条带。因此,通过利用抗目的蛋白的特异性抗体进行免疫沉淀,然后利用抗泛素的特异性抗体进行免疫印迹检测,就可以鉴定该蛋白是否在体内发生泛素化。通过在体外构建泛素化体系,在体系中加入泛素化反应所需的E1、E2、E3酶,体外表达纯化的目的蛋白,以及其他一些泛素化反应所需的成分,进行体外的泛素化反应,再利用抗泛素的特异性抗体进行免疫印迹检测,就可以鉴定该蛋白是否在体外发生泛素化。

## 二、主要仪器及试剂

### 1. 材料与设备

恒温培养箱、恒温水浴锅、恒温培养摇床、Bio-Rad 电泳设备、半干转膜仪、紫外分光光度计、微量高速离心机、台式低温冷冻离心机、离心管等。

### 2. 主要试剂

标准胎牛血清、细胞培养液、青链霉素混合液、转染试剂 Lipofectamine 2000、蛋白分子质量标准品、PBS、E1（BIOMOL）、UbcH5c（E2，BIOMOL）、MG-132（BIOMOL）、TNT quick coupled transcription/translation System（Promega）、Nontreated rabbit reticulocyte lysate（Promega）、ATP（Sigma）、sodium deoxycholate（Sigma）、DL-甲硫氨酸（Sigma）、ubiquitin（Enzo Life Sciences）、ubiquitin aldehyde（Enzo Life Sciences）、protease inhibitor cocktail（Roche）。

## 三、操作步骤

### 1. 体内泛素化降解实验

①采用脂质体转染试剂 Lipofectamine2000，将携带多拷贝泛素的真核表达质粒导入表达目的蛋白的细胞中（或者与表达目的蛋白的载体及表达相应 E3 泛素连接酶的载体共转染293T 细胞）。例如使用 10cm 的培养皿培养的293T 细胞，转染时使用 2μg 目的蛋白质粒，2μg 相应 E3 泛素连接酶质粒，以及 3μg 多拷贝泛素的质粒。

②转染后 36~48h，细胞培养液中加入 10~25μM MG-132 继续培养 4h。

③以 PBS 溶液清洗细胞两次。

④加入适当体积的冰预冷的裂解液 1% SDS buffer［50mM Tris-HCl（pH 7.6），150mM NaCl，1% SDS，1% 脱氧胆酸钠，1% NP-40，1× protease inhibitor cocktail］，95℃煮沸，30min。

⑤4℃条件下 13 000g 离心 5min，取上清。

⑥加入 9 倍体积不含 SDS 的裂解液稀释［50mM Tris-HCl（pH 7.6）和150mM NaCl］。留取少量蛋白样品（30μl）作为 Western-blot 检测对照，其余样品用作后续免疫沉淀。

⑦用 30μl protein G Sepharose 珠子（已用⑥中裂解液洗涤）与⑥中蛋白裂解液在 4℃旋转孵育 4h。再加入适量的目的蛋白抗体 4℃旋转孵育过夜。

⑧用 500μl 洗涤缓冲液［50mM Tris-HCl（pH 7.6），150mM NaCl，0.1% SDS，0.1% 脱氧胆酸钠，0.5% NP-40］洗涤珠子 5 次（4℃条件下 1000g，5min），尽量吸干液体。再以 13 000g 离心 30s，小枪头吸干液体。

⑨加入 1 倍体积的 2×SDS PAGE 样品缓冲液（含有 200mM DTT），95℃煮

沸,5min。

⑩13 000g,离心5min,取16μl上清上样,用7.5% SDS PAGE 分离样品,电转移至 PVDF 膜上。

⑪用目的蛋白抗体及泛素蛋白抗体进行 Western-blot 检测。

**2. 体外泛素化降解实验**

(1)利用真核无细胞蛋白表达系统及兔网织红细胞裂解液进行体外泛素化降解实验

①将表达目的蛋白的载体通过 Promega 公司的体外转录及翻译系统合成目的蛋白(TNT quick coupled transcription/translation System;Promega)。例如:将1μg目的蛋白质粒,40μl TNT® Quick Master Mix,1μl 1mM Methionine,以及 Nuclease-Free 的水组成50μl 的反应体系,在30℃孵育60~90min,通过 Western-blot 检测蛋白产物。

②将10μl 生成的产物加入终体积为30μl 的泛素化连接反应体系[50mM Tris-HCl, pH 7.5, 2mM $MgCl_2$, 2mM dithiothreitol, 2mM ATP, 10μg of purified ubiquitin (Sigma), 0.5g of ubiquitin aldehyde (Biomol;Enzo Life Sciences), and 10mM MG132 (Biomol;Enzo Life Sciences)],并加入3μl 未经处理的兔网织红细胞裂解液以提供蛋白酶体机器。在30℃孵育2h。

③在反应体系中加入1倍体积的2×SDS PAGE 样品缓冲液(含有200mM DTT)终止反应,95℃煮沸,5min。

④13 000g,离心5min,取16μl 上清上样,用7.5% SDS PAGE 分离样品,电转移至 PVDF 膜上。

⑤用目的蛋白抗体及泛素蛋白抗体进行 Western-blot 检测。

(2)利用原核或昆虫细胞蛋白表达系统及纯化的 E1、E2、E3 酶进行体外泛素化降解实验

①利用原核或昆虫细胞蛋白表达系统表达目的蛋白及相应的 E3 酶。

②将纯化的目的蛋白及100nM 相应的 E3 酶加入到体外泛素化体系中,该体系包括50mM Tris-HCl, pH 7.5, 1mM $MgCl_2$, 0.5μg/μl ubiquitin, 2μM 泛素醛, 10μM MG132, 1mM ATP, 2mM NaF, 1mM DTT, 7.5mM 磷酸肌酸, 40mU/μl 肌酸磷酸激酶, 2ng/μl 酵母 E1, 20ng/μl E2 (UbcH5a)。30℃,孵育1h。

③在反应体系中加入1倍体积的2×SDS PAGE 样品缓冲液(含有200mM DTT)终止反应,95℃煮沸,5min。

④13 000g,离心5min,取16μl 上清上样,用7.5% SDS PAGE 分离样品,电转移至 PVDF 膜上。

⑤用目的蛋白抗体及泛素蛋白抗体进行 Western-blot 检测。

## 四、结果判读

(1) 本实验拟检测 RhoA 的泛素化是否依赖于 E3 酶 Smurf 1

采用体内泛素化实验体系,在 HEK293T 细胞中转染 HA ubiquitin(HA/Ub),Flag/RhoA,或 Myc Smurf 1 (M/Smurf 1)(WT or CA)的不同组合后,用 20μM LLnL 过夜处理,裂解细胞,用抗 Flag 抗体进行免疫沉淀。用 HA、Flag 及 Myc 标签抗体进行免疫印迹检测。如图 9-1 所示,HA ubiquitin (HA/Ub), Flag/RhoA, Myc Smurf 1 (M/Smurf 1 WT)共转染组出现了迁移速度慢的高分子弥散条带,即为 RhoA 泛素化后的蛋白条带。HA ubiquitin (HA/Ub)及 Flag/RhoA 共转染组出现了较弱的迁移速度慢的高分子弥散条带,说明内源性的 Smurf 1 也可以使 RhoA 泛素化。

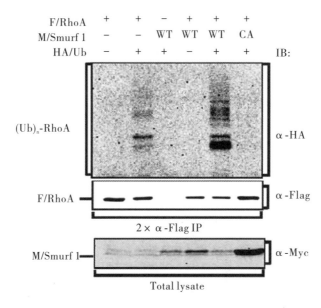

图 9-1　RhoA 泛素化检测(图片来自文献[1])

(2) 本实验拟检测 RhoE 是否可以发生泛素化

采用真核无细胞蛋白表达系统表达全长的 RhoE 蛋白,然后再加入/不加入兔网织红细胞裂解液的条件下进行体外的泛素化反应,用 RhoE 特异性的抗体进行免疫印迹检测。如图 9-2 所示,实验组出现了迁移速度慢的高分子弥散条带,即 RhoE 泛素化后的蛋白条带。

(3) 本实验拟检测 RhoA-GDP 的泛素化是否依赖于 E3 酶 Cullin3/BACURD 复合物

采用昆虫细胞蛋白表达系统表达并纯化 GST-hCul3/Rbx1,GST-hCul3/Rbx1/hBACURD1,或 GST-hCul3/Rbx1/hBACURD2,采用 3.2.2 中体外泛素化反应体系,

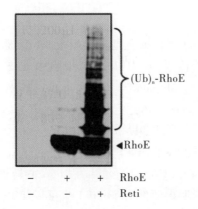

图 9-2 RhoE 泛素化检测（图片来自文献[2]）

加入相应的组分进行体外的泛素化反应。用泛素蛋白抗体进行免疫印迹检测。如图 9-3 所示 GST-hCul3/Rbx1/hBACURD1 或 GST-hCul3/Rbx1/hBACURD2 同时存在的情况下，RhoA-GDP 可以发生泛素化。图 9-3 第 5、6 泳道出现的迁移速度慢的高分子弥散条带，即 RhoA-GDP 泛素化后的蛋白条带。HC 代表抗体的重链（antibody heavy chain）。

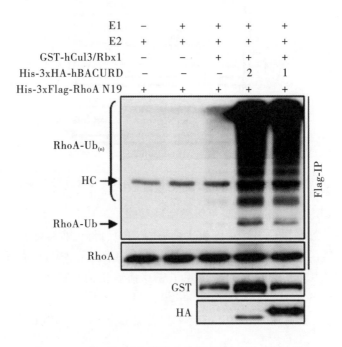

图 9-3 RhoA-GDP 泛素化检测（图片来自文献[3]）

## 五、注意事项

- 通过将编码多拷贝泛素的真核表达质粒转染入表达目的蛋白的真核细胞,则可以加强目的蛋白质的泛素化程度从而提高检测效果。
- 泛素化修饰可导致蛋白质在蛋白酶体或溶酶体中被降解,例如 Lys-48 连接的多聚泛素链修饰的蛋白大部分将被 26S 蛋白酶体降解,而 Lys-63 连接的多聚泛素链或单泛素化修饰常常参与膜表面受体的内化与溶酶体降解,这将导致难以检测到目的蛋白的泛素化。因此如果预期所感兴趣的蛋白发生 Lys-48 泛素化修饰时,则需要使用蛋白酶体抑制剂如 MG-132 或 LLnL 预先处理细胞以阻断蛋白酶体的活性,如果被修饰的蛋白质可能在溶酶体中降解,则可以选用溶酶体抑制剂如 Chloroquine 处理细胞以阻断溶酶体活性。
- 为使泛素化修饰的蛋白充分变性以提高检测的灵敏度,裂解细胞时也可以首先采用 1/10 体积(10cm 培养皿加入 300ml)的含 1% SDS 的裂解液裂解细胞,冰上超声裂解 6 次,每次 10s,或 95℃煮沸 10min,使蛋白质充分变性,再加入 9 倍体积不含 SDS 的裂解液稀释,接下来进行后续的免疫沉淀和免疫印迹检测。还可以将转移有蛋白的 NC 膜进行 120℃高压灭菌处理。
- 通过 Promega 公司的体外转录及翻译系统合成目的蛋白时,操作中所有的试剂都应该保存在冰上。其中的 Master Mix 建议在首次使用的时候进行分装,并在液氮中快速冻存后保存于 -80℃冰箱。
- 通过 Promega 公司的体外转录及翻译系统将质粒合成目的蛋白时,建议在一个 50ml 的标准体系中加入 1mg 的质粒,使用超过 1mg 的质粒并不能有效地增加蛋白产物的产量。
- 避免在 Promega 公司的体外转录及翻译系统中加入钙离子,钙有可能激活 Master Mix 中用来破坏内源性 RNA 的微球菌核酸酶,引起 DNA/RNA 模板的降解。

## 六、个人心得

- 实验设计时最好能够设计明确的阳性对照组,例如已经证实可以发生泛素化的蛋白以及其相应 E2 酶转染组,或能够促进感兴趣蛋白发生泛素化的已知的刺激条件处理组,或能够直接介导其发生泛素化的 E3 共表达组,以此帮助判断实验体系是否正常建立。
- 实验设计时最好能够设计明确的阴性对照组,例如在体内泛素化实验中设计仅转染目的蛋白但不转染泛素蛋白质粒及相应 E3 酶质粒的对照组,在体外泛素化实验中设计不加入兔网织红细胞裂解液的对照组,在体外泛素化实验中设计不加入泛素蛋白或不加入 E1/E2 酶的对照组。

- 对于泛素化修饰后的高分子质量蛋白,采用低浓度的 SDS PAGE 胶进行分离效果较好。根据待检测蛋白分子质量的大小,可以适当延长走胶和转膜时间;同时,电转移时最好不要去除浓缩胶,因其中常包含未充分分离的高分子量泛素修饰蛋白。

## 参考文献

[1] Wang HR, Ogunjimi AA, Zhang Y, et al. Degradation of RhoA by Smurf1 ubiquitin ligase. Methods in enzymology, 2006, 406:437 – 447.

[2] Lonjedo M, Poch E, Mocholi E, et al. The Rho family member RhoE interacts with Skp2 and is degraded at the proteasome during cell cycle progression. The Journal of biological chemistry, 2013, 288:30872 – 30882.

[3] Chen Y, Yang Z, Meng M, et al. Cullin mediates degradation of RhoA through evolutionarily conserved BTB adaptors to control actin cytoskeleton structure and cell movement. Molecular cell, 2009, 35:841 – 855.

(范丽菲,内蒙古大学,e-mail:lifei. fan@ imu. edu. cn)

# 第十章 转录调控机制研究

基因表达调控研究是分子生物学研究的重要组成部分,也是基因表达研究的核心内容。依据遗传信息传递的中心法则,基因表达调控研究可分为转录前调控、转录调控、转录后修饰、翻译水平以及翻译后加工修饰等五个不同层次。基因表达的过程包括 DNA 复制、RNA 转录(mRNA、miRNA 和 lncRNA 等)和蛋白质翻译等过程。由于转录水平在基因表达调控的各个环节中最为重要,我们通常意义上讲的基因表达调控多集中于转录水平。本章主要介绍基因转录调控研究的策略及其实施方案。

在进行基因转录调控研究策略设计之前,最重要的是首先要明确拟研究的转录因子与所关注的下游靶基因是否在生物学功能上具有相关性(协同或拮抗效应),要尽量避免为了机制研究而研究。否则,脱离功能研究的单纯转录调控机制研究就像无本之木,意义十分有限。因此,我们始终强调,转录调控机制的研究必须与基因的功能研究密切结合,这是进行转录调控研究的前提条件。

转录调控机制研究是深入分析分子机制的重要手段。在观察到某一明确的生物学现象后,转录调控机制研究是深入揭示其分子调控网络的重要途径。如我们发现转录因子 Myc 的表达增加或降低,可引起另外一个基因(或 miRNA、LncRNA 等)的表达变化。并且已有实验证据提示,这个基因与 Myc 的功能存在密切的关联性。基于这样的前提,我们设计相关的实验,分析转录因子 Myc 调控该基因的详细机制。以具体实验为例,利用全反式维 A 酸(ATRA)可以诱导白血病细胞 HL60 的分化过程。随着 HL60 细胞的分化成熟,细胞表面的一些特征性的标记分子如 CD18 的表达会逐渐增加,可以通过 Western-blot 和流式细胞术进行分析。转录因子 c-Myc 在细胞分化过程中的表达逐渐降低,而我们关注的基因 NDRG2 在细胞分化过程中的表达逐渐增加。检索相关的文献报道,提示 NDRG2 可能是一个细胞分化相关基因,并且也提示 NDRG2 与 Myc 存在负相关性。基于这一生物现象,并结合已有的文献,我们深入研究了转录因子 Myc 调控(转录抑制)NDRG2 的机制。通过这一案例研究,说明转录调控机制研究必须与功能研究密切结合,转录调控机制研究是为了更好的认识生物学功能。

转录调控机制研究分为几种不同的具体情况:①转录因子和受调控的靶基因已经明确,旨在阐明详细的作用机制;②转录因子明确,但不清楚下游的靶基因;③靶基因明确,但不知道受哪些转录因子的调控。第 1 种情况是最直接的,比较容易理解。而第 2、3 种情况,则需要结合组学筛选技术(RNA-Seq、蛋白质谱分析等),对上下游的转录因子和靶基因进行初步的筛选和功能分析。在以上工作的基础上,进一步结合生物信息学分析等方法,可有效地把所筛选的目标基因或转录因子的范围缩小,有利于进行下一步的转录调控机制分析。本章节将主要介绍转录因子和待检测的靶基因都比较明确时的情况(第 1 种)。在此,我们将主要关注转录因子是否可以调控靶基因的表达、调控的详细机制。转录调控机制研究主要分为表达相关性分析、靶基因的启动子克隆和结构分析、报告基因活性分析、转录因子结合位点的确定和 DNA-转录因子结合能力分析等五个步骤。我们依据实验的流程将每一环节的实验原理、实验步骤、技术要点、注意事项及个人心得逐一介绍,其中我们将着重分析实验的设计和注意事项。

# 第一节 转录因子与靶基因相关性分析

如引言所述,转录调控机制研究首先要明确转录因子与靶基因的功能相关性。功能相关性分析可以从几个方面进行评价。

## 一、组织标本水平相关性分析

利用组织芯片和免疫组织化学分析,检测转录因子与靶基因在蛋白水平的表达状态,并评价它们表达状态在特定的病理生理条件下是否具有功能相关性(协同或拮抗)。如分析正常组织与肿瘤组织之间的表达差异时,转录因子与靶基因在肿瘤组织中的表达同步性变化(同时上调或下调),至少已经提示二者间可能存在着功能协同性。下一步需要通过改变转录因子的表达状态,分析靶基因的变化趋势,进一步明确二者的表达协同性。

## 二、细胞水平相关性分析

在特定功能相关细胞系中,利用过表达或 RNAi/shRNA knock-down 等方法在细胞水平改变特定转录因子的表达状态,分析靶基因的变化趋势。分别通过 mRNA 和蛋白质表达两个水平的检测,明确转录因子与靶基因的表达相关性。特别注意的是,在某些情况下,靶基因只表现出蛋白水平的变化,在 mRNA 并未呈现出与蛋白变化一致的改变。这时候需要仔细分析,转录因子可能通过间接的方式改变靶基因的蛋白质修饰状态(泛素化、甲基化水平等),从而改变了靶基因的蛋白质稳定性。这时,转录因子并非直接通过转录水平调控靶基因的变化,不属于我们讨论的范畴。

# 第二节 靶基因的启动子克隆

靶基因启动子的克隆通常是进行转录调控机制研究的重要步骤,也是进行报告基因活性分析的前提。多数基因启动子序列的 GC 含量较高,一般都在 60% 以上,这为我们进行 PCR 扩增启动子序列带来一定困难。对于所关注的基因,如果已有文献报道关于此基因的转录调控研究,但并不是你所关注的转录因子时,研究人员可以直接与论文发表的通讯作者联系。一般情况下,对方都会馈赠含有目的基因启动子序列的质粒。举例,如有实验室已报道 p53 对 B 基因启动子的调控,而你准备研究 Myc 对 B 基因的调控机制。你可以直接跟论文作者联系,对方可能会把含有 B 基因启动子的报告基因质粒寄给你。这种情况时,我们切记在论文发表时,要注明质粒来源并致谢。但并非每个人都那么幸运,特别是对于新基因的转录调控机制研究,只能自己进行基因启动子的 PCR 克隆。

有关基因启动子的克隆,对于初次做实验的研究生通常都会遇到相似的问题:启动子扩增多长合适?如何选取启动子克隆的位置?结合启动子克隆的步骤,谈谈我的一些心得,希望对初学者能有一些帮助。

## 一、选择合适的启动子扩增区域,并设计引物

通常来说,基因的转录调控多数集中在启动子的 -2000bp 内。因此,一般意义的克隆启动子的长度从转录起始位点(Transcription initiation site,+1 位)上游的 -2000bp 至其下游的 +1000bp,即总 3000bp。但对于某一具体的基因(特别是长非编码 RNA)来说,应结合启动子的生物信息学分析结果,可以适当延长或缩短基因启动子克隆的长度。如进行染色质构象研究时,扩增的序列可能在 10kbp 以上。因此,需要根据具体的实验目的和课题要求调整研究策略。

综合启动子序列的特征和潜在的转录因子结合位点所处的位置(生物信息学分析),合理的设计 PCR 引物。可以根据具体的基因组序列特征,最好同时设计多条 PCR 引物,以确保 PCR 产物的顺利扩增。基因启动子的 PCR 引物设计原则与一般的 PCR 大体一致,其特别之处在于要充分考虑基因组的高 GC 含量。除此之外,还要充分考虑到 pGL3(basic & enhancer)载体的酶切位点,以利于下一步的载体构建。同时,还可以围绕假定的转录因子结合位点设计相应的截短体引物。在克隆的启动子中尤以 -1000bp/+1bp 之间的区域重要,因为大多数发挥重要调控作用的转录因子结合位点多位于这一区域。启动子的相对位置示意图如图 10-1 所示。

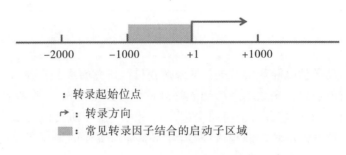

　　：转录起始位点
→　：转录方向
■　：常见转录因子结合的启动子区域

图 10-1　启动子的相对位置示意图

## 二、获得用于扩增启动子的 DNA 基因组模板

可以通过提取细胞或组织中的基因组,获得用于扩增基因启动子的基因组模板,只要其纯度和浓度合适,大都可以满足 PCR 反应的要求。除此之外,为了提高启动子克隆的成功率,可以通过在互联网上订购含有目的基因全部基因组序列的 BAC(细菌人工染色质)或 PAC(噬菌体人工染色质)克隆,这样可以极大的提高扩增效率。通过 https://bacpac.chori.org 网址,可以选择并在线订购所需要的 BAC 克隆。BAC/PAC 的容量可以达到数十万碱基,信息量很大。每一个 BAC/PAC 的编号所含有的基因组信息都可以检索。一般来说,一个基因的序列可能同时包含在有几个或十几个 BAC/PAC 克隆序列中,可以根据具体的序列进行选择。本质上将,BAC/PAC 就是已经明确基因组信息的质粒。因此,以 BAC/PAC 克隆做模板进行启动子的扩增可以提高 PCR 扩增的成功率。由于目前基因合成的成本已大幅下降,对于启动子序列长度较短时(如 <1000bp),基因合成的序列具有较好的保真性,可以直接进行基因启动子的序列合成和载体构建,可最大限度缩短实验周期。

## 三、PCR 反应克隆启动子

启动子的 PCR 扩增过程与普通的 PCR 反应基本一致,反应体系也基本一样(参见第一章第一节"RT-PCR")。但是在实际操作过程中,研究生普遍感觉到启动子的 PCR 扩增较普通的 RT-PCR 反应困难。分析其原因,主要是由于基因组模板 GC 含量较高(一般都在 60% 以上)。除了要适当提高 PCR 反应的退火温度外,选择合适的 Taq 酶和 PCR buffer 进行扩增也很重要。有些公司设计了特异性扩增高 GC 含量的 PCR kit。如 Clontech 公司有 GC Rich PCR Amplification-Advantage GC 2 Polymerase Mix & PCR Kit,在一定程度上克服了模板的高 GC 含量问题,同时具有较高的 PCR 保真性。如果能够获得较长的 PCR 产物,可以在测序正确的基础上以长片段 PCR 产物为模板,扩增一系列的截短体或突变体,用于后续的报告基因活性分析。

# 第三节 报告基因活性分析

报告基因分析系统分为双报告基因系统和单报告基因系统,可以有效地在体外对转录因子调控靶基因启动子的能力进行评价。在实际工作中,以 Renilla-Firefly 双报告基因分析系统的应用比较广泛。一般情况,以一个组成型活化的启动子报告基因作为内参照(如 Renilla),以含有基因启动子的报告基因活性(如 Firefly)作为检测组,经过结果比对和均一化可以实现启动子的相对活性分析。报告基因表达活力的相对改变与偶联调控启动子转录活力的改变密切相关,而利用组成型启动子的报告基因作为内对照,有利于降低实验的系统误差。如培养细胞的数目和活力的差别、细胞转染和裂解的效率等,使报告基因活性分析的结果更加真实、具有可重复性。

## 一、报告基因载体构建

将 PCR 扩增的启动子片段测序正确后,克隆入报告基因载体。目前,多数实验室采用的报告基因系统为 Promega 公司的 pGL 系统。载体的详细信息可登录 http://www.promega.com/resources/protocols/technical-manuals/0/pgl3-luciferase-reporter-vectors-protocol/详细阅读。pGL3 系统报告基因系统的原理在此不做赘述,我们仅以实验中最常采用的 pGL3 系统加以介绍。pGL3 系统分 basic、enhancer 和 promoter 三种载体。对于所克隆的启动子,如果基础活性较强,pGL3 basic 载体就可以保证实验的进行。但是如果所克隆的启动子基础活性较弱,就需要选择带有增强启动子活性的 pGL3 enhancer 或 promoter 载体进行实验。

## 二、细胞转染与报告基因活性分析

pGL3 报告基因分析系统可以分为单荧光素酶报告基因(SLR)和双荧光素酶报告基因(DLR)两类。由于双报告基因系统具有较高的稳定性、可重复性强等优点,目前应用最为普遍。报告系统的内参照以野生型海肾报告基因载体 pRL(phRL 和 pRL)最为常见,可与任何实验用萤火虫荧光素酶载体组合,共同转染哺乳动物细胞。

### 1. 转染细胞系的选择

由于 HEK293、Hela、COS-7 等细胞具有较高转染效率、培养条件容易控制等优点,通常被用来进行报告基因活性分析。当然,也要结合具体的实验设计和实验条件,进行细胞系的合理选择。要综合考虑细胞转染效率、细胞遗传背景和生物学功能等因素,选择合适的细胞系进行报告基因分析。

### 2. 细胞接种

根据实验的不同条件,可以选用 6 孔、24 孔或 96 孔板接种细胞,细胞接种密度以细胞贴壁后的密度为 60%~70% 为宜。需要注意的是,接种细胞时每个处理组至少要做 3~5 个复孔。细胞贴壁 12~24h 后,可以进行细胞转染。

### 3. 转染组别的设置

细胞转染的组别设置比较关键,如果实验的组别设计不合理会严重影响实验结果的说服力。以转录因子 Myc 调控下游靶基因 X 的研究为例,我们详细将实验组别的设置加以解释。转染前,首先要明确此次实验的主要目的。如分析转录因子 Myc 是否具有调控 X 的能力,同时分析这种调控能力是否具有剂量依赖性。以 24 孔板转染为例,每孔总的转染质粒量为 0.4μg,就可以按照表 10-1 的剂量进行实验设计。

表 10-1 报告基因的剂量依赖性分析组别设置示例

| | pGL3-X promoter (μg) | pcDNA3.0-Myc (μg) | pcDNA3.0 vector (μg) | 内参照 phRL (ng) |
|---|---|---|---|---|
| Control | 0.1 | 0 | 0.3 | 10 |
| Group 1 | 0.1 | 0.05 | 0.25 | 10 |
| Group 2 | 0.1 | 0.1 | 0.2 | 10 |
| Group 3 | 0.1 | 0.3 | 0 | 10 |

转染质粒具体的剂量可以通过预实验初步确定。特别是在进行首次报告基因活性分析时,最好设计一组仅转染 pGL3 basic 空载体(其基础活性应该很小,接近于 0),以此检验实验系统是否良好。不同实验组的报告基因质粒(pGL3-X promoter)和内参照质粒(phRL)的量应该保持一致。转录因子与报告基因质粒的比例需要进行预实验,以确定合适的比例。通常情况下,转录因子(pcDNA3.0-Myc)要多于报告基因的含量(pGL3-X promoter)。但是具体的实验要通过不同的比例进行探索,以获得最佳效果,明确转录因子的调控作用。

如表 10-1 所示,其中对照组仅转染 pcDNA3.0 空载体,而 1~3 组的 pcDNA3.0-Myc 的剂量依次递增,其余的总量用 pcDNA3.0 平衡。但是有一个原则,即各个转染组转染的质粒总量一定要保持一致,从而减少实验的系统误差。

有些实验中,我们可能同时研究多个转录因子对某一基因具有协同或拮抗的调控作用。以表 10-2 为例,如我们想分析转录因子 p53 和 Myc 是否对 X 基因具有协同调控作用。在设计实验时,对照组依然作为对照,1~4 组中 pcDNA3.0-p53 质粒的量维持恒定,而调整 pcDNA3.0-Myc 质粒的量,并呈剂量依次递增的趋势。5~8 组中 pcDNA3.0-Myc 质粒的量保持恒定,而调整 pcDNA3.0-p53 质粒的量。通过这样的实验设计,我们分别调整转录因子 p53 和 Myc 的量,从而分析并判定 p53 和 Myc 之间是否存在协同或拮抗 X 报告基因的作用。

表10-2 多个转录因子协同调控的报告基因分析组别设置示例

|  | pGL3-X promoter(μg) | pcDNA3-p53 (μg) | pcDNA3-Myc (μg) | pcDNA3.0 vector(μg) | 内参照 phRL(ng) |
|---|---|---|---|---|---|
| Control | 0.1 | 0 | 0 | 0.3 | 10 |
| Group 1 | 0.1 | 0.1 | 0 | 0.2 | 10 |
| Group 2 | 0.1 | 0.1 | 0.05 | 0.15 | 10 |
| Group 3 | 0.1 | 0.1 | 0.1 | 0.1 | 10 |
| Group 4 | 0.1 | 0.1 | 0.2 | 0 | 10 |
| Group 5 | 0.1 | 0 | 0.1 | 0.2 | 10 |
| Group 6 | 0.1 | 0.05 | 0.1 | 0.15 | 10 |
| Group 7 | 0.1 | 0.1 | 0.1 | 0 | 10 |
| Group 8 | 0.1 | 0.2 | 0.1 | 0 | 10 |

因此,完整的实验组别的设计有利于最大程度的在一次实验中提供尽可能多的信息。在作者已经发表的论文中体现的比较充分,可以参考 http://www.jbc.org/cgi/content/full/281/51/39159,希望为大家提供一些帮助。

**4. 瞬时转染**

转染的具体操作及注意事项见第十五章第十三节。在进行多个质粒的报告基因转染时,首先要分别把每一种质粒的浓度和剂量计算好,配置好以后进行转染。若质粒的储存浓度远高于使用浓度时,要尽量稀释至使用浓度,以降低移液器的误差。如配置内参照 phRL 时,储存浓度为 $2\mu g/\mu l$,就可以取出一部分稀释至 $20ng/\mu l$。而且同一次实验中所有的实验孔中的内参照要统一配置。如按表10-1来计算,转染24孔板。实验分4组,每组5个复孔,总计20个孔,每组需要内参照10ng,合计200ng,总共需要 $10\mu l$。转染的具体操作步骤可参考相关说明书。

**5. 细胞样品收集及荧光活性分析**

目前,市售的报告基因检测试剂盒主要由 Promega 公司生产和销售。市场上有 E1910,(100次检测)和 E1960(1000次检测,10×100次)两种规格。考虑价格因素,个人使用量少时推荐购买 E1910。相反,当多人同时使用时,则推荐购买经济实惠的 E1960 包装。

通常细胞转染48h后可以收集细胞样品进行报告基因分析。但特殊情况下,需要推迟至转染72h后才能收集细胞样品。收集细胞样品前,首先用冰浴的 PBS 洗涤2次,然后加入 1×PLB 裂解液(Passive lysis buffer)。Dual Luciferase 双荧光素酶检测 kit 内含有 5×裂解液,需要用 PBS 稀释至 1×裂解液。通常24孔板加入 $100\mu l$ 裂解液,96孔板内加入 $30\mu l$ 裂解液。根据不同的细胞类型,裂解细胞的时间不等

(15~30min),如 HEK293 细胞仅需要 15min 就可以充分裂解,肉眼可见明显的细胞团块漂浮在液面,而 Hela 细胞需要裂解的时间则较长。特别注意,细胞裂解的全部过程要在冰上进行。裂解完的细胞样品以 12 000r/min 转速离心 2~3min(4℃)。离心的上清液样品可以立即进行荧光读取,也可以冻存于-80℃,与其他处理组样品收集完整后一起进行检测。

读取荧光时,可以用手工荧光照度仪(如 TD 20/20)或配有试剂加样器的荧光照度仪(GloMax 20/20)检测。对于有测定值上限的仪器,如 TD 20/20 读取荧光值的上限为 9999,在进行全部样品检测之前,首先选择一组你认为本批次样品中荧光活性最高的一组进行荧光度的初步检测,合理调整仪器的灵敏度,使得最大的荧光值不超过仪器检测的上限,否则会影响实验结果的分析。不过,对于新推出的 GloMax 20/20 仪器,测定的上限可以达到 $1\times10^8$ 以上,几乎不用考虑测定值超标问题。

荧光照度仪配有两个加样器,将裂解液预先分装到荧光照度仪特定离心管中,随后按序自动加入 Luciferase assay reagent Ⅱ(LAR Ⅱ)和 Stop & Glo™ 试剂。根据实验室实际条件,可以用单独的 1.5ml Eppendorf 离心管进行检测,也可以用 96 孔板上样检测。需要提醒的是,照度仪所提供的数值为 pGL3-X 基因启动子的荧光值与内参照荧光值之间的比值。因此,这个数值实际上是一个相对值,而不是绝对值。

### 三、数据处理和结果分析

依次记录每一组报告基因的数据,仔细核对每一组的数据,特别是要关注一下实验组各复孔之间的差异性。可以利用 Excel、SPSS、GraphPad Prism 等软件处理数据,分别计算出平均值、标准差等。以表 10-1 的分组为例对结果的处理加以解释。如果表 1 中对照组的平均值为 5.0,标准差为 1.0,而 1~3 组的平均值为依次为 15.0、25.0 和 50.0,标准差为 3.0、5.0 和 5.0。利用 GraphPad Prism 软件处理,得到图 10-2A。为了更容易地观察转录因子 Myc 对 pGL3-X promoter 报告基因的激活能力,也可以对数据进行相对化处理,即把对照组的平均值设为 1,1~3 组的数值就成为对照组平均值的倍数。通过这样的处理,可以得到图 10-2B。当然在图 10-2B 中,我们更容易看出 1~3 组变化的倍数。

图 10-2 报告基因结果分析示意图除此之外,还要利用统计学方法(如方差分析,ANOVA 等),对结果进行统计分析。对比对照组的结果,用"*"在图中标示出具有统计学差异的组别。当然,$P$ 值可以设为 0.01 或 0.05,这要根据具体的实验设计而定。

### 四、确定转录因子结合位点

经过报告基因活性的分析结果,可以初步明确转录因子是否对调控靶基因基因

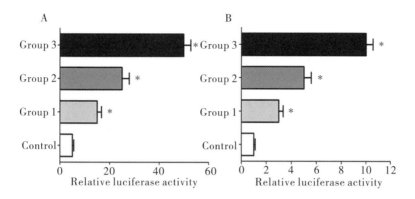

图 10-2 报告基因结果分析示意图

具有转录激活或转录抑制作用。但是要明确是直接的转录调控作用,还是间接的作用,需要进一步明确转录因子的结合位点。这需要通过构建启动子截短体和突变体等步骤,分别进行报告基因分析,进一步锁定转录因子的具体结合位点。

### 1. 转录因子突变体的报告基因分析

为了进一步明确转录因子 A 对 B 基因启动子的调控,我们还应该分析转录因子 A 的突变体是否丧失了野生型的调控能力。究竟构建什么样的突变体,要依据具体的转录因子而定。一般来说,转录因子都含有转录激活结构域和 DNA 结合结构域,大多数突变体的构建都是围绕这两个区域进行。如针对 c-Myc,我们可以分别构建其 N 端和 C 端的缺失截短体,从而形成 △C-c-Myc 和 △N-c-Myc 两种功能缺失的 c-Myc突变体。而对于 p53,我们可以构建其突变热点区域发生突变的 p53,如 C277Q、R273K、R248K 等。当然也可以进行 p53 DNA 结合结构域(102~292aa)的缺失。通过比较突变型的转录因子与野生型转录因子在调控能力之间的差异,进一步明确转录因子的转录激活或转录抑制能力。

### 2. 启动子截短体的构建和报告基因活性分析

通过生物信息学分析和初步的报告基因活性检测,明确转录因子与基因启动子结合的可能结合位点。并以此为基础,分别构建一系列不同长度的基因启动子报告基因载体。通过对比转录因子 A 对不同长度 B 基因启动子的报告基因活性差异,将转录因子调控的启动子区域进一步缩小,初步明确 B 基因启动子区域中转录因子 A 的潜在结合位点。进一步,把 B 基因启动子区域中转录因子 A 的潜在结合位点缺失后,进行报告基因分析。比较分析转录因子 A 调控野生型 B 基因启动子和突变型 B 基因启动子的差异,从而明确 B 基因启动子缺失区域中的转录因子 A 的结合位点是否发挥着重要的作用。为下一步启动子的定点突变奠定基础。

### 3. 启动子结合位点突变体构建和报告基因活性分析

在步骤2的基础上,对确定的潜在转录因子结合位点进行点突变。一般来说,启动子序列中的转录因子结合位点为 6~8 个 DNA 碱基。点突变的方式以及突变碱基的数量可以参考文献的报道,分析 2~4 个关键碱基的突变是否改变转录因子的调控能力。进一步比较分析在启动子序列长度一致的情况下,转录因子 A 对结合位点突变型与野生型的 B 基因启动子报告基因活性之间的差异。评价仅仅突变 2-4 个碱基是否影响了转录因子的转录调控能力,从而确定转录因子的结合位点。

# 第四节 DNA-转录因子结合分析

经过表达相关性分析、启动子克隆、报告基因活性分析、转录因子结合位点的确定等四个步骤,已经初步确定了启动子序列中转录因子的结合位点。那么,转录因子是否可以与这段 DNA 序列结合呢? 这需要通过两方面的实验加以分析。一方面,我们以启动子的 DNA 序列片段作为"探针",用转录因子的抗体进行检测,评价转录因子与 DNA 序列的结合能力。这包括 EMSA(凝胶电泳迁移率分析,Electrophoretic mobility shift assay)和 DNA pull-down 两种方法,本部分我们主要介绍 EMSA 实验。另一方面,我们从转录因子的角度出发,利用特定转录因子的抗体作为"探针",最终通过 PCR 或 Southern 等方法检测可能结合的 DNA 片段。目前比较认可的是 ChIP(染色质免疫共沉淀,Chromatin Immunoprecipitation)。

### 一、EMSA(凝胶电泳迁移率分析)

EMSA 是一种检测蛋白质和 DNA 序列相互结合的技术,最初用于研究 DNA 结合蛋白与其相关的 DNA 结合序列相互作用,可用于定性和定量分析。这一技术也可用于研究 RNA 结合蛋白和特定的 RNA 序列的相互结合,已经成为转录因子研究的经典方法。

1. 基本原理及实验目的

EMSA 的基本原理是蛋白质可以与末端标记的核酸探针结合,电泳时这种复合物比游离探针在凝胶中泳动的速度慢,即表现为相对滞后。该方法可用于检测 DNA 结合蛋白、RNA 结合蛋白等与目的 DNA 或 RNA 探针的结合能力。可通过加入特异性的抗体来检测特定的蛋白质,分析是否出现涌动条带的 super-shift,并进行未知蛋白的鉴定。

2. 实验步骤、试剂配制及注意事项

在此,我们推荐 Promega 公司和 Thermo Fisher Scientific 公司的操作流程和 EMSA kit,具体的实验步骤和试剂可以分别参考 https://cn.promega.com/resources/protocols/technical-bulletins/0/gel-shift-assay-system-protocol/ 和 https://www.thermofisher.com/order/catalog/product/20148。

## 第十章 转录调控机制研究

EMSA 实验分为以下几个主要步骤：

(1) DNA 探针标记

首先在报告基因分析的基础上，确定转录因子的 DNA 序列。分别化学合成相应的 DNA 片段正义和反义链，退火形成 Oligo 双链。DNA 链中含有转录因子的结合位点，长度为 20 bp 左右。同时，也要合成与野生型长度相当的转录因子结合位点突变的 DNA 探针，突变的方式与报告基因分析的实验部分相同。

探针的标记分为放射性和非放射性两种形式。放射性通常为 γ-32P 标记最为常见。可以使用 T4 激酶(含 10×缓冲液)或 DNA 5′末端标记 kit，而 DNA 5′末端标记 kit 的标记效率更高一些。DNA 探针标记的体系为 10μl，在 37℃反应 10min。标记好的探针可以保存于 -70℃。试剂制备：

| | |
|---|---|
| OligonucleotideDNA(1.75pmol/μl) | 2μl |
| T4 Polynucleotide Kinase 10 × Buffer | 1μl |
| [γ-32P] ATP (3,000Ci/mmol at 10mCi/ml) | 1μl |
| Nuclease-Free Water | 5μl |
| T4 Polynucleotide Kinase(5~10U/μl) | 1μl |
| Total volume | 10μl |

由于放射性标记探针需要特定的实验室，必须进行适当的防护，操作条件要求比较高。所以，非放射性标记的生物素 Biotin 的应用越来越广泛。Biotin 标记具备安全(生物素末端标记和化学发光检测)、灵敏(略低于同位素灵敏度)、稳定(生物素标记的探针可稳定保存一年左右)、快速(从标记探针到 EMSA 结果分析只需一天时间)的优点。但是放射性核素标记的高灵敏性是任何其他方法都不能比拟的优势，所以目前放射性核素标记仍然占有一席之地。

(2) 制备核提取物

细胞核提取物的具体方法，有相对成熟的操作试剂盒，例如 Thermo Fisher Scientific 公司的 NE-PER™ Nuclear and Cytoplasmic Extraction Reagents，相关的试剂配制、具体的操作步骤可以在 https://tools.thermofisher.com/content/sfs/manuals/ 网站下载。

缓冲液 A(10mM pH 7.9 HEPES、10mM KCl、0.1mM EDTA、1mM DTT 和 0.5mM PMSF)(注 DTT 和 PMSF 使用前再加)。

缓冲液 B(20mM pH 7.9 HEPES、400mM NaCl、1mM EDTA、1mM DTT 和 1mM PMSF)(注 DTT 和 PMSF 使用前再加)。

TE 缓冲液(10mM pH 7.9 Tris-HCl、1mM EDTA)。

冰浴收集细胞并刮至 5ml PBS 中，4℃ 1200rpm 离心 6min 后弃上清，并于细胞沉淀中加入 400μl 4℃预冷的缓冲液 A，冰浴放置 15min，期间可以用 0.2% 台盼蓝染色观察细胞肿胀裂解的情况,当几乎所有细胞膜破裂后,加入 25μl 10% NP-40,涡旋振荡 15s。4℃ 12 000r/min 离心 30min 后弃上清,并用等体积的缓冲液 A 洗涤沉淀,4℃ 12 000r/min 离心 30min 后弃上清。于沉淀中加入 100μl 缓冲液 B,冰浴放置 15min,间以涡旋振荡(注:为提高核提取物的含量,此步骤可以稍延长)。4℃ 12 000r/min 离心 10min 后收集上清液,部分用 BCA 法定量(https://www.thermofisher.com/order/catalog/product/23225),其余置 -70℃ 保存。

(3) DNA 探针与细胞核的结合反应

DNA 探针与细胞核提取物的结合过程需要在 37℃ 反应 10min。

| | |
|---|---|
| Nuclease-Free Water | 7μl |
| Gel Shift Binding 5X Buffer | 2μl |
| Cell Nuclear Extract | 2μl |
| Total volume | 9μl |

↓

室温反应 10min 后加入 1μl DNA 探针,继续在室温反应 20min

Notice:与报告基因分析的分组相似,在这一步需要仔细设计不同的组别。表 10-3 是常规的 EMSA 设置组别:

表 10-3　常规的 EMSA 设置组别

| | Lane 1 | Lane 2 | Lane 3 | Lane 4 | Lane 5 | Lane 6 | Lane 7 | Lane 8 |
|---|---|---|---|---|---|---|---|---|
| Cell nuclear extract | - | + | + | + | + | + | + | + |
| γ-P32 or biotin DNA Probe | + | + | - | + | + | + | + | + |
| Cold DNA probe | - | - | - | + | - | - | + | - |
| mutant DNA Probe (γ-P32 or biotin) | - | - | + | - | - | - | - | - |
| Cold mutant DNA Probe | - | - | - | - | + | - | - | + |
| Specific transcription factor antibody | - | - | - | - | - | + | + | + |

其中,泳道 1 是为了观察探针标记的效果,泳道 2 分析标记的 DNA 探针与细胞核提取物结合的情况,泳道 3 分析突变的标记 DNA 探针与细胞核提取物结合的情况,泳道 4 判断冷探针与标记探针竞争结合细胞核提取物的效果,泳道 5 分析转录因子结合位点突变的冷探针与标记探针竞争结合细胞核提取物的情况,泳道 6 在泳

道 2 的基础上增加针对特定转录因子的抗体,观察是否有 super-shift 条带出现,泳道 7 和泳道 8 分别研究野生型和突变性的冷探针与是否拮抗泳道 6 出现的 super-shift 条带。

(4)非变性凝胶电泳或转膜

特别应注意的是,EMSA 电泳使用的是非变性电泳凝胶,即不需要加入 SDS。表 10 – 4 显示的是配制 6% 的非变性凝胶配方。

表 10 – 4  6% 非变性凝胶配方

| | |
|---|---|
| TBE 10X buffer | 1.0ml |
| 37.5∶1 acrylamide/bisacrylamide (40%, w/v) | 1.25ml |
| 40% acrylamide(w/v) | 0.75ml |
| 80% glycerol | 625μl |
| distilled water | 16.2ml |
| TEMED* | 10μl |
| 10% AP# | 150μl |

\* N,N,N′N′, -tetramethyl-ethylenediamine

\# ammonium persulfate(10% in distilled water)

由于自由探针在非变性电泳中的泳动速度非常快,电泳所需要的时间较短,因此在溴酚蓝泳动的位置接近凝胶下方 1/4 位置时,就可以关闭电源,以防止自由探针走出凝胶。而一幅完整的 EMSA 结果必须含有自由探针,否则会被认为结果不完整。对于非放射性探针(如 Biotin)标记的 EMSA,在电泳结束后还要进行转膜(尼龙膜),操作方法与 Southern 检测类似。通常需要 380mA 转膜 30min。然后进行紫外交联。

(5)显影及结果分析

放射性和非放射性探针标记在显影的检测过程中有一点区别。对于 γ-32P 标记探针的检测相对比较容易,直接在 – 70℃ 进行放射自显影。而对于非放射性探针标记的后续检测,与 Western-blot 的操作相似。如果探针标记为 Biotin,可以加入 Streptavidin Horseradish peroxidase 进行检测。

那么,究竟怎样分析结果呢?怎样判断转录因子是否与 DNA 探针结合呢?下面我们结合图 10 – 3 加以解释。

从图 10 – 3 中我们可以看到三个箭头,分别指示了自由探针(Free probe)、探针 – 蛋白复合物(Probe-protein complex)、探针 – 蛋白 – 抗体复合物(Probe-protein-antibody complex)三个条带。其中最有意义的是探针 – 蛋白 – 抗体复合物条带,也就是 super-shift 条带。如果能做出这样的结果,就可以初步确定了 DNA 探针与转录

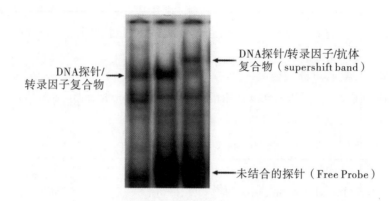

图 10-3 EMSA 结果分析

因子的结合。

在极个别的情况下,当加入抗体后没有出现 super-shift 条带,但是探针-蛋白复合物消失了,可能是由于抗体与转录因子的结合阻碍了转录因子与 DNA 探针的结合。这种结果也可以说明 DNA 探针与转录因子的结合。当然,这些结果都需要 ChIP 实验进行进一步的验证。

3. 个人心得

● 初次进行 EMSA 实验时,首先要完整地熟悉实验流程。同时进行非变性凝胶的配制、探针标记、细胞核提取等过程的预实验。

● 加入的特定转录因子抗体一定是能识别转录因子天然构象的抗体,即能进行 IP(免疫共沉淀)实验的抗体。

● 利用特定抗体识别转录因子而出现的 super-shift 条带十分重要,也是 EMSA 实验的灵魂。单纯出现标记探针与核提取物结合的条带其说服力有限。因为从理论上讲,任何的 DNA 片段都有可能与细胞核提取物发生非特异性的结合。因此,必须要加入抗体以确认特定的转录因子。

## 二、染色质免疫共沉淀(ChIP)

### 1. 基本原理及实验目的

染色质免疫共沉淀(ChIP)是基于体内分析发展起来的方法,也称结合位点分析法,目前已经成为转录调控研究的主要方法。这项技术帮助研究者检测体内反式因子与 DNA 的动态作用,同时还可以用来研究组蛋白的各种共价修饰与基因表达的关系。其基本原理是在保持特定转录因子或组蛋白和 DNA 启动子结合的特点,通过运用对应于一个特定蛋白(转录因子)标记的抗体将切割成小片段的染色质复合物沉淀下来,然后通过 PCR 或 Southern 的方法确定目的片段的特异性,从而判断 DNA 与特定转录因子的是否结合。

## 2. 实验步骤、试剂配制及注意事项

ChIP 的操作过程比较复杂，但其核心步骤与蛋白质的免疫共沉淀技术相似。目前，Millipore（Upstate）、Sigma、cell signaling technology 等几个公司有 ChIP kit 产品。大家可以参考 Millipore（Upstate）公司提供 ChIP 操作说明（http://www.merckmillipore.com/CN/zh/product/Chromatin-Immunoprecipitation）。

具体的步骤在此不赘述，主要关注以下注意事项：

- 由于不同细胞的遗传背景不同，在正式实验之前一定要做染色质超声切割的预实验。切断的染色质 DNA 片段大小为 300bp（200～500bp）左右比较合适。除超声裂解方法外，也可以选择酶解法降解染色质 DNA。但是无论选择超声降解和酶解法，都需要进行预实验和条件优化。

- 与 EMSA 一样，结合转录因子的特定抗体一定是能识别转录因子天然构象的抗体。否则很难获得阳性结果。多数能进行免疫共沉淀（IP）的抗体都可以进行 ChIP 分析。

- 由于基因组结构具有高 GC 含量等复杂性，PCR 引物的设计尽量多设计几组，PCR 产物的大小为 150～200bp 比较合适。同时，PCR 的条件也要不断优化。加入阳性对照的质粒作为 PCR 模板有助于迅速确定 PCR 条件。

## 3. 实验结果分析

①ChIP 的实验结果与 EMSA 同等重要，合理的实验组别设置才具备最好的说服力。以图 10-4 为例解释 ChIP 的实验组设置。如果进行普通的 PCR 检测，由于 ChIP 的 PCR 产物大小仅有 200bp 左右，琼脂糖凝胶电泳的浓度应该为 1.5%～2.0%。ChIP 结果设置的四个组别分别为 Input 组（含有理论上的所有 DNA 片段）、阴性对照抗体组（如普通 IgG）、实验组（针对特定转录因子的抗体）以及阳性对照组（PCR 的模板为含有特定 DNA 启动子的阳性质粒）。

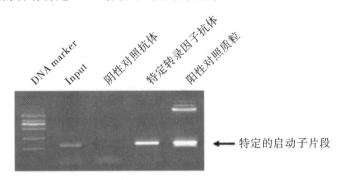

图 10-4　ChIP 结果分析

②PCR 的检测可以选择普通 PCR，也可以选择 Realtime PCR 利用 Realtime PCR 时，结果的分析至关重要。首先计算各个实验组的 DCt 值 = DCt [Ct (sample) − Ct (input)],然后计算 DDCt =（DCt（experimental sample）- DCt（negative control））；最后计算实验组与对照组的差异为 $2^{DDCt}$。

4. 个人心得

ChIP 分析与 EMSA 的结果相互对应,一个完整的转录调控研究中这两个实验缺一不可。两个实验分别从 DNA 和转录因子作为"探针"的角度出发,最终说明一个问题——特定转录因子与 DNA 片段的结合能力。虽然 ChIP 与 EMSA 的方法得到了大家的认可,具有一定说服力。但是值得说明的是,无论 ChIP 还是 EMSA 方法,都仍然不能区分转录因子与 DNA 是直接结合还是间接结合。这仍有待于实验方法的进一步发展。

# 第五节 ChIP-Seq 技术

对于已经明确的转录因子和靶基因,可以通过以上五节叙述的五个步骤明确转录因子调控靶基因的详细机制。但是某些情况下,我们仅仅转录因子的生物学作用,但不知道其下游调控的靶基因。这时候可以通过 ChIP-on-chip 或 ChIP-Seq 技术对特定靶基因的可能上游转录因子进行筛选。

1. 基本原理

ChIP-on-chip 技术是将染色质免疫共沉淀技术与基因芯片技术有机整合,产生了染色质免疫共沉淀-芯片技术（chromatin immunoprecipitation chip,ChIP-on-chip）,广泛应用于特定反式因子靶基因的高通量筛选。利用 ChIP-on-chip 技术可以在基因组范围内筛选蛋白结合靶点,成为深入分析癌症、心血管疾病等主要代谢通路的一种非常有效的工具。ChIP-on-chip 技术有助于确定转录因子及其作用位点,广泛应用于表观遗传学研究。

由于新一代测序技术（NGS）的快速发展,基于 ChIP-on-chip 技术的原理,通过染色质免疫沉淀（ChIP）检测和测序技术相结合,ChIP-Seq（染色质免疫共沉淀测序）成为鉴定转录因子及其他蛋白在全基因组范围内的 DNA 结合位点的强有力方法。在 ChIP 操作之后,通过特异抗体将 DNA 结合蛋白免疫沉淀。结合的 DNA 被同时沉淀、纯化并测序。

2. ChIP-Seq 实验基本流程和优势

ChIP-Seq 技术的基本实验流程包括：①从 ChIP 来源的 DNA 样品中制备 ChIP-Seq 文库；②测序；③数据分析。相对于 ChIP-on-chip 技术,ChIP-Seq 技术有更多优势：①可在任何生物体的全基因组中捕获转录因子或组蛋白修饰的 DNA 靶点；②可以直接明确转录因子的具体结合位点；③进一步结合 RNA 测序和甲基化分析,有助于全面揭示基因调控网络；④对实验样品的要求条件相对宽松,可兼容不同起始量的 DNA 样品。

### 3. 个人心得

目前,已有多个公司提供 ChIP-Seq 的技术服务。但在样品处理上比较谨慎,ChIP 实验环节是制约实验结果的关键。因此,多数公司只进行后续的测序过程,而 ChIP 实验需自行完成。一般情况下,只提供 1 组样品进行 ChIP-Seq,可以获得转录因子结合的 DNA 信息。但是,如果对比不同处理(药物干预等)条件对转录因子结合靶基因序列的差异时,则需提供多个样品。由于 ChIP-Seq 的成本高、实验周期长,需要根据具体的实验目的进行很好的实验设计。

## 结　语

一个完整的转录调控机制研究过程包括了功能相关性分析、启动子克隆、报告基因活性分析、转录因子结合位点的确定和 DNA – 转录因子结合能力分析等五个步骤。每一环节中都有一些实验方法的技巧,我们希望通过本部分内容的介绍为大家进行转录调控机制的研究提供一些捷径。但是,我的工作经验还是十分有限,不足之处或叙述不准确的地方恳请大家包涵。如果大家有什么意见或建议,请与本人直接联系。

(张　健,第四军医大学,e-mail:biozhangj@fmmu.edu.cn)

# 第十一章 核酸甲基化分析

## 第一节 基因组 DNA 提取

### 一、基本原理及实验目的

动物细胞基因组 DNA 的分离通常是在 EDTA 存在的情况下,用蛋白酶 K 消化真核细胞或组织,用去垢剂(如 SDS)溶解细胞膜并使蛋白变性,用有机溶剂对核酸进行抽提纯化。在加入一定量的异丙醇或乙醇后,基因组 DNA 即发生形成纤维絮团状沉淀。可用玻璃棒将其取出,而其余小分子 DNA 则只能形成颗粒状沉淀贴附于离心管壁上或底部,从而达到提取基因组 DNA 的目的。基因组 DNA 的提取通常用于分析结构和序列、构建基因组文库、限制性内切酶酶切片段多态性分析、Southern 杂交及 PCR 分离基因等。

### 二、实验试剂及配制方法

①0.25% 胰酶。称取胰蛋白酶粉末 0.25g,加入 100ml PBS,充分溶解后过滤除菌备用,4℃保存。

②细胞培养专用 PBS。称取 8g NaCl、0.2g KCl、1.44g $Na_2HPO_4$ 和 0.24g $KH_2PO_4$,溶于 800ml 蒸馏水中,用 HCl 调节溶液的 pH 值至 7.4,最后加入 $ddH_2O$ 定容至 1L 即可。高压灭菌,4℃保存。

③细胞裂解液 Lysis Buffer。1mmol/L EDTA、10mmol/L Tris-HCl(pH8.0)、10mmol/L NaCl、1% SDS、20μg/ml RNase,4℃保存。

④蛋白酶 K(20g/L)。称取 20mg 蛋白酶 K(SIGMA,B68860),溶于 1ml $ddH_2O$ 中,-20℃保存。

⑤Tris 饱和酚(pH 8.0)。可购买商品化的 Tris 饱和酚(如 WOLSEN 公司的 Tris 饱和酚),但 pH 必须为 8.0,室温保存。

⑥3mol/L NaAc(pH 5.2)。在 40.8g NaAc·$3H_2O$ 中加入约 40ml $ddH_2O$ 搅拌溶解,加入冰醋酸调节 pH 值至 5.2,加 $ddH_2O$ 定容至 100ml,室温保存。

⑦1×TE。10mmol/L Tris-HCl、1mmol/L EDTA,pH 8.0,室温保存。

⑧其他。含 10% 血清的细胞培养液、氯仿、无水乙醇、70% 乙醇、1% 琼脂糖凝

胶、高速台式离心机、移液器、移液器头等。

### 三、操作步骤

**1. 用蛋白酶 K 法裂解细胞提取基因组 DNA**

①贴壁细胞($1×10^6 \sim 1×10^7$)用 0.25% 胰酶消化,用含 10% 血清的细胞培养液终止消化,800r/min 室温离心 5min,弃废液。

②用预冷的 PBS 洗涤细胞沉淀,5000r/min 室温离心 5min,弃废液。再重复洗涤一次后收集细胞沉淀。

③缓慢混匀(注意动作要轻柔),加入 250μl Lysis Buffer,37℃ 孵育 20min。

④加入适量蛋白酶 K,使其终浓度达到 100μg/ml,混匀,55℃ 水浴 1h。

⑤加入 150μl Tris 饱和酚(pH 8.0),混匀后加入等体积(150μl)氯仿轻柔混匀 1min,12 000r/min,室温离心 10min,将上清液移至一个新 1.5ml 离心管中。

⑥重复第 5 步,直至离心后液面间没有蛋白存在(可重复 2~3 次)。

⑦加入 250μl 氯仿,轻柔混匀 1min,12 000r/min,室温离心 10min,将上清液移至一个新的 1.5ml 离心管中。

⑧在上清液中加入 0.1 倍体积 3mol/L NaAc(pH 5.2),混匀,再加入 2.2 倍体积 -20℃ 预冷的无水乙醇,混匀,-20℃ 放置 30min 或过夜。

⑨12 000r/min,室温离心 10min,弃上清液,加入 1ml 预冷的 70% 乙醇洗涤 2min。

⑩12 000r/min,室温离心 10min,弃上清液,将残液尽量吸干,室温晾干乙醇,再将 DNA 溶于适量 TE 或 ddH$_2$O 中。

**2. 用商品化试剂盒提取基因组 DNA**

以鼎国公司动物细胞基因组 DNA 提取试剂盒为例(此试剂盒可提取 $1×10^7 \sim 1×10^8$ 个动物细胞)。

(1)试剂组成

①溶液 A 为 0.5ml RNase A 10g/L,-20℃ 保存。

②溶液 B 为 10ml 5N 异硫氰酸胍。

③溶液 C 为 30ml 4N NaClO$_4$,pH 5.2。

④溶液 D 为 0.6ml Resin,用时充分混匀。

⑤溶液 E 为 12ml 洗涤液(用前加入 18ml 无水乙醇,充分混匀)。

⑥溶液 F 为 3ml TE 缓冲液。

(2)操作步骤

①≤$1×10^7$ 细胞悬浮于 300μl 溶液 B 中,反复混匀,室温放置 5min。

②加入 800μl 溶液 C,20μl 溶液 A,25μl 溶液 D,充分混匀,室温放置

10~15min。

③≥8000r/min 离心 5min,弃上清液。

④加入 400μl 溶液 C,混匀,≥8000r/min 离心 1min,弃上清液。

⑤加入 500μl 溶液 E,混匀,≥8000r/min 离心 30~60s,弃上清液。

⑥重复步骤 5。

⑦≥12 000r/min 离心 1min,吸干上清液,室温晾干 5~10min。

⑧加入 50~100μl 溶液 F,混匀,40℃~50℃保温 1~5min。

⑨≥12000r/min 离心 1min,取上清液,即为基因组 DNA。

## 四、结果分析

### 1. 基因组 DNA 分子质量大小鉴定

电泳检测:提取出的基因组 DNA 经 1% 琼脂糖凝胶电泳检测,100V 电压 30min 后紫外灯观察,应为一条很亮的条带。若出现多个条带或出现拖尾现象,则说明基因组 DNA 在提取过程中被打断(图 11-1)。由此可看出,此基因组 DNA 分离纯化较为成功,没有出现弥散的条带。基因组 DNA 的提取过程一定要注意动作轻柔,否则基因组 DNA 会被打断(图 11-2),可见此基因组 DNA 已被打断,成为 2kb 左右的片段。

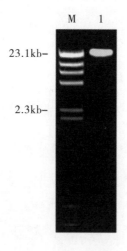

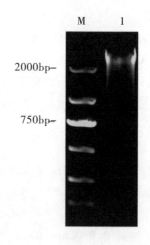

图 11-1 基因组 DNA 分子质量大小鉴定
M 为 DNA Marker;1 为分离纯化出的基因组 DNA

图 11-2 基因组 DNA 被打断
M 为 DL2000;1 为分离纯化出的基因组 DNA

### 2. 基因组 DNA 纯度检测及含量计算

检测所得 $OD_{260}/OD_{280}$ 应为 1.7~1.9。若不在此范围都应考虑是否有 RNA 或蛋白污染。比值过大表明 DNA 链破坏、断裂严重已成为小分子。比值过小表明提取物中有蛋白质污染,若出现这种情况,可继续用酚、氯仿再次抽提、纯化 DNA。

## 五、注意事项

- 裂解液中一定要加入足量的 RNaseA,彻底降解 RNA。
- 蛋白酶 K 消化一定要彻底。
- 在提取过程中,染色体会发生机械断裂,产生大小不同的片段,因此在提取基因组 DNA 时应尽量在温和的条件下操作,如尽量减少酚/氯仿抽提、混匀过程要轻缓,以保证得到较长的 DNA。
- 乙醇要彻底晾干后再用 1×TE 溶解。

## 六、心得体会

- 乙醇应彻底晾干,但不要在室温下放置时间过长,否则 DNA 极难充分溶解。
- 使用苯酚时最好首先测定其 pH 值,防止 DNA 存在于有机相和水相之间的界面。
- 实验操作过程中一定要注意一些细节问题,比如在进行电泳检测时,应注意琼脂糖凝胶的准确浓度,缓冲液是否新鲜,接通电源时一定确保电极方向正确。
- 不可为了加快电泳速度而将电压调得过高,以免琼脂糖凝胶温度过高而稀软以及凝胶的融化。

# 第二节 DNA 甲基化分析

## 一、基本原理及实验目的

DNA 甲基化是最早发现的遗传物质修饰途径之一,在高等生物的发育、基因表达模式的维持以及基因组的稳定性中起着十分关键的作用。DNA 的甲基化在不同细胞结构的生物之间略有不同。真核生物中甲基化仅发生于胞嘧啶,即在 DNA 甲基转移酶(DNMT)的作用下的 CpG 二核苷酸 5′端的胞嘧啶转变为 5′-甲基胞嘧啶。DNA 的甲基化和基因的失活紧密相关。大多数情况下,基因启动子区的甲基化导致基因表达的关闭,或称为沉默。甲基化状态的变化是引起肿瘤的一个重要因素,这种变化包括基因组整体甲基化水平的降低和 CpG 岛局部甲基化水平的异常升高,从而导致基因组的不稳定,如染色体的不稳定、可移动遗传因子的激活、原癌基因的表达和抑癌基因的失活。近年来 CpG 甲基化已成为当前分子生物学的研究热点之一,DNA 甲基化检测分析技术也有了很大的发展,但目前实验室研究中广泛的应用方法仍然是甲基化特异性 PCR 法(MSP)(图 11 - 3)、亚硫酸盐修饰后基因组测序(BSP)(图 11 - 4)、甲基化敏感性限制性内切酶 - PCR、结合重亚硫酸盐的限制性内切酶法等。其原理为 DNA 经亚硫酸氢盐处理后所有未发生甲基化的胞嘧啶(C)被转化为尿嘧啶(U),而甲基化的胞嘧啶则不变。使用不同的引物行 PCR 就可以经过电泳或 DNA 测序分析检测出 DNA 的甲基化状态。下面主要介绍前三个检测方法。

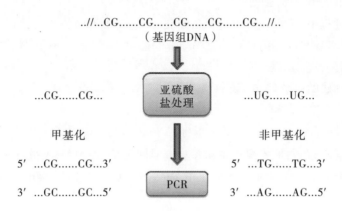

图 11 - 3 甲基化特异性 PCR 法(MSP)

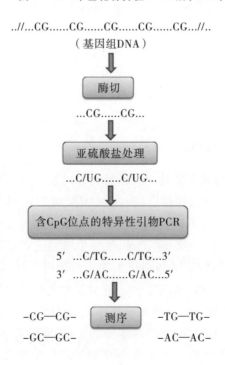

图 11 - 4 亚硫酸盐修饰后基因组测序(BSP)

## 二、实验试剂及配制方法

①3.6mol/L 亚硫酸氢钠(NaHSO$_3$)(SIGMA,S9000)。称取 1.88g 亚硫酸氢钠，使用 ddH$_2$O 稀释，并以 3mol/L NaOH 调节溶液 pH 至 5.0，最终用 ddH$_2$O 定容至 5ml。

②20mmol/L 氢醌(hydroquinone)(SIGMA,H9003)。称取 0.0022g 氢醌，溶于 1ml ddH$_2$O 中，即用即配，不可久置。室温保存。

③3mol/L NaOH。称取 12g NaOH，溶于 100ml ddH$_2$O 中，溶解时会产生大量热，注意安全。室温保存。

④8mol/L NH$_4$Ac。称取 12.32g NH$_4$Ac，溶于 20ml ddH$_2$O 中。室温保存。

⑤糖原(20g/L)。称取 20mg 糖原，溶于 1ml ddH$_2$O 中。-20℃保存。

⑥X-gal 储存液(20g/L)。称取 2g X-gal，溶于 100ml 二甲基甲酰胺(DMF)，配制成 20g/L 的储存液。-20℃避光储存。

⑦IPTG 储液(200g/L)。称取 200mg IPTG，溶于 1ml ddH$_2$O，过滤除菌后分装至 eppendorf 管并于 -20℃储存。

⑧LB。称取 0.5g 酵母提取物，1g 胰蛋白胨，1g NaCl，溶于 100ml ddH$_2$O 中，用 5mol/L NaOH 调节 pH 至 7.0。高压灭菌后，待温度降至 50℃左右加入适量抗生素即可。4℃保存。

⑨LB 培养基。称取 0.5g 酵母提取物，1g 胰蛋白胨，1g NaCl，1.5g 琼脂粉，溶于 100ml ddH$_2$O 中，用 5mol/L NaOH 调节 pH 至 7.0。高压灭菌后，待温度降至 50℃左右加入适量抗生素，倒入培养板中即可。4℃保存。

⑩其他。DNA 片段回收试剂盒(购买国产的即可)，无水乙醇，70%乙醇，Hot Taq(Takara 的 LA Taq 更好)，1%琼脂糖凝胶，电泳缓冲液等。

## 三、操作步骤

操作步骤分为亚硫酸盐处理过程、PCR 扩增、电泳检测并测序，其中亚硫酸盐处理过程及 PCR 引物设计较为复杂。具体如下：

### 1. 基因组 DNA 亚硫酸盐处理过程

这部分可以自己动手，用亚硫酸盐处理 NaOH 变性 DNA，也可以用商品化的试剂盒进行。

(1)亚硫酸盐处理及 NaOH 变性 DNA

步骤：①用适当的限制性内切酶酶切 2μg 基因组 DNA(避开需要检测的目的片段)，50μl 酶切体系，37℃，过夜；②用 DNA 片段回收试剂盒回收酶切的 DNA，ddH$_2$O 洗脱获得 90μl DNA 溶液；③加入 10μl 新鲜制备的 3mol/L NaOH 至终浓度为

0.3mol/L,37℃温育20min;④在上述体系中加入30μl 20mmol/L氢醌,轻轻颠倒混匀,再加入1040μl新鲜制备的3.6mol/L NaHSO$_3$溶液(pH5.0),轻轻颠倒混匀,离心管外包上铝箔纸,避光,并加入200μl液状石蜡,防止水分蒸发,限制氧化,55℃温育10~16h;⑤用DNA片段回收试剂盒回收经亚硫酸盐处理过的DNA(由于此时处理过的DNA量过大,只需直接将DNA滤过柱子即可),ddH$_2$O洗脱获得90μl DNA溶液;⑥在上述体系中加入10μl 3mol/L NaOH(终浓度为0.3mol/L),37℃温育15min;⑦加入70μl 8mol/L NH$_4$Ac中和至pH 7.0,加入10μl糖原(20g/L),混匀,加入3倍体积(400μl)预冷的(-20℃预冷)无水乙醇,混匀后置于-20℃ 30min或过夜;⑧12000r/min,室温离心10min,弃上清液,加入1ml预冷的70%乙醇洗涤;⑨12000r/min,室温离心10min,弃上清液,将残液尽量吸干;⑩室温晾干乙醇,加入10μl ddH$_2$O溶解DNA,-20℃冻存。

(2)试剂盒进行亚硫酸盐处理DNA

可以尝试用北京天漠公司代理的ZYMO RESEARCH公司提供的EZ DNA甲基化试剂盒-Gold(D5005),在此简略介绍此试剂盒。试剂盒内有CT Conversion Reagent 5 Tubes、M-Dilution Buffer 1.5ml、M-Dissolving Buffer 500μl、M-Binding Buffer 30ml、M-Wash Buffer 6ml(使用前加入24ml无水乙醇)、M-Desulphonation Buffer 10ml、M-Elution Buffer 1ml、Zymo-Spin IC Columns 50ct、Collection Tubes 50ct、说明书1份。

CT Conversion Reagent的制备。试剂盒中所提供的CT Conversion Reagent是固体混合物并且一定要在首次使用前制备好。通过添加900μl水、50μl M-Dissolving Buffer和300μl M-Dilution Buffer到一管的CT Conversion Reagent中。在室温下溶解并且震荡10min或在摇床上摇动10min。如果出现试剂不溶解是很正常的,因为在溶液中的CT Conversion Reagent已经达到饱和状态。在使用之前将CT Conversion Reagent溶液在室温(20℃~30℃)下避光保存。每管的CT Conversion Reagent是针对10次DNA处理设计的。为了得到较好的结果,CT Conversion Reagent应当在制备后立即使用。如果不立刻使用,CT Conversion Reagent溶液可以在-20℃存储1周。而且在使用之前存储的CT Conversion Reagent溶液一定要在室温下解冻并且通过震动或颠倒2min来混合。CT Conversion Reagent对光很敏感,所以要尽量减少在光下的暴露。

特点:①在3h内完全转化富含GC的DNA;②两次加热变性的反应步骤简化了由未甲基化的胞嘧啶转化为尿嘧啶的过程;③无DNA沉淀,并且通过柱层析一步完成DNA的纯化和脱硫;④洗脱的超纯DNA对于一系列的分子生物分析是非常理想的。

每次制备的DNA范围为500pg至2μg,最佳量为200~500ng。步骤:①在PCR

## 第十一章 核酸甲基化分析

管中添加130μl CT Conversion Reagent 到每20μl DNA 样品中,如果 DNA 样品的体积小于20μl,则用水来弥补差量,通过轻弹试管或移液器操作来混合样品(例如4μl DNA 样品,加入16μl 水和130μl CT Conversion Reagent)。若 DNA 体积>20μl,就要调整 CT Conversion Reagent 的制备过程,每增加10μl DNA 样品体积,水的量就要随之减少100μl,例如40μl DNA 样品,就要添加700μl 来制备 CT Conversion Reagent。DNA 样品的最大体积为每次转化反应50μl。不要调整 M-Dissolving Buffer 或 M-Dilution Buffer 体积;②将样品管放到循环变温器并于98℃放置10min,再于64℃放置2.5h 后立刻进行下述操作或者在4℃下存储(最多放置20h);③添加600μl M-Binding Buffer 到 Zymo-Spin ICTMolumn 中,并将柱放入试剂盒所提供的 Collection Tube 中;④装填样品(从步骤2)到 Zymo-Spin ICTMolumn 含有 M-Binding Buffer,盖上盖将柱颠倒数次来混合样品;⑤全速(>10 000r/min)离心30s,去除流出液;⑥添加100μl M-Wash Buffer 到柱中,全速离心30s;⑦添加200μl M-Desulphonation Buffer 到柱中并且在室温(20℃~30℃)下放置15~20min,而后全速离心30s;⑧添加200μl M-Wash Buffer 到柱中,全速离心30s,再添加200μl M-Wash Buffer 并且离心30s;⑨直接添加10μl M-Elution Buffer 到柱基质中,将柱放置在1.5ml 的管中,全速离心来洗脱 DNA。DNA 可立刻进行分析或储存于-20℃以下。建议每次 PCR 使用2~4μl 洗脱的 DNA。

**2. PCR 引物设计**

(1)引物设计的原则

硫化处理后的 DNA 序列,除了 CpG 岛上的5甲基胞嘧啶(5mC)之外,所有非甲基化的"C"都转换成了"T",因此,根据转化后的序列设计引物,可以区分甲基化和非甲基化。不同的检测方法其引物设计原则也不同。MSP 和 BSP 在引物设计原则方面的区别如下:

甲基化特异性 PCR(Methylation specific PCR,MSP)。MSP 引物设计原则如下:①至少设计两对引物,一对用来扩增甲基化的 DNA(M pair),另一对用来扩增未甲基化的 DNA(U pair);②为了更好地区分甲基化或未甲基化的 DNA,引物中3′端至少应包含一个 CpG 位点,甲基化位点越多越好;③M pair 及 U pair 在序列上应包含相同的 CpG 位点,如上游 M pair 引物为 ATTTAGTTTCGTTTAAGGTTCGA,则在上游 U pair 引物中也应有同样的 CG 位点 ATTTAGTTTTGTTTAAGGTTTGA(由于经过 Bisulfite 处理,甲基化的5mC 变为 T)。

亚硫酸盐修饰后基因组测序(Bisulfite sequencing PCR,BSP)。BSP 引物设计原则如下:①尽量多设计几对引物,可交叉组合后进行 PCR 或巢式 PCR;②引物扩增的片段不能太大,通常200~300bp 即可;③在目的序列中,引物中不能含有任何 CpG 位点,否则无法区分甲基化还是未甲基化的 DNA;④若目的序列中含有大量的

CG,引物中不得已含有 CpG,但也不能超过 1 个,那么该 C 有可能被甲基化,也有可能不被甲基化,要转换成 C/T,(C 和 T 的概率各占 50%,用 Y 代替),在反向引物的模板中如果含有 CG,那就要转化成 A/G(用 R 代替)[例如 Template sequence 序列为 5′-GCCTGTTCCCGGGAGAGCC -3′,经过 Bisulfite 处理后序列为 5′-GTTTGTTT-TYGGGAGAGTT-3′,则 forward bisulfite primer 为 5′-GTTTGTTTTYGGGAGAGTT-3′(Y = C + T)。Template sequence 为 5′-GGAGGCGGAGCCAGTAGGGC-3′,经过 Bisulfite 处理后序列为 5′-GGAGGYGGAGTTAGTAGGGT-3′,则 reverse bisulfite primer 为 5′-ACCCTACTAACTCCRCCTCC-3′(R = A + G)];⑤一般要把引物 3′端落在 1~2 个非 CG 的 C 上,然后接着有 G,这样引物的退火就容易些。

(2)甲基化引物的在线设计工具

MethPrimer:http://www.urogene.org/methprimer/index1.html

BiSearch Web Server:http://bisearch.enzim.hu/

Methyl primer Express:https://products.appliedbiosystems.com/ab/en/US/adirect/ab?cmd = catNavigate2&catID = 602121&tab = Overview

这里我们以 Methprimer 为例说明:

图 11 - 5

如图 11 - 5 所示。进入 Methprimer 的网站后点击"Go to MethPrimer"后,就出现了甲基化引物设计的界面(11 - 6)。

在"Paste an ORIGINAL source sequence"框下粘贴或输入想要查询的序列(FAS-TA 和文本形式均可)。在对话框下面的"Pick primers for bisulfite sequencing PCR or

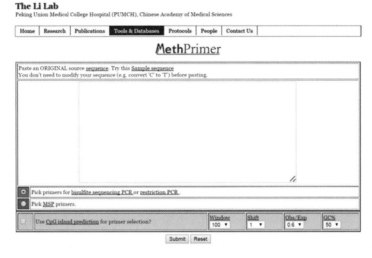

图 11-6

restriction PCR"和"Pick MSP primers"复选框中选择想要设计的引物类型。"MethPrimer"设计程序默认的 CpG 岛跨度至少为 200bp,GC 含量>50%,CpG 出现频率>0.6。因此,符合这些参数的区域都默认为 CpG 岛,我们根据任意一个 CpG 岛设计引物进行扩增。如有其他需要可自行对底部默认参数加以限制。单击"Submit"键后,即可完成甲基化引物设计。MethPrimer 会默认设计五组引物,可根据需要选择任意引物行 PCR。

3. PCR 扩增

PCR 体系(以 25μl 为例)试剂包括 Modified DNA template 1μl、10×Tap buffer 2.5μl、dNTP(2.5mmol/L)2μl、up primer(10μmol/L)1μl、down primer(10mmol/L)1μl、Hot Taq 0.5μl、ddH$_2$O 17μl。

PCR 扩增条件为 94℃预变性 5min,94℃ 30s,50℃~55℃ 50~70s,72℃ 90~120s,共 30~35 个循环后 72℃延伸 7min,最后降至 4℃。

4. 电泳检测

1%琼脂糖凝胶电泳检测,100V 电压 30min,而后紫外灯下观察结果(但不能在紫外灯下照射时间过长,防止 DNA 损伤)。MSP 经电泳检测后即可得到结果直接分析,若得到阴性结果,则需更改反应条件重新验证。BSP 若得到阳性结果则需进行亚克隆并测序,若得到阴性结果,则需更改反应条件重新验证。

5. 亚克隆并测序

步骤:①将阳性 BSP 产物进行电泳,并将目的片段切下后进行胶回收(如用 BioFlux 公司胶回收试剂盒),胶回收具体操作步骤按照说明书进行;②将胶回收后的产物直接与 T 载体连接,连接体系(10μl 为例)为 T 载体 2μl、胶回收产物 DNA

6μl、T4 连接酶 1μl、10×ligase buffer 1μl,16℃连接过夜;③转化大肠杆菌(如 XL 10),连接产物与 100μl 感受态细胞混匀,冰浴 20min,42℃水浴 90s,迅速冰浴 2min,加入 900μl LB(无 Amp),37℃培养 45~60min,将其全部铺板接种至 LB 培养基(含 Amp、IPTG、X-Gal),晾干后将培养基倒置于 37℃孵箱,培养 12h;④12h 后可看到培养基上长出大量蓝色及白色的克隆,选取白色克隆,扩增细菌,送菌液至公司测序。

蓝白筛选培养基的准备:①加入到培养基中,每升灭菌培养基中加入 5ml 20g/L X-Gal 和 5ml 0.1mol/L IPTG 及适宜的抗生素,冷却后可直接用于细菌培养;②涂到培养基表面,在事先制备好的加入适宜抗生素的平板上加入 40μl 20g/L X-Gal 和 4μl 200g/L IPTG,均匀涂板后晾干可直接用于细菌接种。

## 四、结果分析

### 1. MSP 结果分析

如图 11-7 所示,M pair 引物扩增出相应条带而 U pair 没有,表明相应区域发生了甲基化(a);U pair 引物扩增出相应条带而 M pair 没有,表明相应区域未发生甲基化(b);M pair 及 U pair 引物均扩增出相应条带,表示相应区域发生了不完全的甲基化(c)。

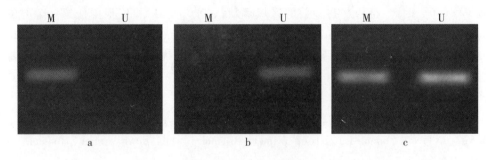

图 11-7 MSP 结果分析

M 表示 M pair,U 表示 U pair

### 2. BSP 结果分析

例如(图 11-8),一段原始测序结果为 ATGGGGCGTGGTGCCCCGCAGGGT 的序列。经过亚硫酸盐处理后,发生甲基化的 C 没有变化。相反,未甲基化的 C 经过亚硫酸盐处理后变为 T。处理后的测序结果变为 ATGGGGCGTGGTGTTTTGTAGGGT。

除了上述两种较为常用的方法外,再介绍一种较为简单的方法,即甲基化敏感性限制性内切酶-PCR 法。

### 3. 甲基化敏感性限制性内切酶-PCR 法

甲基化敏感的限制性内切酶是一类对其识别位点含有甲基化碱性敏感的限制性内切酶。此类酶如在其切割位点中含有 1 个甲基化碱基,则它们中的绝大多数就

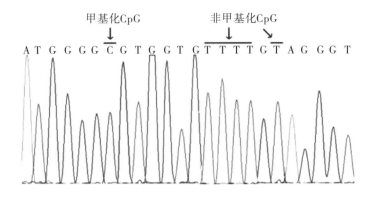

图 11-8 测序结果分析

不能切割 DNA,此外它们一般不能区分 5-甲基胞嘧啶、4-甲基胞嘧啶、5-羟甲基胞嘧啶或糖化 5-羟甲基胞嘧啶等。在此方法中用两种限制性内切消化酶切 DNA,如 Hpa Ⅱ 和 Msp Ⅰ,这两种酶分别对甲基化敏感和不敏感,但识别的 DNA 序列一致。酶切以后进行 PCR 检测,两者均不能扩增出片段的认为没有甲基化,而 Hpa Ⅱ 酶切后能扩增出片段的,认为发生了甲基化,至少是在酶切位点 CCGG 发生了甲基化。此法的最大优点是无须知道靶 DNA 一级结构的详细信息,并可提供 CpG 岛甲基化状态的直接评价,包括取得一些对被检基因甲基化的定量分析。

如图 11-9,若只有 Hpa Ⅱ 酶切后 PCR 扩增有条带,则表示相应位点 CCGG 发生了甲基化而被保护免受切割(a);若两个酶切后 PCR 扩增都没有条带,则说明位点 CCGG 没有发生甲基化,因而被切割(b)。

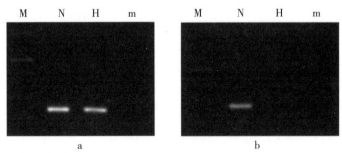

图 11-9 甲基化敏感性限制性内切酶-PCR 法结果分析

M 表示 marker,N 表示 no enzyme used,H 代表 Hpa Ⅱ digested,m 代表 Msp Ⅰ digested

## 五、注意事项

- 所有的试剂均需新鲜配制。
- $NaHSO_3$ 的 pH 值必须严格调至 5.0,因为 pH 值对实验结果的影响比较大。

- Sodium bisulfite 修饰时间应掌握在 10~16h,修饰时间过长会导致甲基化胞嘧啶转化为尿嘧啶且 DNA 模板破坏加剧,而时间过短会导致修饰不彻底。
- 加入 NaHSO$_3$ 和氢醌后,孵育温度应控制在 50℃~55℃,不可过高或过低。
- DNA 模板量应控制在 1~2μg,过多可导致亚硫酸盐处理不完全,造成假阴性结果。

## 六、个人心得

- 在沉淀 DNA 时加入糖原(20mg/ml)是为了辅助沉淀 DNA,也可以不加,但加入少量后效果更佳。
- 加入无水乙醇沉淀 DNA 后,-20℃放置过夜可使 DNA 沉淀更完全。
- PCR 扩增时使用 hotstart 酶效果会更好。
- PCR 扩增时可以适当增加退火时间(1~1.5min),适当降低退火温度(50℃~55℃),延伸时间也适当延长至普通 PCR 的 2~3 倍。
- 晾干后的 DNA 容易保存,一旦溶解后就不太稳定,应立即进行 PCR。
- 如果扩增目的片段中 CG 含量较高,PCR 时可使用 2×GC Buffer,效果会更好。
- 在做 MSP 的扩增时,最好能再设计一对野生型引物对模板进行验证。
- M pair 及 U pair 的退火温度不能相差太大,最多不能差 5℃。因为在相同的 PCR 扩增条件下,Tm 值差别过大可造成结果出现假阴性或假阳性。
- MSP 引物中的 U pair 通常应该比 M pair 略长一些,因为经过 Bisulfite 处理以后碱基改变(C-T),在引物中可能会有两个或以上的 CpG,可能会有至少一个 CpG 的 C 是甲基化的,这样就造成碱基不匹配。因此 U pair 设计的略长一些可以降低无法扩增出来的风险。另外 U pair 略长可增加 Tm 值,减小与 M pair Tm 值的差距。
- 在设计引物时最好还是参考一些文献,这样实验会更顺利一些。
- 进行 PCR 扩增时,最好能一直使用同一台 PCR 仪,防止因使用不同的仪器造成实验的不稳定性。
- 使用 PCR 管时一定要注意是否损坏,建议使用进口的 EP 管。
- 进行电泳时一定使用新配制的琼脂糖凝胶以及电泳缓冲液。
- 蓝白筛选时不可让蓝白斑长得过密,否则不容易挑到阳性克隆。
- 实验过程中,应尽量减少人为误差,保证加样准确一致。
- 在实验操作过程中,应注意自身的防护,实验试剂中氢醌属于剧毒性物质,在配制过程中应小心操作。

(郝　强,第四军医大学,e-mail:haoqiang@fmmu.edu.cn)

## 第三节 RNA 甲基化分析

### 一、基本原理及实验目的

RNA N6-甲基腺嘌呤($m^6A$)免疫共沉淀(MeRIP)是一种研究含有甲基化修饰 RNA 序列的方法,其主要原理是利用甲基化修饰的特异性抗体对含有甲基化修饰的 RNA 片段进行富集。由此得到的 RNA 片段可利用实时定量(real-time)PCR、微阵列(microarray)或高通量测序等进行检测。本实验关注 RNA 的 N6-甲基腺嘌呤($m^6A$)修饰。

### 二、主要仪器及试剂

① Nuclease Free water(Ambion,AM9937)
② Glycogen(20mg/ml)(Thermo,#R0551)
③ Dynabeads® mRNA Purification Kit (Ambion,61006)
④ RNA Fragmentation Reagents(Ambion,AM8740)
⑤ DNase I(NEB,M0303,2U/μl)
⑥ RNasin(Promega,N2515,10 000U)
⑦ $m^6A$ antibody(1 μg/μl)(Synaptic systems,202003)
⑧ Dynabeads Protein A for Immunoprecipitation(Thermo,10001D)
⑨ N6-methyladenosine(Berry & Associates,P3732)
⑩ Acid Phenol:Chloroform(pH 4.3~4.7)(Ambion,AM9720)
⑪ 3M Sodium Acetate,pH 5.5(Ambion,AM9740)
⑫ IPP buffer:10 mM Tris-HCl,pH 7.4,150 mM NaCl,0.1% NP-40

### 三、核心步骤和操作流程

**1. 核心步骤**
① RNA 样品的准备,包括总 RNA 提取、mRNA 纯化、DNA 酶处理及片段化。
② N6-甲基腺嘌呤($m^6A$)修饰 RNA 片段的抗体免疫共沉淀。
③ N6-甲基腺嘌呤($m^6A$)修饰 RNA 片段的洗脱和再沉淀。

**2. 基本流程**
如图 11-10 所示。

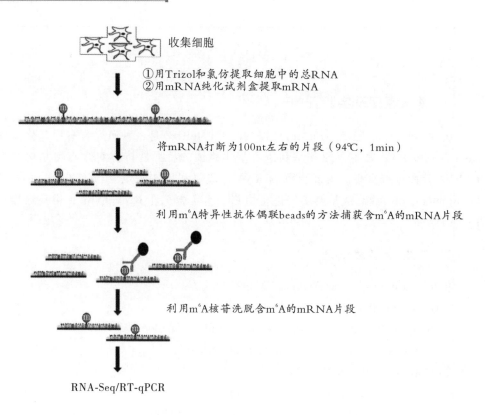

图 11-10

## 四、具体实验步骤

### 1. RNA 样品的准备

（1）用 Trizol 法提取细胞中的总 RNA

①往细胞沉淀中加入 1ml Trizol，震荡 15s 后在冰上放置 5min。

②加入 200μl 氯仿，在涡旋仪上震荡 15s 后在冰上放置 5min。

③在 4℃ 离心机中，以 14 800g 的转速离心 10min，将上层无色液体转移到新的 1.5ml EP 管中。

④加入 500μl 异丙醇，颠倒混匀后冰上放置 5min。

⑤在 4℃ 离心机中，以 14 800g 的转速离心 10min，弃上清，在离心管底部可见白色的 RNA 沉淀。

⑥加入 500μl 的 75% 的乙醇溶液清洗 RNA 沉淀，在 4℃ 离心机中，以 14 800g 的转速离心 3min，弃上清。

⑦在 4℃ 离心机中，以 14 800g 的转速再次离心 1min，以将管壁的乙醇溶液去除干净。

## 第十一章 核酸甲基化分析

⑧将离心管置于冰上,打开管盖,并用保鲜膜覆盖,静置 20min 左右使乙醇挥发,将 RNA 干燥。

⑨加入适量不含核酸酶的水溶解 RNA 沉淀。

⑩用 Nanodrop 仪器对上述得到的 RNA 进行定量。

(2)从总 RNA 中提取 mRNA

用 Dynabeads® mRNA 纯化试剂盒(Ambion #61006)根据其说明书进行纯化,从 1mg 总 RNA 中大约能获得 10~15μg mRNA(在此过程中,对 RNA 进行二次结合可以增加收率和提高 mRNA 的纯度)。

(3)DNase Ⅰ 消化

①往纯化得到的 mRNA 样品中加入 5μl 10 ×DNase I buffer 和 1~3μl DNase Ⅰ,调至体积为 50μl,于 37℃消化 10min。

②加入 2μl 糖原,5μl 3M NaOAc(pH 5.2)和 190μl 无水乙醇,置于 -80℃醇沉大于 1h。

③将无水乙醇中的 RNA 在 4℃条件 14 800r/min 离心 40min 以沉淀 RNA。

④加入 1ml 70% 乙醇洗涤 RNA 沉淀一次,之后在 4℃条件 14 800r/min 离心 10min,弃上清。

⑤在 4℃条件 14 800r/min 再次离心 1min 以除尽剩余的乙醇(注意不要将 RNA 沉淀吸出)。

⑥冰上放置 20min 以干燥 RNA,之后用不含核酸酶的水溶解 RNA 沉淀;并用 NanoDrop 测定 RNA 浓度。

(4)RNA 片段化

①本实验需要将 RNA 片段化为约 100bp 的片段,按照 RNA 片段化试剂盒(Ambion,AM8740)的使用说明,将约 8μg 的 RNA 分成 5 管,每管 10μl,在 94℃条件下处理 1min。

②将 5 管片段化的 RNA 合并共计 50μl。

③加入 2μl 糖原,5μl 3M NaOAc(pH 5.2)和 190μl 无水乙醇,置于 -80℃醇沉过夜。

④在 4℃条件 14 800r/min 离心 40min 以沉淀其中的 mRNA。

⑤加入 1ml 70% 乙醇洗 RNA 沉淀一次,之后在 4℃条件 14 800r/min 离心 10min,弃上清。

⑥在 4℃条件 14 800r/min 离心 1min 以除尽剩余的乙醇(注意不要将 RNA 沉淀吸出)。

⑦冰上放置 10min 以干燥 RNA,之后用 20μl 不含核酸酶的水溶解 RNA 沉淀。

⑧取其中 1μl,用 2μl 不含核酸酶的水稀释后用 NanoDrop 测定 RNA 浓度。

⑨留下 100~200ng mRNA 用于 dot-blot 检测或者测序的 Input;取出 6μg mRNA 备用。

2. m⁶A-mRNA 免疫共沉淀

(1) protein A beads 的准备

①取 50μl protein A beads 放入预先准备好的新的 EP 管中(注:首先剪开枪头的顶端,否则可能造成吸出的 beads 不等量;beads 的用量可根据 RNA 和抗体的用量进行适当调整)。

②加入 1ml 1×IPP buffer 在 4℃旋转洗涤 5min。

③4℃,5 000g 离心 30s,弃上清。

④重复洗 3 次。

⑤用 500μl IPP buffer 重悬 beads,同时在其中加入 0.5μl RNasin,置于冰上备用。

(2) m⁶A 抗体-protein A beads 结合

往上述 beads 中加入 12μg m⁶A 抗体,充分混匀后置于室温旋转孵育 1 h。

(3) 免疫共沉淀

①RNA 样品的变性:将 RNA 样品置于 75℃加热 5min 变性去除其中的二级结构,之后置于冰上 2~3min。

②将 6μg 变性了的 RNA 样品加入到上述 m⁶A 抗体 beads 混合物中,充分混匀后置于 4℃旋转孵育 4h。

3. 含 m⁶A-mRNA 的洗脱和再沉淀

①将上述过夜孵育的 RNA - 抗体 - protein A beads 混合物置于 4℃,5 000g 离心 1min,将上清转移到新 EP 管中。

②未结合的 RNA 的提取:取出 150μl 上清液,用 Trizol 和氯仿提取其中的 RNA,其余的上清放于 -80℃冰箱中保存。在 150μl 上清中加入 1ml Trizol,震荡 15s 后在冰上放置 5min,之后加入 200μl 氯仿,震荡 15s 后在冰上放置 5min,4℃,14 800g 离心 5min,将上清转移到新的 EP 管中,加入 2.5 倍体积的无水乙醇,置于 -80℃冰箱中至少 1h。4℃,14 800g 离心 30min,弃上清。

③用 1ml 1×IPP buffer 洗 beads 3 次,每次在 4℃旋转 5min,之后在 4℃,5 000g 转速下离心 30s。

④含 m⁶A 的 mRNA 的洗脱:向 beads 中加入 300μl 含有 0.5mg/ml m⁶A 核苷的 IPP buffer 和 0.3μl RNasin 的 IPP buffer,室温旋转孵育 1h。

⑤重复洗脱一次,至此共得到 600μl 洗脱产物。

⑥洗脱产物中 RNA 的提取:在 600μl 洗脱产物中加入等体积(600μl)的 Acid Phenol:Chloroform (pH 4.3~4.7),充分震荡混匀后在冰上放置 5min,在 4℃条件下,以 14 800g 转速离心 15min。

⑦将上清转移到两个新的 EP 管中,首先加入 1/10 体积的 3M NaAc,涡旋震荡以充分混匀。

⑧每管加入 1μl 糖原和 3 倍体积的无水乙醇,并反复颠倒几次混匀后置于 -80℃ 醇沉过夜。

⑨在 4℃,14 800g 离心 30min,弃上清,在离心管底可见白色的 RNA 沉淀。

⑩加入 1ml 70% 乙醇清洗 RNA 沉淀,此时可用剪掉顶端的枪头将 2 个离心管中的 RNA 沉淀汇合到一起。之后在 4℃ 条件 14 800r/min 离心 10min,弃上清(此时为了防止 RNA 沉淀被吸出,可在 EP 管底部用记号笔预先标记 RNA 沉淀的位置)。

⑪在 4℃ 条件下,14 800r/min 离心 1min 以除尽剩余的乙醇。

⑫冰上放置 10min 以干燥 RNA,之后用 10μl 不含核酸酶的水溶解 RNA 沉淀。取其中 1μl 测定 RNA 的浓度和质量($OD_{260}/OD_{280} \geqslant 1.7$),剩余的 8~9μl 用于下游检测实验。

## 五、结果判读

判断免疫共沉淀效率的高低,需要观察第 3 天离心弃去上清后附着于离心管底的白色 RNA 沉淀状态。若 RNA 沉淀比较纯净,无其他明显可见的杂质,且 RNA 沉淀大小适宜,则实验操作过程没有问题。RNA 沉淀太大,则可能混有蛋白、核苷等杂质;RNA 沉淀太小,则操作过程中 RNA 损失较为严重。另外,RNA 质量 $OD_{260}/OD_{280} \geqslant 1.7$ 较好。

## 六、注意事项

• 对于 RNA 相关的实验,必须要关注 RNA 的降解问题,所有试剂必须是 DEPC 水配制,必要时加入 RNA 酶抑制剂保证 RNA 不被降解。

• RNA 提取之后,要经 DNase I 处理,以除去 RNA 样品中的 DNA 污染。

• 在样品准备阶段,RNA 片段化的时间和温度分别为 1min 和 94℃(若样品或仪器不同,必要时需摸索和优化条件),RNA 经打断之后需要用乙醇将 RNA 沉淀下来,此时由于 RNA 含量较低,需要加入糖原等助沉剂助沉。

• 在结合阶段,结合之前需要对片段化的 RNA 进行变性处理(75℃ 加热 5min)以去除 RNA 的二级结构,充分暴露甲基化修饰的碱基。

• 在免疫沉淀之后,清洗 beads 要充分,每次洗涤尽量在 rotator 上旋转 3~5min,以充分去除非特异性结合。

• 在洗脱阶段,洗脱液的浓度和体积要适宜。我们采用 0.5mg/ml 的甲基化核苷在室温下洗脱两次,每次 1h。洗脱后需要再次用乙醇对 RNA 进行沉淀,此时 RNA 含量也很低,需要助沉剂进行助沉。

- 利用乙醇沉淀洗脱液中的 RNA 时，最好在 -80℃ 醇沉过夜，然后在 4℃ 条件下利用 14 800r/min 离心不少于 30min。
- 离心后，可用记号笔在离心管底部预先标记 RNA 沉淀的位置，以避免 RNA 沉淀被吸出或经干燥后难以识别。
- 醇沉下来的 RNA 沉淀，可用无核酸酶的水溶解后直接用于实时定量 PCR 或高通量测序的文库构建等；若不能立即使用，建议将 RNA 沉淀置于 95% 的乙醇中，存放于 -80℃ 备用。

## 七、个人心得

该实验操作步骤较多，时间较长，因此在实验过程中要时刻注意防止 RNA 酶的污染，时刻保持在冰上或低温环境下操作。

（孙宝发、郝亚娟、杨 莹、杨运桂，中国科学院大学，e-mail：ygyang@big.ac.cn）

# 第十二章 基因表达谱芯片分析

## 一、基本原理及实验目的

基因表达谱芯片是采用 cDNA 或寡核苷酸片段作探针,固化在芯片上,将待测样品(处理组)与对照样品的 mRNA 以两种不同的荧光分子进行标记,然后同时与芯片进行杂交,通过分析两种样品与探针杂交的荧光强度的比值,来检测基因表达水平的变化。

## 二、主要仪器及试剂

①总 RNA 快速提取试剂盒、Poly-A RNA Control 试剂盒、第一链 cDNA 合成试剂盒、Sample Cleanup Module、IVT Labeling 试剂盒、Hybridization Control 试剂盒、Hybridization,Wash and Stain 试剂盒、RNase-Free 乙醇、DEPC、RNA marker、琼脂糖、TBE 电泳缓冲液等试剂。

②移液器及枪头、eppendoff 管等。

③表达谱芯片、芯片杂交试剂均由芯片技术服务公司提供。

## 三、操作步骤

### 1. 芯片选择

表 12-1 列出了几个主流芯片生产商的芯片产品特点,其中以 Affymetrix 公司与 Agilent 公司的全基因组表达谱芯片应用最为广泛。

表 12-1 主流芯片生产商及芯片产品特点

|  | 芯片制备原理 | 探针长度(mer) | 探针密度(M) | 代表性产品 |
|---|---|---|---|---|
| Affymetrix | 光蚀刻原位合成 | 25 | >1 | 表达谱、SNP |
| Agilent | 喷墨原位合成 | 60 | >1 | 表达谱、miRNA、aCGH |
| Nimblegen | 光导无掩膜原位合成(MAS) | 60 | >1 | CHIP-on-chip、DNA 甲基化 |
| Illumina | 预合成 oligo | 60 | >1 | SNP |

## 2. 样本采集

(1) 贴壁细胞

①贴壁细胞培养诱导结束后,去除培养液;②加入适量的 1×PBS 缓冲液(pH 7.2)快速冲洗一次,彻底去除 PBS 缓冲液;③每 10cm² 细胞培养皿,加 1ml TRIzol;④使用1ml 移液器枪头反复吹打细胞,直至细胞充分溶解至无絮状物;⑤将裂解液转移到 RNase-free 的离心管中;⑥放入 -80℃ 冰箱中保存。

(2) 组织样品

取适量(50~100mg)新鲜组织样品或正确保存的组织样品,使用液氮研磨,粉碎组织,加 1ml 的 TRIzol 用于 RNA 的抽提。

## 3. 样品制备、探针标记、杂交、荧光扫描

均由提供芯片服务的生物技术公司专业人员进行操作。

## 四、数据分析

### 1. 数据归一化

芯片公司有各自的软件对芯片扫描得到的原始数据进行归一化处理,如 Affymetrix 公司使用 MAS5、RMA 等处理方法。

### 2. 统计及聚类分析

确定上调或下调的表达基因,如差异基因筛选标准为:Ratio≥2.0 为上调基因,Ratio≤0.5 为下调基因。对筛选出的差异基因利用 Genesifter 软件绘制 heat map,利用 Cluster 3.0 等软件进行基因聚类。如图 12-1 显示正常组和模型组大鼠结肠组织差异基因表达谱。

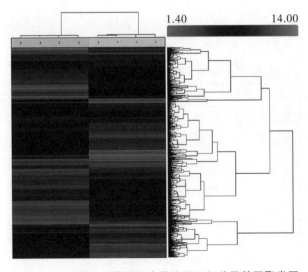

图 12-1 正常组和模型组大鼠结肠组织差异基因聚类图

## 第十二章 基因表达谱芯片分析

### 3. 基因功能注释

(1)表达谱数据的 GO(Gene ontology)分析

目前已有众多用 GO 分类法进行芯片功能分析的网络平台对差异基因从分子功能(Molecular Function),生物学过程(biological process),和细胞组分(cellular component)进行分类,即 GO 聚类。可以在三个水平上对基因产物进行分类,见表 12-2。一般芯片服务公司会随结果附上差异基因的 GO 聚类分析。

表 12-2 GO 分类系统

| 第一水平 | 第二水平 | 第三水平 |
| --- | --- | --- |
| 分子功能 | 催化活性 | 水解酶,转移酶,氧化还原酶,激酶,连接酶,异构酶,裂解酶 |
| | 调节酶活性 | 激活子,抑制子,调节鸟氨酸脱羧酶活性,调节 GTP 酶活性 |
| | 结合(binding) | 结合受体,结合蛋白质,结合金属离子,结合脂质,结合维生素,结合核苷,结合类固醇,结合黏多糖,结合核酸 |
| | 运输 | 通道运输,碳水化合物运输,有机酸运输,离子运输 |
| | 信号转导 | 受体介导的信号转导 |
| | 调控翻译 | |
| | 调控凋亡 | |
| | 分子伴侣 | |
| 生物学途径 | 细胞途径 | 细胞死亡,细胞生长和维持,细胞分化,细胞通信,细胞的运动性(cell motility) |
| | 生理学途径 | 细胞生长和维持,自我平衡(homeostasis),发病机制,对内在刺激的反应,对外在刺激的反应,对压力的反应,代谢,死亡等 |
| | 发育 | 胚胎的发育,细胞分化,形态发生(morphogenesis),色素沉积(pigmentation) |
| | 行为 | |
| 细胞组件 | 细胞内组分 | |
| | 膜 | |

(2)通路(Pathway)分析

通路分析是多个基因间相互作用,共同调节细胞功能和代谢活动的过程。而信号通路分析是通过对差异基因按照 Pathway 的主要公共数据库来进行分类,得到与实验目的有显著联系的 Pathway 类别。将表达发生变化的基因列表导入通路分析软件中,进而得到变化的基因都存在于哪些已知通路中,并通过统计学方法计算出与基因表达变化最为相关的通路。主要的生物学通路数据库有以下两个:①KEGG(京都基因和基因组百科全书,Kyoto Encyclopedia of Genes and Genomes,KEGG)数据库(http://biit.cs.ut.ee/kegganim/),是向公众开放的最为著名的生物学通路方面的资源网站,在这个网站中,每一种生物学通路都有专门的图示说明,例如,药物治疗DNCB诱导的大鼠后,结肠组织差异基因的KEGG通路分析,结果如表12-3所示;②BioCarta数据库(http://www.biocarta.com/),该数据库数据量巨大,且不同于KEGG数据库,所以也得到广泛的应用。

表12-3 药物治疗DNCB诱导的大鼠结肠组织差异基因KEGG通路分析

| Pathway | Count | p-Value | q-Value | Gene |
|---|---|---|---|---|
| Oxidative phosphorylation | 24 | 4.93E-28 | 5.32E-26 | Atp5b;Cox4i1;Ndufb5;Cox6c;Cox5a;LOC685596;Cox6c1;Atp5a1;LOC683884;Ndufab1;Cox5b;Cox6b1;RGD1559626;Atp5h;Ndufa5;Uqcrfs1;Ndufb8;Ndufa3;LOC684509;Atp5f1;LOC692052;LOC679739;Uqcrq;Ndufs5 |
| Alzheimer's disease | 27 | 2.22E-27 | 1.20E-25 | Atp5b;Cox4i1;Plcb3;Ndufb5;Cox6c;Cox5a;Plcb4;LOC685596;Cox6c1;Atp5a1;LOC683884;Ndufab1;Cox5b;Cox6b1;RGD1559626;Atp5h;Ndufa5;Uqcrfs1;Ndufb8;Ndufa3;LOC684509;Atp5f1;LOC692052;LOC679739;Uqcrq;Ndufs5;Lpl |
| Parkinson's disease | 24 | 8.34E-27 | 3.00E-25 | Atp5b;Cox4i1;Ndufb5;Cox6c;Cox5a;LOC685596;Cox6c1;Atp5a1;LOC683884;Ndufab1;Cox5b;Cox6b1;RGD1559626;Atp5h;Ndufa5;Uqcrfs1;Ndufb8;Ndufa3;LOC684509;Atp5f1;LOC692052;LOC679739;Uqcrq;Ndufs5 |
| PPAR signaling pathway | 9 | 1.49E-10 | 1.46E-09 | Fabp2;Hmgcs2;Ehhadh;Acadm;Cpt1a;Pdpk1;Cpt2;Lpl;Angptl4 |
| Valine, leucine and isoleucine degradation | 7 | 3.94E-09 | 3.54E-08 | Hmgcs2;Ehhadh;Acadm;Acaa2;Pccb;Acaa2;Hadha;Bcat1 |

摘自 BMC Complementary and Alternative Medicine (2015) 15:152(部分结果)

## 第十二章 基因表达谱芯片分析

(3)基因调控网络(Network)分析

通常在表达谱芯片分析后会得到大量的差异表达基因,这些基因通常不只局限于一个通路中,而是存在于由许多调控因子和通路参与的复杂调控网络中。我们利用主流的几个蛋白相互作用数据库(BIOGRID、INTACT、MINT、DIP、BIND、HPRD)的数据,来获取这些差异表达基因之间或差异表达基因与其他相关联基因之间蛋白-蛋白相互作用网络,进而得到在网络中处于核心地位的关键基因。比如需要关于基因组调控序列(启动子和增强子)的信息,现在已经有许多关于转录因子结合位点(Transcription factor binding site,TFBS)的数据库可以满足这个要求,如 TRANSFAC 及 JASPAR。且基因组调控序列不只位于启动子,还包括内含子及许多基因下游序列。所以真正了解真核细胞的基因调控网络是一项非常艰巨的工作。用基因调控网络来分析基因芯片数据还需要更多信息及技术的支持,如图12-2所示。

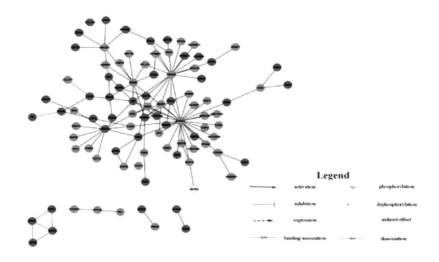

图12-2 基因调控网络分析

(4)芯片数据提交和数据库

科研人员在用基因芯片来研究基因表达信息的时候往往也要和他人所做的实验结果进行比较,这样才能充分挖掘实验数据中所包含的生物信息。目前已经有几个大型的数据库专门用来存放基因芯片数据,如欧洲生物信息所(European bioinformatics institute, EBI)的 ArrayExpress:http://www.ebi.ac.uk/arrayexpress/submit,以及 NCBI 的基因表达综合数据库(gene express omnibus, GEO:http://ncbi.nlm.nih.gov/geo),如图12-3,图12-4。

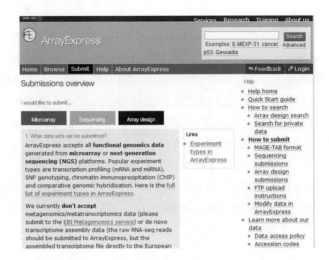

图12-3 ArrayExpress 登录页面(部分)

图12-4 GEO 登录页面(部分)

## 五、注意事项

- 采集的样本及时保存在液氮或 -80℃ 冰箱中,如果储存时间过长,RNA 产量也会显著降低。
- 为确保实验顺利,在取样时,应同时备份 2~3 份(如备份 3 份,送公司 2 份;若备份 2 份,则送样 1 份)自留 1 份,以防备部分样本降解或量不足。即使样本全部合格,备份的样本还可以用来进行其他方面的实验(如定量 PCR 验证,蛋白水平验证等)。
- 备份又分为两种,一种为严格备份,即样本取下后一分为二,这样的两份样本基本上具备同质性;另一种为非严格备份,即生物学重复的样本,这样的备份样本同质性较前者差。

## 六、个人心得

得到芯片数据结果仅仅是进行表达谱芯片研究的第一步,数据分析从何入手,哪些分析是必要的,怎样能够快速选择并掌握合适的分析手段,从有限的数据结果挖掘出尽可能多的有意义的信息才是芯片数据分析的重点。而这些分析手段的运用对研究者的知识结构提出了较高要求,要能够把数学、统计学、计算机科学与生物学、医学有机结合起来进行综合分析,对于深入理解数据是非常关键的。

(张景萍,新疆医科大学,e-mail:9601874@qq.com)

# 第十三章 蛋白质谱分析

## 一、基本原理及实验目的

双向电泳技术联合质谱鉴定技术被公认为是目前蛋白质组研究技术的标准方法。通过双向电泳技术寻找出正常组与对照组的差异蛋白,对差异蛋白进行质谱鉴定,目前常用的是基质辅助激光解析离子化飞行时间质谱(MALDI-TOF MS),寻找信号通路上的新靶标。

## 二、主要仪器及试剂

### 1. 主要仪器

SIGMA 3K 12/3K 30 台式高速冷冻离心机,OptimaTML-100 XP 超速离心机(Beckman 公司)、SS-3000 酶联检测仪、Unico 2100 型分光光度计、SONICS VC 750 型超声仪、ImageScanner 扫描仪、EttanTM IPGphorTM 水平等电聚焦仪(GE Healthcare 公司)、Protean Ⅱ Xi 垂直板 SDS-PAGE 电泳仪(Bio-Rad 公司)、真空离心浓缩仪(德国 CHAIST 公司)、REFLEXTM Ⅲ型 MALDI-TOF 质谱仪(Bruker 公司),双向电泳凝胶图像分析软件为 ImageMasterTM 2D Platinum version 5.0(GE Healthcare 公司)。

### 2. 常用溶液的配置

除电泳缓冲液与凝胶脱色液使用蒸馏水配置外,其余溶液均用 Milli-Q 水配制。常用试剂有:

①低盐 PBS 溶液,3mM KCl、1.5mM $KH_2PO_4$、68mM NaCl、9mM $NaH_2PO_4$。

②裂解液(现用现配),7M 尿素(电泳级)、2M 硫脲、4% CHAPS、1% DTT、蛋白酶抑制剂(罗氏 04693124001)。

③水化液(每管 350μl 分装,于 -20℃ 冻存),7M 尿素(电泳级)、2M 硫脲、4% CHAPS、1% DTT、痕量溴酚蓝。

④平衡缓冲液(每管 10ml 分装,于 -20℃ 冻存),50mmol Tris-HCl(pH 8.8)、6mol 尿素(分子生物学级)、30% 甘油、2% SDS、痕量溴酚蓝。

⑤丙烯酰胺单体母液(0.45μm 硝酸纤维素膜过滤,4℃ 棕色瓶保存),30% 丙烯酰胺、0.8% 甲叉双丙烯酰胺。

⑥水饱和正丁醇(4℃ 保存),1 份水、5 份正丁醇。

⑦5×SDS-PAGE 电泳缓冲液(0.45μm 硝酸纤维素膜过滤,定容至 1L),15.1g

Tris-base、94g 甘氨酸(电泳级)、5g SDS。

⑧封胶琼脂糖溶液(加热溶解后每管 2ml 分装,4℃保存),5g 低熔点琼脂糖溶于 100ml SDS-PAGE 电泳缓冲液。

⑨胶体考马斯亮蓝 G-250 染色液,0.1% G-250、34% 无水甲醇、17% 硫酸铵、3% 磷酸。

⑩蛋白胶块脱色液,25mM 碳酸氢铵、50% 乙腈;其他试剂,凝胶脱色液(1% 冰醋酸)、肽段萃取液Ⅰ(5% 三氟乙酸)、肽段萃取液Ⅱ(2.5% 三氟乙酸、50% 乙腈)、肽段萃取液Ⅲ(100% 乙腈)。

## 三、操作步骤

以贴壁生长的细胞为例。

**1. 全细胞双向电泳样品的制备**

①用 10cm$^2$ 的细胞培养皿培养细胞,等细胞长至 90% 以上密度时收细胞。用低盐 1×PBS(事先在 4℃冰箱预冷)洗细胞 4 次,最后一次斜放平皿,吸干残留的 PBS,加入 1ml 裂解液(现用现配),放在摇床上缓慢摇晃 10min 后,用细胞刮刀刮下细胞转移至 EP 管中。

②将 EP 管放在冰水浴中去超声,超声 4min,20s 停留,振幅 25%,超声后加入 10μl IPG buffer(购买自 GE 公司),10μl RNase 和 DNase(takara2670A),混匀后室温静置 1h 以使蛋白质充分溶解,13 000r/min、30min、18℃离心后吸上清液后定量。

③用 2D-quant kit(GE 公司 80-6483-56)定量试剂盒进行蛋白定量后分装样品置于 -70℃冰箱保存(此步操作详见说明书)。

**2. 双向电泳**

IPGphor 第一向等电聚焦电泳主要是依据操作手册进行,并参照 Görg 描述的方法进行一些改进。

(1)纯化样品

开始做双向电泳的前一天先将样品从 -80℃冰箱取出,在冰上融化后用 2D-clean-up-kit(GE 公司 80-6484-51)进行蛋白纯化(此步操作详见说明书)。

(2)上 样

将纯化后的样品 13 000r/min,8min,4℃离心后倒去上清液再离心 8min(早上来时先开离心机进行降温),离心后室温开盖放置不超过 5min,挥发液体,当沉淀变白的时候立即加入水化液 248μl(沉淀不宜挥发太干,否则难溶于水化液)和 IPG 缓冲液 2μl,振荡混匀后室温静置 30min,其间振荡几次。室温 40 000r/min 离心 30min 以除去不溶物。取上清液均匀地加入到 18cm IPG 电泳槽中,取出 pH 4.7 IPG 干胶条(-20℃保存),从酸性端(阳性端)开始揭去保护膜,先将胶条阳性端对准 IPG 电泳槽尖端(正极),胶面朝下缓慢放入 IPG 电泳槽中以使样品在与干胶条的浸润作用下均匀分布于电泳槽的电极之间,小心不要产生气泡。加入矿物油覆盖整个胶条。

(3)等电聚焦(isoelectric focusing,IEF)

将 IPG 电泳槽放在 IPGphor 水平电泳仪的电极板上,电泳槽的尖端背面电极与 IPGphor 仪器的阳极平台接触,胶条槽的平端背面电极与 IPGphor 仪器的阴极平台接触。开电源,设定 IEF 程序并启动。设置 IPGphor 仪器运行参数、IPG 胶条被动吸涨的时间以及小电压主动水化时的电压和时间。这里介绍一组参数供参考,室温不加压水化 4h 后加压 30V 水化 8h,接着等电聚焦梯度 300V 1h、600V 1h、1kV 1h、8kV 1h、8kV 恒定 8h。水化结束后,将胶条取出,胶面向上放入用于上样的 24cm 等电聚焦电泳槽中,分别在胶条的两端垫上用纯水充分湿润的厚滤纸片(购自 Amersham Pharmacia),将电极压好,保证充分接触,覆盖 3.2ml 矿物油,盖上盖子。设置 IPGphor 仪器运行参数、等电聚焦的电压梯度及相应时间,开始等电聚焦。当电压时间积达到 60 万 V·h 终止等电聚焦。

(4)SDS - 聚丙烯酰胺凝胶(SDS-PAGE)与电泳缓冲液的配制

12.5%的SDS - 聚丙烯酰胺凝胶(190mm × 185mm × 1mm)应在电泳前提前制备。在 200ml 锥形瓶中依次加入 20.8ml 单体母液(30% 丙烯酰胺 + 0.8% 甲叉双丙烯酰胺,0.45μm 硝酸纤维素膜过滤,4℃棕色瓶保存)、12.5ml pH 8.8 的 1.5mol/L Tris-HCl(已过滤)、15.9ml Milli-Q 水、500μl 10% SDS(已过滤)、250μl 10% 过硫酸铵、16.7μl TEMED。混匀,灌入安装好的玻璃板内,直至液面距短板上缘 5mm 左右,用水饱和正丁醇(1 份水 + 5 份正丁醇)封住液面,室温放置 30min 以上使其完全凝固。倒去上端液体,用 Milli-Q 水冲洗 3 遍,然后用纯水灌满上端,4℃放置备用。

SDS PAGE 电泳缓冲液为 pH8.3 的 Tris - 甘氨酸缓冲液,一般先配成 5 × 的母液,即 15.1g Tris + 94g 甘氨酸(电泳级) + 5g SDS 溶解于 1000ml Milli-Q 水,使用前稀释成 1 × 的工作液。

(5)第一向电泳胶条的平衡

准备两管 10ml SDS 平衡缓冲液,分别加入 0.1g DTT 和 0.25g 碘乙酰胺。终止 IEF,取出胶条,剪去电极以外的部分,边缘贴着滤纸让矿物油尽量被吸去,然后放入含 DTT 的 SDS 平衡缓冲液,封住管口,平放于摇床平衡 15min。取出胶条,放入含碘乙酰胺的 SDS 平衡缓冲液,封住管口,平放于摇床再平衡 15min。

(6)IEF 胶条转移至第二向 SDS-PAGE

取出平衡好的 IEF 胶条,在装有纯水的试管中快速涮洗后用滤纸尽量吸去残存液体,在灌制好的 SDS-PAGE 胶上端加满经加热熔化的封胶琼脂糖溶液,迅速将胶条小心放入胶面上,操作要避免产生气泡。待琼脂糖凝固后进行第二向 SDS-PAGE 电泳。

(7)第二向 SDS-PAGE 电泳

第二向 SDS-PAGE 电泳在 Bio-Rad 公司产的 Protean Ⅱ Xi Cell 垂直电泳仪上进行,恒流方式电泳,15℃循环水冷却,每个胶条先以 10mA 电流电泳约 30min,待溴酚蓝前沿进入 SDS-PAGE 约 5mm 时将电流加大至 30mA。当溴酚蓝跑出凝胶底部终止电泳,卸胶,准备染色。

(8)制备型电泳凝胶的考马斯亮蓝染色(考染)

电泳结束前配置胶体考马斯亮蓝 G-250 染色液,将凝胶与玻璃板剥离后,浸泡在染色液中染色过夜。脱色,每半小时更换脱色液直至背景变得透明。

### 3. 图像扫描与分析

完成染色的双向电泳凝胶经过扫描保存图像。扫描仪是 ImageScanner,扫描软件是专门为凝胶扫描制作的 LabScan;透射扫描,光学分辨率为 400dpi,对比度与亮度用软件默认值。凝胶扫描后用保鲜膜保存备用,确认要取点的凝胶用保鲜膜包好 4℃保存。

图像分析使用 Amersham 公司提供的 ImageMasterTM2D Platinum 凝胶图像分析软件。

### 4. 胶内酶切

①将铺在玻璃板上的凝胶置于明亮的灯光下、白色背景上,用修剪过的 Eppendorf 吸头(直径约 1.5mm)戳取出蛋白质点,放入预先编号且加好 50μl 脱色液的 PCR 管中,室温放置 30min,吸去脱色液,更换两次脱色液直至胶块无色透明。

②真空泵离心干燥(savant,speed vac concentrator)30min 左右,至白色颗粒状。

③加入 2μl 溶于 20mmol/L 碳酸氢铵的胰蛋白酶(浓度为 10ng/μl),4℃吸胀 1h 后,37℃倒置消化 12~13h。

④加入 8μl 洗脱液 Ⅰ,37℃温育 1h,将液体吸净转移至一干净的离心管中,再加入 8μl 洗脱液 Ⅱ,30℃温育 1h,吸出液体与前一次的提取液合并。最后再加入洗脱液 Ⅲ,吸出液体与前两次的提取液合并。

⑤真空离心浓缩仪中干燥肽段萃取液至无液体残余。抽干的样品可于 -20℃放置 1 个月,也可用 2μl 0.5% 三氟乙酸充分溶解管壁上的肽段(应无明显沉淀可见)立即进行质谱鉴定。

### 5. 差异蛋白点的 MALDI-TOF 检测

首先使用 MALDI-TOF 对差异蛋白点进行鉴定,对于没有鉴定出来的部分差异点使用 ESI-MS/MS 鉴定。使用胰酶解肽段混合物的 MALDI-TOF 检测。仪器用德国 Bruker 公司 FEFLEXTM 型基质辅助激光解吸电离飞行时间质谱(MALDI-TOF-MS)。

(1)点 靶

将 α-氰基-4-羟基肉桂酸(α-CCA)溶于含 0.1% 三氟乙酸 50% 乙腈溶液

中,制成饱和溶液,离心,取 1μl 上清液与 1μl 肽段提取液等体积混合,取 1μl 点在 Scorce384 靶上,送入离子源中进行检测。

(2)检　测

反射检测方式,飞行管长 3m,氮激光器,波长 337nm,加速电压 20kV,反射电压为 23kV。

### 四、结果判读

按照步骤 4 对电泳图像(图 13-1)进行比对分析,选取差异点进行质谱鉴定。

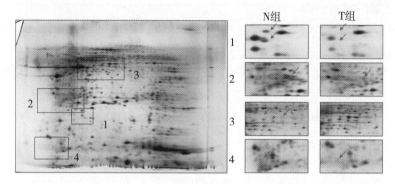

图 13-1　新疆哈萨克族食管癌蛋白质组双向电泳复杂变化结果示意图

鉴定结果主要使用 Matrix Science 网站(http://www.matrixscience.com)提供的 NCBInr 数据库进行检索(图 13-2)。点击 mascot database search 进入 access mascot server 页面找到 Peptide Mass Fingerprint,进入检索页面(图 13-3)。

# 第十三章 蛋白质谱分析

图 13-2　Matrix Science 主界面

　　Your name:用户名,在网页检索时必须输入,本地检索时不要求输入;Email:电子邮件地址,进行检索时如遇网络无法链接等情况,检索将会继续自动完成后并直接发送到电子邮箱;Search title:检索标题,检索完成后将会出现在结果页面的顶部,可以留空。

　　Database:有 SwissProt、NCBInr、contaminants(cRAP)可选。SwissProt 和 NCBInr 是目前最广泛应用的数据库,NCBInr 是一个综合性非冗余数据库,时常更新;Swis-

· 197 ·

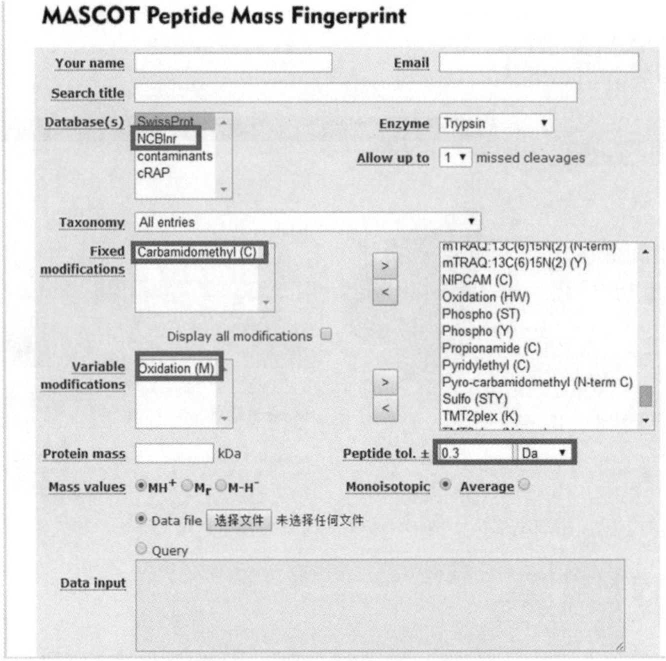

图 13-3 Matrix Science 检索界面

sProt 则建库质量很高,特别适合做 PMF 的数据检索,Contaminants(cRAP)数据库很小,主要包括常见的污染蛋白质,如 BSA 和 trypsin 等。

Taxonomy:物种类型,对于已测序生物,直接选择该物种数据库即可,对于非测序生物,一般选择一种大类的数据库,物种类型对搜库结果的特异性有显著影响,能避免不同物种之间同源蛋白质在结果列表中出现,如 actin 是一种在不同物种中广泛存在的蛋白质,如果已知样品物种来源是水稻,但在物种选择时,选绿色植物这一大类,则会出现在该大类下许多物种下的 actin,而排在第一位的不一定是水稻的 actin,因此在非测序生物的大类检索时,需要在成功鉴定的结果中认真选择与本物种亲缘关系最近的蛋白质;Enzyme:实验所用的酶,一般选择最常用的 Trypsin(胰蛋白酶);Missed cleavages:允许最大的未被酶切位点数,一般选择 1;Fixed modification:固定修饰,一般选择半胱氨酸碘乙酰胺化 - Carbamidomethyl(C)。

Variable modfication:可变修饰,一般选择甲硫氨酸氧化 - Oxidation(M),也可能存在 N - 乙酰化,对于一些有特殊化学处理修饰的氨基酸功能基团修饰,可人为在本地数据库中进行配置。可变修饰选择越多,检索速度越慢,而且易出现假阳性结果,需人工确认存在修饰的结果。

Peptide tol. ±:肽段容差,主要以 ppm 和 Da 两种形式,表示前体离子所测误差值的大小,其大小与仪器类型相关,TOF 等高分辨质谱可能在几个 ppm 到几十个

# 第十三章 蛋白质谱分析

ppm 之间,而离子阱质谱可能在 0.5Da 甚至更大。

MS/MS tol. ±:表示二级质谱中碎片离子的质量误差。

Monoisotopic 或 Average:一般选单同位素质量而不选平均分子量,这样更准确。

Data file:导入需要检索的质谱数据 peaklist 文件,对于 PMF 的数据,也可以数据输入框直接粘贴。

本地运行的 Mascot 数据库查询结果如下:

为使鉴定结果更可靠,一般要求至少有 5 个肽段匹配,序列覆盖率至少达到 15%。但对 <20kDa 的蛋白质,则要求至少 3 个肽段匹配和 20% 的序列覆盖率;对 >100kDa 的蛋白质,则要求至少 10% 的序列覆盖率。肽质谱指纹图在数据库中匹配不成功的可能原因主要有数据库中不存在此蛋白、蛋白质发生了较多的翻译后修饰、PMF 图信噪比太低且输入库中搜寻的数据质量不好、其他蛋白的污染,其中前两个原因是我们最关注的。

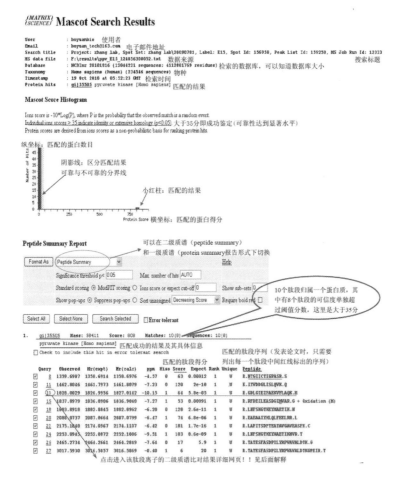

具有相同匹配结果的蛋白及其信息

```
Proteins matching the same set of peptides:
gi|189998      Mass: 58447    Score: 808    Matches: 10(8)   Sequences: 10(8)
M2-type pyruvate kinase [Homo sapiens]
gi|31416989    Mass: 58512    Score: 808    Matches: 10(8)   Sequences: 10(8)
Pyruvate kinase, muscle [Homo sapiens]
gi|33286418    Mass: 58470    Score: 808    Matches: 10(8)   Sequences: 10(8)
pyruvate kinase isozymes M1/M2 isoform M2 [Homo sapiens]
gi|62897413    Mass: 58517    Score: 808    Matches: 10(8)   Sequences: 10(8)
pyruvate kinase 3 isoform 1 variant [Homo sapiens]
gi|67464392    Mass: 60277    Score: 808    Matches: 10(8)   Sequences: 10(8)
Chain A, Structure Of Human Muscle Pyruvate Kinase (Pkm2)
gi|73535278    Mass: 62570    Score: 808    Matches: 10(8)   Sequences: 10(8)
Chain A, Human Pyruvate Kinase M2
gi|127795697   Mass: 58491    Score: 808    Matches: 10(8)   Sequences: 10(8)
Pyruvate kinase, muscle [Homo sapiens]
gi|169404695   Mass: 57091    Score: 808    Matches: 10(8)   Sequences: 10(8)
Chain A, Pyruvate Kinase M2 Is A Phosphotyrosine Binding Protein
gi|169404699   Mass: 58316    Score: 808    Matches: 10(8)   Sequences: 10(8)
Chain A, Pyruvate Kinase M2 Is A Phosphotyrosine Binding Protein
gi|224510884   Mass: 58690    Score: 808    Matches: 10(8)   Sequences: 10(8)
Chain A, S437y Mutant Of Human Muscle Pyruvate Kinase, Isoform M2
gi|226438362   Mass: 60495    Score: 808    Matches: 10(8)   Sequences: 10(8)
Chain A, Activator-Bound Structure Of Human Pyruvate Kinase M2
gi|119598292   Mass: 60773    Score: 807    Matches: 10(8)   Sequences: 10(8)
pyruvate kinase, muscle, isoform CRA_c [Homo sapiens]
```

**(MATRIX SCIENCE) Mascot Search Results**

**Protein View** 下面列出了鉴定蛋白的具体信息，包括蛋白得分（808分）、分子量（58411）、等电点（7.58）、覆盖率（27%）等

```
Match to: gi|35505  Score: 808
pyruvate kinase [Homo sapiens]
Found in search of F:\results\ppw_E15_124856308052.txt

Nominal mass (M_r): 58411; Calculated pI value: 7.58
NCBI BLAST search of gi|35505 against nr 单击此处可以进入BLAST页面深入了解该蛋白功能
Unformatted sequence string for pasting into other applications

Taxonomy: Homo sapiens

Fixed modifications: Carbamidomethyl (C)
Variable modifications: Oxidation (M)
Cleavage by Trypsin: cuts C-term side of KR unless next residue is P
Sequence Coverage: 27%

Matched peptides shown in Bold Red  下表列出的红色序列为二级质谱匹配的序列

  1 MSKPHSEAGT AFIQTQQLHA AMADTFLEHM CRLDIDSPPI TARNTGIICT
 51 IGPASRSVET LKEMIKSGMN VARLNFSHGT HEYHAETIKN VRTATESFAS
101 DPILYRPVAV ALDTKGPEIR TGLIKGSGTA EVELKKGATL KITLDNAYME
151 KCDENILWLD YNICKVVEV GSKIYVDDGL ISLQVKQKGA DFLVTEVENG
201 GSLGSKKGVN LPGAAVDLPA VSEKDIQDLK FGVEQDVDMV FASFIRKASD
251 VHEVRKVLGE KGKNIKIISK IENHEGVRRF DEILEASDGI MVARGDLGIE
301 IPAEKVFLAQ KMMIGRCNRA GKPVICATQM LESMIKKPPP TRAEGSDVAN
351 AVLDGADCIM LSGETAKGDY PLEAVRMQHL IAREAAAIY HLQLFEELRR
401 LAPITSDPTE ATAVGAVEAS FKCCSGAIIV LTKSGRSAHQ VARYRPRAPI
451 IAVTRNPQTA RQAHLYRGIF PVLCKDPVQE AWAEDVDLRV NFAMNVGKAR
```

图 13-4　网页结果

## 五、注意事项

- 双向电泳所用试剂均是进口试剂,国产试剂杂质较多,会对最后的质谱鉴定有影响。
- 配胶的玻璃板一定要清洗干净,因为残留的污染物会影响二项 SDS-PAGE 的质量,造成剥胶时胶易破碎,也会影响最后的质谱鉴定。
- 每次样品要至少经过 3 次重复,再使用 ImageMaster 2D Platinum 软件对双向电泳凝胶进行分析,统一参数确定蛋白质点数目。
- 经过人工校对后,按 Vol% 值来统计蛋白质点的相对丰度,取变化大于 2 倍的点作胶内酶切进行 MALDI-TOF 鉴定。

## 六、个人心得

在样品制备过程中我们采用加入尿素等试剂后超声破碎的方案,保证最大限度提取所需蛋白质样品;裂解液中加入了 2% IPG Buffer 以增强疏水蛋白溶解度;染色采取了胶体考马斯亮蓝染色,提高了染色灵敏度。当然银染的效果较考染好些,但是要选择购买能够跟质谱仪兼容的银染试剂盒,不然胶内酶切的产物会堵塞质谱仪的柱子,对质谱仪造成损害。在胶内酶切的过程中要始终带着一次性帽子和口罩,防止杂蛋白的污染。最后的质谱鉴定,一般都送到国家生物医学分析中心(http://www.ncba.cn/)进行鉴定。在运输的过程中一定要用干冰保存酶切的蛋白点,防止蛋白降解。

用于质谱鉴定的蛋白点该如何切取与保存?蛋白点切取:将 0.2ml 枪头前端剪去一点,垂直戳向凝胶上的蛋白点,适当旋转,以切取蛋白点并转入 0.5ml 离心管中保存,离心管中可事先装点水以利于胶粒落下,最后吸干离心管中所有水分封盖保存并做好标记即可。保存:切取的蛋白点可以放在室温下保存 1 周左右,-20℃或者 -80℃保存半年以上。

一个点鉴定得到多个蛋白的选择:一般选择得分最高的蛋白,但如果得分最高的蛋白功能不明确(unknown or hypothetical),同时得分稍低一些的蛋白与最高分差别不大且功能相对明确,也可以选择得分稍低一些的蛋白。

多个蛋白点鉴定结果为一个蛋白的可能原因:蛋白翻译后修饰、蛋白提取及电泳过程中的人为修饰以及蛋白降解等多种情况,都有可能使得同一个蛋白的不同修饰类型或者不同碎片出现在凝胶的不同位置,表现为多个蛋白点鉴定结果相同。这也是造成鉴定结果的等电点和分子量与实测值出现差别的常见原因。

(张景萍,新疆医科大学,e-mail:9601874@qq.com)

# 第十四章 细胞代谢研究方法

## 第一节 基于 Seahorse 生物能量分析仪测定糖酵解和线粒体有氧代谢的方法

### 一、基本原理及实验目的

微环境中,利用光学传感器同步并实时探测耗氧率(OCR)和胞外酸化率(ECAR),从而快速了解胞内线粒体有氧代谢和糖酵解两大能量转换途径的实时状态,如图 14-1 所示。

OCR:基础值表示的是细胞的基础耗氧量,包括线粒体氧化磷酸化耗氧及质子漏耗氧,即质子在线粒体膜通过呼吸链形成电势能后,一部分质子回流可以通过 ATP 合酶形成 ATP,将势能转化为 ATP 中的能量,即氧化磷酸化耗氧,另一部分不涉及 ATP 合成途径而回流,并将势能转化为热能。Oligomycin 是 ATP 合酶抑制剂,加入此药后减少的耗氧代表的是机体用于 ATP 合成的耗氧量,间接显示此时细胞的 ATP 产量。FCCP 是一种解偶联剂,作为一种质子载体使得大量质子回流,大量耗氧,但是这种质子回流不能形成 ATP,FCCP 加入后的耗氧代表线粒体的最大耗氧能力,即最大的呼吸能力,而相对的耗氧增加量是细胞具有的呼吸潜力。最后加入 Antimycin A/ Rotenon,作为呼吸链抑制剂能完全阻止线粒体呼吸耗氧,此时的数值表示非线粒体呼吸的耗氧量。

ECAR:基础值代表的细胞的非糖酵解产酸值。加入 Glucose 后表示此时细胞的糖酵解能力。加入 Oligomycin 后,氧化磷酸化被抑制,所有的糖用于糖酵解并产生酸,此时的数值代表细胞的最大糖酵解能力,而相对增加值则代表细胞具有的糖酵解潜力。最后加入糖酵解抑制剂 2-DG,此时的数值表示糖酵解之外的机理的产酸值。

### 二、主要仪器及试剂

①Seahorse 生物能量测定仪及探针。
②试剂盒:Seahorse XF Glycolysis Stress Test Kit(也可分别购买调节药物配制), Seahorse XF Cell Mito Stress Test Kit。

# 第十四章 细胞代谢研究方法

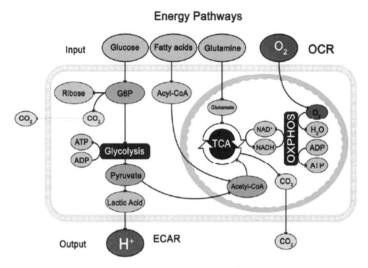

图 14-1 细胞能量代谢通路图

③实验所需使用的培养基:实验需要准备三种不同类型的培养基,第一种是实验细胞生长所需培养基;第二种是 OCR 实际上机时使用的分析培养基;第三种是 ECAR 实际上机时使用的分析培养基。

④移液器及枪头等。

## 三、操作步骤(以 XF24 机型为例)

### 1. 以贴壁细胞 HepG2 细胞为例

①准备实验细胞:根据一般细胞培养技巧,将 HepG2 细胞悬浮于培养基中,调整浓度至 $1.0 \times 10^5$ cells/ml,每 well 缓慢加入 200μl 细胞悬液(沿着孔壁缓慢加入,细胞会均匀一些)置于 37℃ 5% $CO_2$ 培养箱中培养 24h,其中 A1、B4、C3 和 D6 四个孔不加细胞,只需加入 200μl 的细胞培养基用作背景校正,如图 14-2 示。

②探针活化:准备上机前一天,取一组 Seahorse 探针,开封后向每个 well 中加入 1ml Calibrant solution,用保鲜膜包裹(保鲜膜包裹是为了防止活化液蒸发)后将探针置于板上后放入 37℃ 无 $CO_2$ 培养箱中备用(活化后探针需在 72h 内使用)。

③暖机:启动 Seahorse 生物能量测定仪和电脑,开机完成后打开软件,仪器会自行升温至 37℃,静置备用(环境温度较低时,此步尤为重要)。

④准备分析用培养基:根据实验内容选用 OCR 或 ECAR 专用培养基,使用前需确定培养基回温至 37℃。

⑤清洗细胞并更换培养基:首先用移液器轻轻吸出所有 well 中细胞培养基,并缓慢加入 1ml 步骤 4 中准备好的分析培养基;其次缓慢吸出分析培养基后,根据实

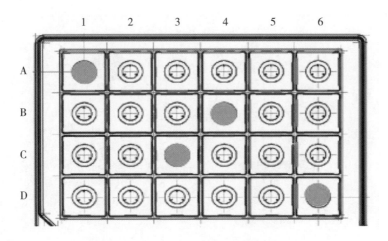

图 14-2　XF 24 代谢专用细胞培养板

验内容加入一定体积的相应分析培养基(OCR：525μl/well；ECAR：500μl/well)。

⑥完成步骤⑤后将细胞培养板放入 37℃ 无 $CO_2$ 培养箱中静置备用(实验条件不允许时,可用普通烘箱代替)。

⑦添加代谢调节药物:配置一定浓度的药物,取出活化好的探针,将配制好的代谢调节物按顺序加入探针的药物注射槽之中(必须严格按照顺序加),见表 14-1,图 14-3。

表 14-1　代谢调节药物

|  | Port A(μl) | Port B(μl) | Port C(μl) |
| --- | --- | --- | --- |
| OCR | Oligomycin　75 | FCCP　75 | Antimycin A/Rotenon　75 |
| ECAR | Glucose　56 | Oligomycin　62 | 2-DG　69 |

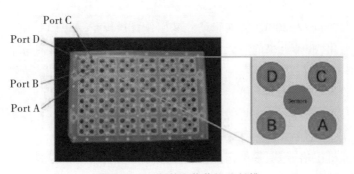

图 14-3　代谢调节药物注射槽

⑧探针校正:启动分析软件后,导入预先设计好的实验程序,根据软件提示,将

含有校正液的探针组按照下图所示的方式(有缺口的一端朝着外面,并将整个探针组卡在卡槽中)放入仪器中,按下确认后等待约 25min,仪器校正完成,如图 14-4 所示。

图 14-4 探针校正

⑨正式实验:校正完成后,仪器会提示将含有校正液的校正板退出,摁下确认键,取出校正盘后放上步骤⑥中所制备的细胞培养盘,等待仪器分析完成。

### 2. 组织线粒体 Seahorse 实验

原本 XF Analyzer 是分析完整细胞的,鉴于通常需要通过提取线粒体去研究一些基本的线粒体功能、能量合成及代谢。此方法由于传统的方法(Clarke 电极):包括高通量(每次 20 个样本)及线粒体样品需求量小($5\mu g$)。

①探针活化:准备上机前一天,取一组 Seahorse 探针,开封后向每个 well 中加入 1ml Calibrant solution,用保鲜膜包裹(保鲜膜包裹是为了防止活化液蒸发)后将探针置于板上后放入 37℃ 无 $CO_2$ 培养箱中备用(活化后探针需在 72h 内使用)。

②将纯化线粒体用预冷的 $1 \times MAS$(配方见线粒体提取方法)稀释到所需浓度($2 \sim 10\mu g/well \times 50\mu l$)。

③添加代谢调节药物:配置一定浓度的药物,取出活化好的探针,将配制好的代谢调节物按顺序加入探针的药物注射槽之中(必须严格按照顺序加),见表 14-2。

表 14-2 线粒体代谢调节药物

| | Port A | Port B | Port C | Port D |
|---|---|---|---|---|
| OCR | $50\mu l$ 4mM ADP | $55\mu l$ $20\mu M$ Oligomycin | $60\mu l$ $10\mu M$ FCCP | $65\mu l$ $40\mu M$ Antimycin A |

④将稀释好的 $50\mu l$ $1 \times$ MAS(含有线粒体)加入测定板,3200g,4℃ 离心 20min(上样时一定不能产生气泡)。

⑤离心结束后,每 well 补加 450μl 1×底物 solution(配方见线粒体提取方法,贴侧壁轻轻加入,不要把线粒体吹起来)。

⑥将测定板放入 37℃ 无 $CO_2$ 培养箱中静置 8~10min(实验条件不允许时,可用普通烘箱代替),紧接着转移到 Seahorse 仪中进行测试。

## 四、结果判断与计算

### 1. 判断细胞 Seahorse

判断细胞 Seahorse 结果的好坏,须看实验 Control 组是否出现较为理想的图形(图 14-5)。

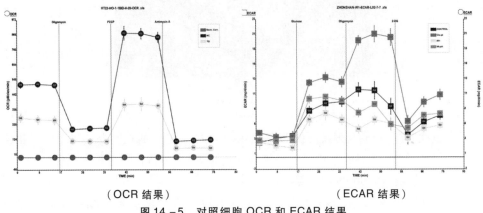

(OCR 结果)　　　　　　　　(ECAR 结果)

图 14-5　对照细胞 OCR 和 ECAR 结果

### 2. 结果计算

(1)细胞 Seahorse 数据处理(图 14-6,图 14-7)

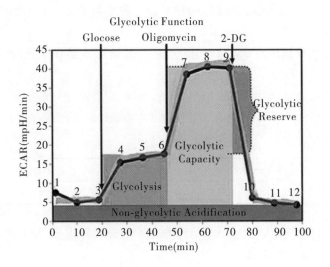

# 第十四章 细胞代谢研究方法

| 细胞 ECAR 结果计算 |
|---|
| Glycolysis =（点 4,5,6 平均值）-（点 10,11,12 平均值） |
| Glycilytic Capacity =（点 7,8,9 平均值）-（点 10,11,12 平均值） |
| Glycolytic Reserve =（点 7,8,9 平均值）-（点 4,4,6 平均值） |

图 14-6 细胞 ECAR 数据处理

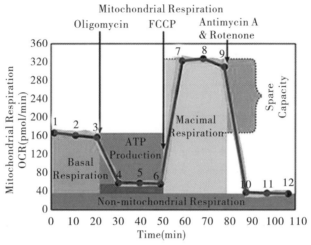

| 细胞 OCR 结果计算 |
|---|
| Basal Respiration =（点 1,2,3 平均值）-（点 10,11,12 平均值） |
| ATP Production =（点 1,2,3 平均值）-（点 4,5,6 平均值） |
| Proton Leak =（点 4,5,6 平均值）-（点 10,11,12 平均值） |
| Maximal Respiration =（点 7,8,9 平均值）-（点 10,11,12 平均值） |
| Spare Capacity =（点 7,8,9 平均值）-（点 1, 2, 3 平均值） |

图 14-7 细胞 OCR 数据处理

（2）线粒体 Seahorse 数据处理（图 14-8）

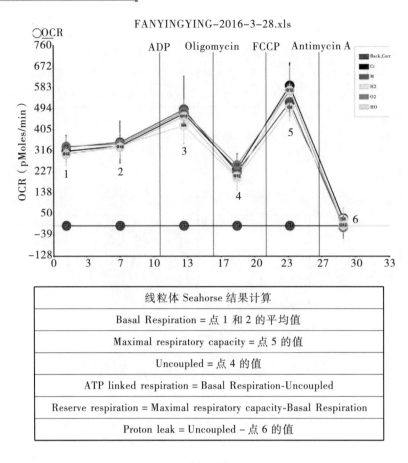

图 14-8 线粒体代谢数据处理

### 五、注意事项

- 实验细胞必须计数或实验结束后将细胞进行蛋白定量,以保证每个 well 的细胞量一致。
- 探针、抑制剂均需要避光保存,且注意保质期。
- 实验过程中尽量保持避光。
- 实验过程中动作轻,尽量保证细胞/线粒体不被吸走,减少实验误差。

### 六、个人心得

**1. 细胞 Seahorse 实验**

- 本实验最大难度是抑制剂浓度的把握:不同种类细胞及细胞数量不同均会对抑制剂浓度产生重大影响。因此,在做每一种新细胞时,需要摸索抑制剂浓度。以 OCR 实验为例,首先将正常细胞量控制在贴壁后占每个 well(相当于 96 孔板面积)

的 70%～80% 左右,然后设计几组不同抑制剂浓度组合,进行实验;如果结果理想,那么后期就可按照这个细胞浓度和抑制剂浓度继续实验。结果不理想,则首先需要看 Basal Respiration 值,建议将 Basal Respiration 控制于 250～450,以此调节细胞量,继续筛选抑制剂浓度。

- 分析培养基的 pH 值必须严格要求,这一点尤为重要。
- 需要进行分化细胞测定实验时,为消除细胞数量对实验结果的影响,可在实验结束后,对细胞进行 BCA 定量。

2. 线粒体 Seahorse 实验

本实验最大难度是提取的线粒体质量:提取线粒体的质量决定了加在测定板中线粒体的量,从而决定了抑制剂的浓度。不同组织线粒体含量不同,提取的线粒体质量也不同。因此做线粒体 Seahorse 实验时,需要摸索加入线粒体的量。建议用表 14-2 提供的抑制剂浓度,每次提取线粒体后设计几组不同线粒体量的实验组合,进行实验,以筛选合适的线粒体量,然后进行正式实验。

若需要同时测定不同组织线粒体时,每种组织加最佳线粒体量,后期进行数据校正。

(赵　琳、龙建纲、陈　磊,西安交通大学,e-mail:chen122148@163.com)

# 第二节　线粒体呼吸链复合体功能的测定

## 一、实验目的

线粒体是细胞内物质与能量代谢的主要场所。当线粒体发生氧化磷酸化时,其内膜上的电子传递链在能量转换过程中起重要作用。电子传递链也称呼吸链,由一系列酶和辅因子组成的递氢体和递电子体按氧化还原电位由低向高依序排列,主要包括复合物 I(NADH-CoQ 氧化还原酶)、复合物 II(琥珀酸-CoQ 氧化还原酶)、复合物 III(还原型 CoQ-细胞色素 c 还原酶)和复合物 IV(细胞色素 c 氧化酶),此外,ATP 合酶也称复合物 V,负责催化 ATP 的合成。本实验应用可见光光谱法检测离体线粒体中复合体酶的活性,以表征线粒体功能及其能量代谢水平。

## 二、主要仪器

①杜恩斯手动匀浆器、聚四氟乙烯-玻璃组织匀浆器或匀浆均质机。
②高速冷冻离心机。
③微孔板检测系统(可见光谱酶标仪)。

### 三、实验步骤

#### (一)组织或组织培养细胞中线粒体的提取

**1. 原　理**

根据不同组织和细胞的特性,在保证线粒体完整性的前提下采用液态剪切(适用于培养细胞及脑、肝脏、脂肪等较软组织)或机械剪切法(适用于心脏、骨骼肌等较硬组织)在特定的分离介质中充分破碎组织或细胞,将线粒体从细胞内释放出来,再根据不同细胞组分沉降的离心力不同,先经低速离心去除细胞核、细胞碎片及其他细胞器,再经高速离心收集得到线粒体颗粒。

**2. 动物组织中线粒体的提取**

(1)脑、肝脏及脂肪组织线粒体的提取

①配制线粒体分离介质(250mmol/L 蔗糖,10mmol/L Tris base,1mmol/L EDTA,pH 7.4),可4℃短期保存,最好现配现用。

②实验前一天对实验动物禁食不禁水16~24h。麻醉处死后取相应组织,迅速用预冷的线粒体分离介质清洗表面。

③称重后取适量组织置于线粒体分离介质中剪成小块(大小尽量不要超过$3mm^3$),洗净残余的血液。转入预冷的聚四氟乙烯 - 玻璃匀浆器内,置于冰水浴中,以500r/min的转速上下研磨8~10次,每次匀浆之间可冰浴间隔20~30s以避免产热过多。

④将匀浆好的样品转入新的离心管中,4℃,1000g离心10min,若液面附着有油脂,可用注射器针头穿过油脂层慢慢吸取上清,也可用棉签将液面及管壁的油脂清除干净后,再吸取上清转移至新的干净离心管中。必要时可重复离心一次。

⑤将合并后的上清于4℃,10000g离心10min,弃上清,沉淀即为线粒体,用适量的线粒体分离介质重悬沉淀,分装后于 -80℃保存。

(2)骨骼肌线粒体的提取

①配制线粒体分离介质 A 液(120mmol/L NaCl,20mmol/L HEPES,2mmol/L $MgCl_2$,1mmol/L EGTA,5g/L BSA,pH 7.4),B 液(300mmol/L 蔗糖,2mmol/L HEPES,0.1mmol/L EGTA,pH 7.4)可4℃短期保存,最好现配现用。

②实验前一天对实验动物禁食不禁水16~24h。麻醉处死后取腿部,剥离所需部位的骨骼肌,迅速用预冷的线粒体分离介质清洗表面。

③称重后取适量组织置于 A 液中剪成小块(大小尽量不要超过$3mm^3$),洗净残余的血液。转入预冷的聚四氟乙烯 - 玻璃匀浆器内,置于冰水浴中,以500r/min 的转速上下研磨8~10次,由于肌肉组织较为坚韧,可适当增加研磨次数,注意每次匀浆之间要冰浴间隔20~30s,以避免产热过多。

④将匀浆好的样品转入离心管中,4℃,600g离心10min,将沉淀用A液重悬后重复离心一次。

⑤将两次离心所得的上清合并,于4℃,17 000g离心10min,弃上清。

⑥沉淀用A液重悬后于4℃,7000g离心10min,沉淀即为线粒体,必要时可用B液离心洗涤一次。

⑦最终的线粒体沉淀用适量B液重悬,分装后于-80℃保存。

**3. 组织培养细胞中线粒体的提取**

(1)试　剂

①低渗缓冲液(RSB):10mmol/L NaCl,2.5mmol/L $MgCl_2$,10mmol/L Tris base,pH 7.4。

②2.5×等渗缓冲液(2.5×MS):525mmol/L 甘露醇,175mmol/L 蔗糖,12.5mmol/L Tris base,2.5mmol/L EDTA 二钠盐,pH 7.4。

③等渗缓冲液(MS):取2.5×MS用蒸馏水稀释2.5倍即得1×MS。

以上试剂最好高压灭菌或过滤除菌,4℃储存备用。

(2)操　作

①取出培养于10cm皿中的贴壁细胞,弃培养基,用预冷的PBS洗一遍。

②加入1ml PBS,用预冷的细胞刮刀刮取细胞,转移至预冷的1.5ml离心管中,4℃,1000g离心10min,弃上清。对于悬浮细胞,可通过离心收集和洗涤。

③用1ml RSB重悬细胞沉淀,涡旋混匀,冰浴10min使细胞膨胀。

④将细胞悬液转移至预冷的2ml杜恩斯匀浆器中,上下研磨30~40次使细胞充分破碎,加入0.7ml 2.5×MS中和至1×等渗液,充分混匀后转移至新的2ml离心管中。

⑤4℃,1300g离心10min,将上清转移至新的1.5ml离心管中,重复离心一次,以保证细胞核、细胞碎片和较大的细胞器被沉淀完全。

⑥4℃,17000g离心15min,收集部分上清作为细胞质蛋白,弃去剩余上清液,所得的淡黄色沉淀即为线粒体。

⑦用1×MS重悬沉淀,4℃,10000g离心10min,弃上清,用适量MS重悬线粒体,分装后-80℃保存。

**(二)体外线粒体氧化磷酸化复合体功能的光谱学测定**

**1. 线粒体呼吸链复合体Ⅰ活性的测定**

(1)原　理

线粒体呼吸链复合体Ⅰ(NADH-CoQ氧化还原酶)可催化2个电子从基质中的NADH传递到辅酶Q(CoQ),生成的还原性CoQ可使蓝色染料DCIP发生还原而逐渐变淡,通过检测反应液在600nm处吸光值的减小速率可表征酶活性的大小。

(2) 试　剂

① 10×反应液（表14-3）。

表14-3　复合体Ⅰ 10×反应液配方

| 储备液 | 体积（总体积10ml） | 终浓度 |
| --- | --- | --- |
| 1mol/L Tris-HCl pH 8.1 | 5ml | 0.5mol/L Tris-HCl pH 8.1 |
| 10% 牛血清白蛋白（BSA） | 3.5ml | 3.5% BSA |
| 1mmol/L 抗霉素A | 100μl | 10μmol/L 抗霉素A |
| 2mol/L 叠氮钠 | 10μl | 2mmol/L 叠氮钠 |
| 100mmol/L $CoQ_1$ | 50μl | 0.5mmol/L $CoQ_1$（临用前加） |
| 去离子水 | 1.34ml | |

② 2mmol/L 还原型烟酰胺腺嘌呤二核苷酸（NADH）：14.2mg NADH 溶于 10ml 50mmol/L Tris-HCl pH 8.1。

③ 0.4mmol/L 2,6-二氯靛酚钠（DCIP）：11.6mg DCIP 溶于 10ml 50mmol/L Tris-HCl pH 8.1，用前再稀释 10 倍。

抗霉素A、$CoQ_1$溶解于无水乙醇中，配好的试剂分装后保存于-20℃，避免反复冻融。

(3) 操　作

① 将不同实验组的线粒体提取完毕后，通过 BCA 法对线粒体蛋白进行定量，并调成一致的浓度。

② 将检测所需试剂提前置于冰上解冻，配置反应体系（200μl/样品）如下：

| 线粒体 | xμl（预先加入） | |
| --- | --- | --- |
| 0.4mmol/L DCIP | 25μl | |
| 10×反应液 | 20μl | 反应混合液 |
| 去离子水 | (135-x)μl | |
| 2mmol/L NADH | 20μl（启动剂） | |

③ 向 96 孔板中逐个加入 10μg 左右线粒体（实际体积根据线粒体浓度而定）。

④ 根据待检测样品数量，将 0.4mmol/L DCIP、10×反应液和去离子水配成反应混合液（为保证反应液足量，可比实际样品数多配 2~3 个），每孔加入(180-x)μl（可逐孔加入，样品多时也可用排枪同时加入），轻微摇晃，使线粒体与反应液混合混匀。

⑤ 将 96 孔板在 30℃保温 5min，同时，将酶标仪设置为动态检测，温度 30℃，扫描波长 600nm。

⑥ 将 96 孔板放入酶标仪样品槽内，用排枪向每孔同时加入 20μl 2mmol/L

NADH 启动反应,并以最快的速度开始检测,记录 5min 内的扫描结果。

(4)结果判读

以小鼠脑组织线粒体(浓度 500μg/ml)为例,经 Molecular Devices 酶标仪检测及 Softmax 软件分析,得到图 14-9 所示的复合体 I 活性检测结果。在扫描记录的 5min 内,随着 DCIP 被 CoQ 还原,反应液的蓝色逐渐变淡,表现为 600nm 处的吸光值逐渐减小。反应的 $R^2$ 为 0.999,表示反应的线性较好,其斜率可表征最大反应速率,即 $V_{max}$ 为 -58.22。

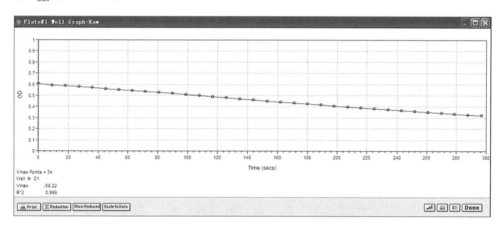

图 14-9　线粒体呼吸链复合体 I 活性检测结果

2. 线粒体呼吸链复合体 II 活性的测定

(1)原　理

线粒体呼吸链复合体 II(琥珀酸-CoQ 氧化还原酶)可催化琥珀酸氧化为延胡索酸,生成的还原性 CoQ 同样可使 DCIP 发生还原反应,反应液在 600nm 处吸光值的变化速率可表征酶活性的大小。

(2)试　剂

①10× 反应液(表 14-4)。

②100mmol/L 琥珀酸钠:0.27g 琥珀酸钠溶于 10ml 50mmol/L 磷酸钾 pH 7.8。

③0.4mmol/L 2,6-二氯靛酚钠(DCIP):11.6mg DCIP 溶于 10ml 50mmol/L 磷酸钾 pH 7.8,用前再稀释 10 倍。

鱼藤酮、抗霉素 A、$CoQ_1$ 溶解于无水乙醇中,配好的试剂分装后保存于 -20℃,避免反复冻融。

(3)操　作

①将不同实验组的线粒体提取完毕后,通过 BCA 法对线粒体蛋白进行定量,并调成一致的浓度。

②将检测所需试剂提前置于冰上解冻,配置反应体系(200μl/样品)如下:

表 14-4 复合体 Ⅱ 10× 反应液配方

| 储备液 | 体积（总体积 10ml） | 终浓度 |
|---|---|---|
| 1mol/L 磷酸钾 pH 7.8 | 5ml | 0.5mol/L 磷酸钾 pH 7.8 |
| 0.2mol/L EDTA | 1ml | 20mmol/L EDTA |
| 10% 牛血清白蛋白（BSA） | 1ml | 1% BSA |
| 3mmol/L 鱼藤酮 | 100μl | 30μmol/L 鱼藤酮 |
| 1mmol/L 抗霉素 A | 100μl | 10μmol/L 抗霉素 A |
| 2mol/L 叠氮钠 | 10μl | 2mmol/L 叠氮钠 |
| 20mmol/L ATP | 1ml | 2mmol/L ATP |
| 100mmol/L CoQ$_1$ | 50μl | 0.5mmol/L CoQ$_1$（临用前加） |
| 去离子水 | 1.34ml | |

| | | |
|---|---|---|
| 线粒体 | xμl（预先加入） | |
| 0.4mmol/L DCIP | 25μl | |
| 10× 反应液 | 20μl | 反应混合液 |
| 去离子水 | (135-x)μl | |
| 100 mmol/L 琥珀酸钠 | 20μl（启动剂） | |

③向 96 孔板中逐个加入 10μg 左右线粒体（实际体积根据线粒体浓度而定）。

④根据待检测样品数量，将 0.4mmol/L DCIP、10× 反应液和去离子水配成反应混合液（为保证反应液足量，可比实际样品数多配 2~3 个），每孔加入 (180-x)μl（可逐孔加入，样品多时也可用排枪同时加入），轻微摇晃，使线粒体与反应液混合混匀。

⑤将 96 孔板在 30℃ 保温 5min，同时，将酶标仪设置为动态检测，温度 30℃，扫描波长 600nm。

⑥将 96 孔板放入酶标仪样品槽内，用排枪向每孔同时加入 20μl 100mmol/L 琥珀酸钠启动反应，并以最快的速度开始检测，记录 5min 内的扫描结果。

(4) 结果判读

以小鼠骨骼肌线粒体（浓度 340μg/ml）为例，经 Molecular Devices 酶标仪检测及 Softmax 软件分析，得到图 14-10 所示的复合体 Ⅱ 活性检测结果。在扫描记录的 5min 内，随着 DCIP 被 CoQ 还原，反应液的蓝色逐渐变淡，表现为 600nm 处的吸光值逐渐减小。反应的 $R^2$ 为 0.999，表示反应的线性较好，其斜率可表征最大反应速率，即 $V_{max}$ 为 -68.82。

**3. 线粒体呼吸链复合体 Ⅲ 活性的测定**

(1) 原　理

线粒体呼吸链复合体 Ⅲ（还原型 CoQ-细胞色素 c 还原酶）可催化还原型 CoQ

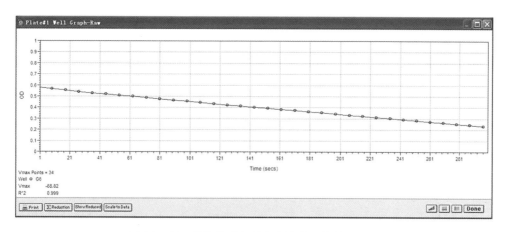

图 14-10　线粒体呼吸链复合体Ⅱ活性检测结果

的氧化及细胞色素 c 的还原,该反应速率以单位时间内反应介质中细胞色素 c 被还原的量来衡量,并与酶的活性成正比。

(2) 试　剂

① 50mmol/L decylubiquinol:将 decylubiquinone 溶解在无水乙醇中(约 25mmol/L),将其加入 6ml 含 100mmol/L 磷酸钾(pH 7.4)和 250mmol/L 蔗糖的混合液中,再加入一定量的连二亚硫酸钠粉末,充分混匀,待混合液变为无色时加入 1ml 环己烷混匀,静置分层后,将上层环己烷移出至新的 EP 管中(避免混入下层水相),向原管中加入少量环己烷再萃取一次,合并两次萃取所得的环己烷溶液,真空干燥得淡黄色浆状物,用适量体积的无水乙醇(经 0.1mol/L HCl 酸化)溶解沉淀至浓度为 50mmol/L,分装后 -20℃ 冻存。

② 10×反应液(表 14-5)。

表 14-5　复合体Ⅲ 10×反应液配方

| 储备液 | 体积(总体积 10ml) | 终浓度 |
| --- | --- | --- |
| 1 mol/L Tris-HCl pH 7.8 | 5ml | 0.5mol/L Tris-HCl pH 7.8 |
| 10% 牛血清白蛋白(BSA) | 100μl | 0.1% BSA |
| 2% 吐温 20 | 2.5ml | 0.5% 吐温 20 |
| 2mol/L 叠氮钠 | 10μl | 2mmol/L 叠氮钠 |
| 50mmol/Ldecylubiquinol | 100μl | 0.5mmol/Ldecylubiquinol(临用前加) |
| 去离子水 | 2.29ml | |

③ 0.25mmol/L 细胞色素 c:30.56mg 细胞色素 c 溶于 10ml 50mmol/L Tris-HCl pH 7.8。分装后 -20℃ 避光冻存,避免反复冻融。

(3) 操　作

①将不同实验组的线粒体提取完毕后,通过BCA法对线粒体蛋白进行定量,并调成一致的浓度。

②将检测所需试剂提前置于冰上解冻,配置反应体系(每样品200μl)如下:

```
线粒体                    xμl(预先加入)
0.25mmol/L 细胞色素c      40μl  ⎫
去离子水                  (140-x)μl ⎬ 反应混合液
10×反应液                 20μl(启动剂) ⎭
```

③向96孔板中逐个加入2μg左右线粒体(实际体积根据线粒体浓度而定)。

④根据待检测样品数量,将0.25mmol/L细胞色素c和去离子水配成反应混合液(为保证反应液足量,可比实际样品数多配2~3个),每孔加入(180-x)μl(可逐孔加入,样品多时也可用排枪同时加入),轻微摇晃,使线粒体与反应液混合混匀。

⑤将96孔板在30℃保温5min,同时,将酶标仪设置为动态检测,温度30℃,扫描波长550nm。

⑥将96孔板放入酶标仪样品槽内,用排枪向每孔同时加入20μl 10×反应液启动反应,并以最快的速度开始检测,记录5min内的扫描结果。

(4) 结果判读

以MC3T3-E1细胞中提取的线粒体(浓度500μg/ml)为例,经Molecular Devices酶标仪检测及Softmax软件分析,得到图14-11所示的复合体Ⅲ活性检测结果。随着细胞色素c被还原,反应液在550nm处的吸光值逐渐减小。截取反应的线性区段(55~300s, $R^2$ 为0.995)进行分析,其斜率可表征最大反应速率,即 $V_{max}$ 为-99.16。

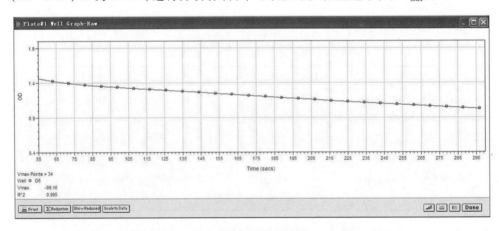

图14-11　线粒体呼吸链复合体Ⅲ活性检测结果

## 4. 线粒体呼吸链复合体Ⅳ活性的测定

（1）原　理

线粒体呼吸链复合体Ⅳ（细胞色素 c 氧化酶）可催化还原型细胞色素 c 的氧化，该反应速率以单位时间内反应介质中还原型细胞色素 c 的氧化量来衡量，并与酶的活性成正比。

（2）试　剂

①0.25mmol/L 还原型细胞色素 c：将 124mg 细胞色素 c 溶于 1ml 50mmol/L 磷酸钾缓冲液（pH 7.0），加入 24μl 左右新鲜制备的 2mol/L 抗坏血酸盐（维生素 C），充分混匀使细胞色素 c 还原，取 5μl 还原好的细胞色素 c 加入 995μl 磷酸钾缓冲液中，550nm 测定吸光值。向测定杯中再加入 1μl 左右新鲜制备的 1mol/L 连二亚硫酸钠，550nm 测定吸光值，若吸光值仍有变化，则继续加入抗坏血酸盐进行还原，直至溶液在加入连二亚硫酸钠前后的吸光值不变。继而用 Microcon YM-3 或 YM-10 离心超滤装置（Millipore）将抗坏血酸盐从还原型细胞色素 c 溶液中分离除去。先向超滤管中加入 100μl 磷酸钾缓冲液洗涤平衡，再加入 250μl 还原型细胞色素 c 混合液于 4℃，14 000g 离心 50~60min，弃管内液体，加入 400μl 磷酸钾缓冲液于 4℃，14 000g 离心洗涤 2~3 次，每次 50~60min，将超滤管倒置于新的 EP 管中，4℃，1200g 离心 5min，加入适当体积的磷酸钾缓冲液稀释后测定浓度。取 5μl 已经还原好并去除抗坏血酸盐的细胞色素 c 加入 995μl 磷酸钾缓冲液中，测定 550nm 处的吸光值，记为 $OD_{550red}$，再往测定杯中加入 0.5~5μl 1mol/L 新鲜制备的铁氰化钾，测定 550nm 处的吸光值，记为 $OD_{550ox}$，还原性细胞色素 c 浓度（mmol/L）=（$OD_{550red}$ - $OD_{550ox}$）× 100/21.1（100 为稀释倍数；21.1 为摩尔吸光系数），用磷酸钾缓冲液稀释至 0.25mmol/L，分装后 -80℃ 冻存。

②10×反应液（表 14-6）。

表 14-6　复合体Ⅳ 10×反应液配方

| 储备液 | 体积（总体积 10ml） | 终浓度 |
| --- | --- | --- |
| 1mol/L 磷酸钾 pH 7.0 | 5ml | 0.5mol/L 磷酸钾 pH 7.0 |
| 10% 牛血清白蛋白（BSA） | 1ml | 1% BSA |
| 10% 吐温 20 | 2ml | 2% 吐温 20 |
| 去离子水 | 2ml | |

（3）操　作

①将不同实验组的线粒体提取完毕后，通过 BCA 法对线粒体蛋白进行定量，并调成一致的浓度。

②将检测所需试剂提前置于冰上解冻，配置反应体系（每样品 200μl）如下：

| | | |
|---|---|---|
| 线粒体 | xμl(预先加入) | |
| 10×反应液 | 20μl | |
| 去离子水 | (160-x)μl | 反应混合液 |
| 0.25mmol/L 还原性细胞色素 c | 20μl(启动剂) | |

③向 96 孔板中逐个加入 1μg 左右线粒体(实际体积根据线粒体浓度而定)。

④根据待检测样品数量,将 10×反应液和去离子水配成反应混合液(为保证反应液足量,可比实际样品数多配 2~3 个),每孔加入(180-x)μl(可逐孔加入,样品多时也可用排枪同时加入),轻微摇晃,使线粒体与反应液混合混匀。

⑤将 96 孔板在 30℃保温 5min,同时,将酶标仪设置为动态检测,温度 30℃,扫描波长 550nm。

⑥将 96 孔板放入酶标仪样品槽内,用排枪向每孔同时加入 20μl 0.25mmol/L 还原性细胞色素 c 启动反应,并以最快的速度开始检测,记录 5min 内的扫描结果。

(4)结果判读

以 H9c2 细胞中提取的线粒体(浓度 50μg/ml)为例,经 Molecular Devices 酶标仪检测及 Softmax 软件分析,得到图 14-12 所示的复合体Ⅳ活性检测结果。随着细胞色素 c 被氧化,反应液在 550nm 处的吸光值逐渐增大。截取反应的线性区段 (55~300s,$R^2$ 为 0.995)进行分析,其斜率可表征最大反应速率,即 $V_{max}$ 为 3.952。

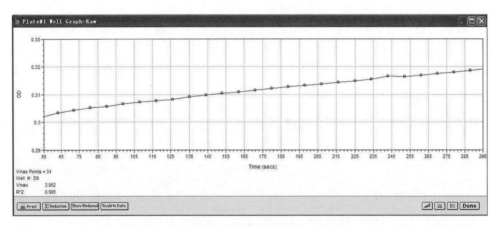

图 14-12 线粒体呼吸链复合体Ⅳ活性检测结果

### 5. 线粒体氧化磷酸化复合体Ⅴ活性的测定

(1)原 理

在 ADP 及无机磷酸存在的情况下,复合体Ⅴ(ATP 合成酶)可利用呼吸链电子传递过程中累积的质子梯度及电化学梯度蕴含的能量合成 ATP,生成的 ATP 被己糖激酶用于合成 6-磷酸葡萄糖,随后葡萄糖-6-磷酸脱氢酶在 6-磷酸葡萄糖存

## 第十四章 细胞代谢研究方法

的情况下将 NADP$^+$ 转变为 NADPH,ATP 合成酶的活性可用单位时间内反应介质中 NADPH 的增加量来衡量。

(2) 试　剂

① 10×反应液(表 14-7)。

表 14-7　复合体 V 10×反应液配方

| 储备液 | 体积(总体积 1ml) | 终浓度 |
| --- | --- | --- |
| 1mol/L HEPES pH 8.0 | 100μl | 100mmol/L HEPES pH 8.0 |
| 2mol/L 葡萄糖 | 100μl | 200mmol/L 葡萄糖 |
| 3mol/L 氯化镁 | 10μl | 30mmol/L 氯化镁 |
| 750mmol/L NADP$^+$ | 10μl | 7.5mmol/L NADP$^+$ |
| 2mol/L 琥珀酸钠 | 100μl | 200mmol/L 琥珀酸钠 |
| 500U/ml 己糖激酶 | 100μl | 50U/ml 己糖激酶 |
| 500U/ml 葡萄糖-6-磷酸脱氢酶 | 50μl | 25U/ml 葡萄糖-6-磷酸脱氢酶 |
| 去离子水 | 530μl | |

② 20mmol/L 琥珀酸钠:称取 0.3241g 琥珀酸钠溶于 1ml 去离子水得 2mol/L 琥珀酸钠,再用去离子水稀释 100 倍得 20mmol/L 琥珀酸钠。

③ 14.3mmol/L 磷酸氢二钾:称取 0.0249g 磷酸氢二钾溶于 10ml 去离子水中。

④ 10mmol/L ADP:称取 0.4272g 腺苷-5′-二磷酸钠盐溶于 10ml 去离子水中得 100mmol/L ADP 储备液,再用去离子水稀释 10 倍得 10mmol/L ADP。

⑤ 110mmol/L AMP:称取 0.3819g 腺苷-5′-单磷酸钠盐溶于 10ml 去离子水中,若采用亚线粒体颗粒作为 ATP 合酶的来源,反应混合液中需另外加入终浓度为 11mmol/L 的 AMP,用于抑制腺苷酸激酶活性的干扰。

以上试剂配好分装后 -20℃ 冻存,避免反复冻融。10×反应液最好用前再将各成分按表混合,用多少配多少。

(3) 操　作

① 将不同实验组的线粒体提取完毕后,溶解于 20mmol/L 琥珀酸钠溶液中,通过 BCA 法对线粒体蛋白进行定量,并调成一致的浓度。

② 将检测所需试剂提前置于冰上解冻,配置反应体系(每样品 200μl)如下:

| | |
| --- | --- |
| 线粒体 | xμl(预先加入) |
| 10×反应液 | 20μl |
| 14.3mmol/L 磷酸氢二钾 | (160-x)μl 　反应混合液 |
| 10mmol/L ADP | 20μl(启动剂) |

③ 向 96 孔板中逐个加入 5μg 左右线粒体(实际体积根据线粒体浓度而定)。

④根据待检测样品数量,将 10× 反应液和 14.3mmol/L 磷酸氢二钾配成反应混合液(为保证反应液足量,可比实际样品数多配 2～3 个),每孔加入(180-x)μl(可逐孔加入,样品多时也可用排枪同时加入),轻微摇晃,使线粒体与反应液混合混匀。

⑤将 96 孔板在 30℃ 保温 5min,同时,将酶标仪设置为动态检测,温度 30℃,扫描波长 340nm。

⑥将 96 孔板放入酶标仪样品槽内,用排枪向每孔同时加入 20μl 10mmol/L ADP 启动反应,并以最快的速度开始检测,记录 5min 内的扫描结果。

(4) 结果判读

以小鼠骨骼肌线粒体(浓度 340μg/ml)为例,经 Molecular Devices 酶标仪检测及 Softmax 软件分析,得到图 14-13 所示的复合体 V 活性检测结果。伴随着 NADPH 的生成,反应液在 340nm 处的吸光值逐渐增大。截取反应的线性区段(28～300s, $R^2$ 为 1.000)进行分析,其斜率可表征最大反应速率,即 $V_{max}$ 为 45.777。

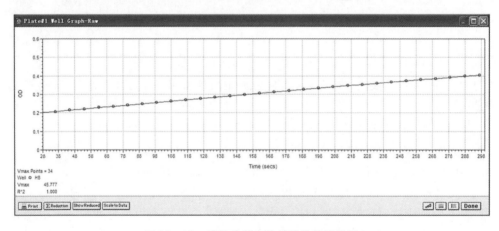

图 14-13　线粒体复合体 V 活性检测结果

## 四、注意事项

### 1. 线粒体提取过程的注意事项

● 为避免室温下线粒体膜的不稳定及酶的失活,线粒体提取过程应全程在冰浴中进行,实验中用到的离心机、匀浆器、离心管及分离介质等至少提前 30min 预冷。

● 根据不同组织和细胞的特性选择其最适的匀浆方法,为减少不同实验组间样品由于操作造成的差异,匀浆的条件应尽可能一致和标准化。

● 为达到最好的研磨效果,在使用杜恩斯手动匀浆器时应注意研杵的松紧和配套性,紧型主要用于组织培养细胞,而松型主要用于小量柔软组织。匀浆过程中注意不要在研杵和匀浆器之间形成真空,以免产生气泡破坏线粒体活性。

● 对油脂含量较高的脂肪组织和脑组织,提取线粒体时应注意去除附着在液面及管壁的油脂。
- 不同组织来源的线粒体大小不一,根据其沉降的离心力大小可分为重线粒体与轻线粒体,测定呼吸链复合体功能时无须区分重线粒体与轻线粒体,通常使用10000g离心力下分离得到的所有线粒体。
- 所得线粒体经蛋白定量调成一致的浓度后,最好分装保存于-80℃,避免反复冻融。

2. 复合体酶活性检测的注意事项
- 反应液应充分混匀,并提前恢复至室温。
- 向96孔板中加样时应注意避免产生气泡。
- 检测温度可根据实际情况进行调整,最好通过预实验比较同一样品分别在25℃、30℃及37℃下的反应速率,以便确定不同反应的最适温度,并在最适温度下进行孵育和测定。
- 为保证加入启动剂后即刻开始检测,可采用排枪同时加入启动剂。当样品数较多时,反应混合液也可采用排枪加入,同时需要进行分批检测,最好保证每一批样品同时包含了所有实验组,以便于在同一检测条件下对不同实验组间进行比较。
- 检测结果一定要根据实际情况选取线性区段进行分析,保证同一批检测的所有样品选取相同的反应时间段。

## 五、个人心得

- 由于线粒体分离介质中含有蔗糖,易于滋生细菌而变质,低温条件下也不宜储存过久,最好现用现配,注意将pH调至7.4~7.5。
- 为保证得到足量的线粒体进行酶活检测,提取所用的组织和细胞量相比于平时提蛋白所需的量可适当增加,尤其是脂肪等线粒体含量较少的组织。从组织培养细胞中提取线粒体时,建议用直径≥10cm的培养皿,若有个别实验组的细胞数量较少(比如损伤处理组),收集细胞时可根据实际情况将多个皿合并,保证不同实验组的细胞量大致相同。
- 最好将所提取的线粒体单独分出一部分溶解于20mmol/L琥珀酸钠溶液中,用于线粒体复合体Ⅴ的测定,然而,如果线粒体总量较少,也可统一溶解于分离介质中进行检测。
- 反应进行的时间和反应速率的大小受线粒体的质量、来源和反应温度等因素的影响,在扫描记录的5min内,只有在反应趋于线性的阶段($R^2$趋近于1),吸光值的变化速率才与酶的活力单位成正比,因此,应选取反应的线性区段进行分析。

(赵 琳、龙建纲、高 静,西安交通大学,e-mail:gaojing005@163.com)

# 第十五章　相关细胞学技术

## 第一节　细胞冻存

### 一、基本原理及实验目的

细胞冻存是保存细胞的最基本方法,当不加保护剂直接冻存细胞时,细胞内和外环境中的水会形成冰晶,从而引起细胞死亡。因此,正常情况下冻存细胞,通常会向培养液中加入保护剂,使用逐步降低温度的方法,以减少冻存过程中细胞内冰晶形成、保护细胞。

### 二、主要仪器及试剂

①超净台、台式离心机、冰箱、低温冰箱( −80℃)、大容量电动移液器、单通道移液器。

②枪头、冻存管、移液管、离心管、细胞培养皿、废液缸、油性记号笔、普通签字笔、实验记录本。

③胎牛血清、无血清培养基、PBS(pH 7.4)、0.25%胰蛋白酶溶液。

④含20%胎牛血清的培养基。将培养基和胎牛血清按4:1比例混合,过滤除菌备用,4℃保存。

⑤细胞冻存液。含20%胎牛血清的培养基和DMSO按照9:1比例混合,备用。

### 三、操作步骤

**1. 贴壁生细胞的冻存**

①取对数生长期的细胞,当细胞生长覆盖培养皿(10cm 培养皿为例)底80~90%时,将10ml无菌的移液管插入大容量电动移液器锥管嘴内,通过移液管吸去细胞培养液,将其移至废液缸内。

②加入5ml PBS,洗涤1~2次后,弃去培养皿中的PBS至废液缸。

③重新加入1ml胰酶,37℃消化细胞,镜下观察。

④当细胞变圆并有部分细胞脱壁后,加入1ml含有10%血清的培养基终止消化。并轻轻吹打培养皿底部,使细胞完全脱壁,均匀分散形成细胞悬液。

⑤将细胞悬液移入15ml离心管,室温、1000r/min离心5min。

⑥弃上清液,加入无血清培养基2ml,轻轻吹打,重悬细胞。

⑦室温、1000r/min离心5min。

⑧弃上清液,加入1ml细胞冻存液,重悬细胞。

⑨将细胞悬液移入冻存管中,4℃放置10~30min。

⑩ -20℃放置1~2h, -70℃放置16~18h或过夜。

⑪放入液氮中长期保存。

2. **悬浮生长细胞的冻存**

①从培养皿(10cm培养皿为例)取对数生长期的悬浮细胞,移至15ml离心管内,室温、1000r/min离心5min。

②弃上清液,加入2ml PBS重悬细胞。

③室温、1000r/min离心5min。

④弃上清液,加入2ml无血清培养基重悬细胞。

⑤取10μl细胞用血细胞计数板计数。

⑥室温、1000r/min离心5min。

⑦弃上清液,加入1~2ml细胞冻存液,重悬细胞后使细胞密度达到$5 \times 10^6/ml \sim 1 \times 10^7/ml$。

⑧将细胞悬液移入冻存管中,4℃放置10~30min。

⑨ -20℃放置1~2h, -70℃放置16~18h或过夜。

⑩放入液氮中长期保存。

## 四、结果判读

细胞冻存是细胞培养技术中的一个重要部分,选择合适的冻存方法是保证冻存效果的关键所在。影响细胞冻存的因素较多,因此判断细胞冻存质量的优劣,需要看复苏后细胞的形态及其生长状态。若复苏后细胞存活率高且生长状态良好,这就说明细胞冻存的过程没有问题。

## 五、注意事项

- 冻存的细胞需要细胞增殖旺盛,情况稳定,无污染,多处于对数生长期的细胞。
- 所有的细胞实验中均需要注意无菌操作。
- 细胞冻存液的配置要根据细胞的类型进行调整。
- 细胞冻存的过程,降温的速率要小。过快地降温,会导致细胞内形成冰晶引起细胞死亡。

- 冻存的细胞一定要标记好名称、日期以及冻存人姓名等项目。
- 在细胞冻存的时候务必将冻存管拧紧。

## 六、个人心得

- 在细胞冻存前,要仔细观察细胞的状态,细胞状态的好坏决定复苏后细胞的生长情况。
- 在冻存的前一天最好给细胞换液,保证细胞冻存前有足够的营养,以保持最好的细胞增殖状态。
- 将细胞从4℃移至-20℃时,要将细胞温和颠倒数次,使细胞混匀。因为细胞在4℃放置时会发生沉降,如果不混匀就移至-20℃,细胞会大量堆积在冻存管底部,影响细胞冻存状态,不利于细胞复苏。
- 对于普通细胞,依据本实验配方配制冻存液能很好地冻存细胞。但对于一些特殊的细胞可以通过提高血清浓度或将用过的培养基与新培养基混合用于细胞冻存,这样效果更佳。
- 对于增殖比较旺盛的细胞,在冻存时可以选用相对较小的细胞浓度,一般情况下,长满一个10cm培养皿的细胞分2~4支冻存。对于增殖比较缓慢的细胞,一般长满10cm培养皿的细胞1支冻存。
- 处理细胞前,最好将培养基、PBS和胰酶在37℃水浴锅预热,以减小对细胞的影响。
- 如果细胞只是短期内不用(6个月以内),将细胞冻存在-80℃冰箱中即可;若长期不用,最好还是将其保存在液氮中。
- 冻存液不要现配,因为DMSO现配可能会对细胞产生毒性。
- 如果实验室条件允许,可以选用细胞程序降温盒来完成细胞冻存过程。

# 第二节 细胞复苏

## 一、基本原理及实验目的

细胞复苏是将冻存在液氮或者-80℃冰箱中的细胞解冻后重新培养。与细胞冻存不同,细胞复苏一般以很快的速度升温,1~2min内即恢复到常温,防止在解冻过程中水分进入细胞,形成冰晶,影响细胞存活。

## 二、主要仪器及试剂

①超净台、台式离心机、大容量电动移液器、单通道移液器。

②枪头、移液管、离心管、细胞培养皿、废液缸、油性记号笔。
③含10%胎牛血清培养基、PBS(pH 7.4)。

### 三、操作步骤

①将水浴锅温度调整至37℃，预热含10%胎牛血清培养基。
②回温后将其用75%乙醇溶液擦拭，移入无菌操作台内。
③将10ml无菌的移液管插入大容量电动移液器锥管嘴内，向15ml离心管中加入9ml含10%胎牛血清。
④从液氮罐中取出冻存管,立即投入37℃水浴锅内迅速晃动,直至冻存液完全溶解。
⑤当冻存液完全融化后,将细胞冻存悬液转移到15ml离心管内,轻轻吹打混匀。
⑥室温,1000r/min离心5min,弃上清液。
⑦用1ml含10%胎牛血清培养基重悬细胞沉淀。
⑧将10ml无菌的移液管插入大容量电动移液器锥管嘴内,向10cm细胞培养皿内加入9ml含10%胎牛血清。
⑨将1ml细胞悬液接种到10cm细胞培养皿内。
⑩轻轻摇匀细胞,放置在37℃、5% $CO_2$细胞培养箱培养。
⑪24~48h后,根据细胞的生长状态,更换新的培养基。

### 四、结果判读

判断细胞复苏成功与否,需要看复苏后细胞的生长状态。例如贴壁细胞,如果复苏后95%以上的细胞贴壁,而且细胞状态良好,这就说明细胞复苏的过程没有问题。

### 五、注意事项

- 细胞复苏注意无菌操作。
- 细胞复苏过程中,升温的速率要大,把从液氮或-80℃冰箱取出的细胞在最短时间内放入37℃水浴锅。
- 细胞放入水浴中注意用镊子夹住细胞冻存管并在水浴锅中不时晃动,使其受热均匀,并防止水浴时水进入细胞冻存管污染细胞。打开细胞冻存管之前要用75%乙醇溶液棉球清洁管口,防止细菌污染。
- 液氮操作有一定的危险,操作人员应该佩戴眼镜和手套取出细胞冻存管。复苏时若有液氮进入,请一定要拧松冻存管盖,排出液氮,防止温度升高时爆炸。

### 六、个人心得

- 细胞复苏时,应先准备好水浴锅及离心管等物品,然后再解冻细胞。
- 从液氮中取细胞时,要做好个人防护工作,应该佩戴眼镜和手套防止液氮溅出冻伤人体。
- 液氮罐冻存盒中会放置很多细胞,这就需要在取细胞的时候动作迅速、准确。如果冻存盒在外面放置时间过长,就会影响其他细胞的生存状况。所以,在冻存细胞时一定要做好标记,取细胞时做到有的放矢。
- 在接种细胞时,尽量使细胞的浓度高一些,这样贴壁的细胞很快就能长满培养皿,对细胞状态影响会小一些。
- 复苏时离心去除 DMSO,有利于细胞的存活和生长。
- 细胞复苏时需要快融,需要在 1~2min 内使冻存管内液体完全融化。
- 细胞复苏时,培养液可以不加抗生素或提高培养基中血清的浓度,这样有利于细胞的存活和生长。

## 第三节 细胞计数法测定生长曲线

### 一、基本原理及实验目的

典型的生长曲线即可分为潜伏期、指数生长期、平顶期及退化衰老四个部分,其中潜伏期、指数生长期和平顶期是所有细胞系共有的特征。通过测定生长曲线,不仅可以了解培养细胞生物学特性的基本参数、测定细胞绝对生长数、判断细胞活力,而且也可测定培养基、药物等外来因素对细胞生长的影响。细胞计数是细胞培养研究中最常用的技术之一。在测定细胞生长曲线的实验中,细胞计数是最简便而且重要的手段,其原理是测定单位体积内细胞数量,从而计算出细胞浓度。

### 二、主要仪器及试剂

①0.25% 胰蛋白酶溶液、含 10% 胎牛血清培养基、PBS(pH 7.4)、无血清培养基。
②离心管、血细胞计数板、单通道移液器、枪头、6 孔板、盖玻片等。
③倒置显微镜、细胞培养箱、超净台、水浴锅。

### 三、操作步骤

①将血细胞计数板及盖玻片洗净、晾干、待用。

②从培养箱中取出培养皿,观察细胞生长状态及细胞密度(以贴壁细胞和10cm培养皿为例)。

③弃去培养皿中培养液,加入5ml PBS,洗涤1~2次后弃去培养皿中的PBS至废液缸。

④重新加入1ml胰酶,37℃常规消化细胞。

⑤室温,1000r/min离心5min,弃上清液。

⑥加入1~2ml培养基重悬细胞,使之成为单细胞悬液。

⑦在1.5ml离心管内加入培养基并加入一定比例的细胞悬液,对细胞悬液进行倍数稀释。

⑧用移液器吸取约10μl稀释后的细胞悬液,加样到血细胞计数板上。

⑨10倍物镜下计数血细胞计数板四角大方格内细胞的数量。

⑩按公式计算出细胞悬液的浓度,再根据原细胞悬液的体积计算出总细胞数。调整细胞浓度至$1\times10^5$/ml~$1\times10^6$/ml。细胞浓度 = 计数板四角大方格内细胞的数量/4×稀释倍数×$10^4$/ml。

⑪6孔板内每孔接种浓度为$1\times10^4$/ml~$4\times10^4$/ml细胞悬液1ml,随后加入3ml含10%胎牛血清培养基。

⑫按十字形晃动孔板,使细胞均匀分散,放入37℃细胞培养箱培养。

⑬以后每2~3天换液1次。

⑭从第2天开始,每隔24h取出孔板,吸弃培养液,加入1ml胰酶消化细胞,然后加入1ml培养基中和消化,制备单细胞悬液。

⑮重复⑦~⑩操作,计算每孔总细胞数,取平均值。

⑯以时间为横轴,细胞数为纵轴绘制细胞生长曲线。

## 四、结果判读

所得理想结果如图15-1所示(Excel作图),前几天细胞处于潜伏期,而后进入对数生长期,最后进入平台期。因此,所得曲线类似"S"形。一般的实验选择细胞时都会选择对数生长期的细胞。在对数生长期内,利用作图法可得细胞群体倍增时间(即细胞总数翻倍的时间)。

## 五、注意事项

● 消化细胞时,要将细胞消化完全,一定要制备成单细胞悬液。
● 计数前应将细胞彻底混匀,尤其在连续取样计数的时候,更须注意。
● 计数时若有细胞团块,应按单细胞计算。如果细胞团很多,说明消化或者重悬不够充分,应分散细胞后重新取样计数。

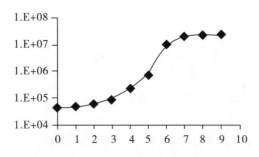

图 15-1　细胞计数法绘制细胞生长曲线

- 细胞压在格线上时,则只计上线,不计下线,只计右线,不计左线。
- 当每个大方格中细胞 <20 或者 >300 个时,说明稀释的倍数不当,应重新稀释计数。
- 在血细胞计数板中滴入悬液,盖下盖玻片时要防止气泡产生。
- 在血细胞计数板中滴入悬液,不能让悬液流入旁边槽中,否则要重新计数。
- 向 6 孔板接种细胞时,一定要"十"字形晃动,使细胞分散均匀。
- 细胞生长曲线为最常用方法,但有时其反映数值不够精确,可有 10% ~ 30% 的误差,需结合其他指标进行进一步分析。

## 六、个人心得

- 在消化计数前,可以大概估计培养皿中的细胞数,这样可以知道计数之前应该稀释多少倍,并且细胞悬液浓度最好不要小于 $10^4/ml$。
- 如果实验的目的是为了知道培养器皿中总的细胞数,在消化的时候可以加入定量的胰酶。中和消化时,加入定量的培养基,这样就可以知道原细胞悬液的体积,在计算出细胞浓度后就可以知道细胞的总数了。
- 如果实验的目的是为了取一定量的细胞接种培养器皿,只需知道细胞悬液的浓度即可。
- 现在,不少实验室有了细胞计数仪,细胞计数工作更加简单化了。细胞计数仪的型号不同,其操作程序也不同,使用时按照说明操作即可。
- 在接种 6 孔板的时候,为了使细胞分散均匀,进行十字形晃动时,每个方向晃动的时间可以适当延长,但要注意用力不要过大,以防细胞悬液溅出。
- 接种 6 孔板的时候接种细胞的密度不宜过大,以防止细胞过早进入生长抑制期。
- 接种 6 孔板的尽量保证每孔的细胞数量一致。
- 在每天消化细胞计数的时候,可以适当延长消化的时间,使细胞完全脱壁时再中和消化。

- 为了提高计数的可靠性,可设置的 2~4 复孔。若计数时个别孔的结果明显异常,则需要重新计数或弃去不用。

# 第四节　MTT 法测定细胞增殖

## 一、基本原理及实验目的

MTT 化学名为 3-(4,5-二甲基噻唑-2)-2,5-二苯基四氮唑溴盐,商品名为噻唑蓝。MTT 比色实验是一种检测细胞存活和生长的方法。其原理是为活细胞线粒体中的琥珀酸脱氢酶能使外源性 MTT 还原为水不溶性的蓝紫色结晶甲臜产物(formazan)并沉积在细胞中,而死细胞无此功能。检测方法是利用 DMSO 溶解此结晶后,再用酶联免疫检测仪在 490~560nm 波长处检测吸光度值。此方法在生物活性因子的活性检测、抗肿瘤药物筛选、细胞毒性实验以及肿瘤放射敏感性测定等实验中广泛应用。MTT 法具有灵敏度高、重复性好、经济、快速等优点。

## 二、主要仪器及试剂

①MTT 溶液:称取 100mg MTT 粉末加入 20ml Opti-MEM 中,搅拌使之充分溶解,过滤除菌,分装,4℃保存,2 周内有效。

②0.25% 胰酶溶液、含 10% 血清培养基、DMSO、无血清培养基。

③96 孔板、移液器、八通道移液器、离心管、血细胞计数板、酶联免疫检测仪、细胞培养箱、超净台等。

## 三、操作步骤

**1. 贴壁细胞 MTT 法测定细胞增殖**

①使用 10cm 培养皿培养细胞,当细胞长至 90% 待用。

②常规消化细胞,离心收集细胞沉淀。

③含血清培养基重悬,制成单细胞悬液。

④血细胞计数板进行细胞计数。

⑤按一定的倍数稀释细胞悬液,调整细胞浓度至 $5\times10^3/ml \sim 5\times10^4/ml$。

⑥用八通道移液器吸取约 150~200μl 稀释后的细胞悬液,加入 96 孔板,每板设计 5~8 个药物浓度,每个药物浓度设置 3~6 个复孔,并设置对照孔和调零孔。

⑦放入 37℃ 细胞培养箱 24h 后,加入药物。

⑧加入药物刺激 24~96h 后,每孔加入 MTT 溶液 15~20μl。

⑨37℃ 孵育 4~6h 后,小心吸弃孔内上清液。

⑩每孔加入 150μl DMSO,震荡 10min,使紫色结晶物甲臢充分溶解。

⑪在酶联免疫仪上选择 490~560nm 波长测定吸光度值,计算每组浓度复孔的平均值。

⑫利用作图软件(如 Excel、GraphPad 等),以药物浓度为横轴、吸光度值为纵轴绘制生长曲线。

2. 悬浮细胞 MTT 法测定细胞增殖

①使用 10cm 培养皿培养细胞,收集对数期细胞。

②离心收集细胞沉淀,含血清培养基重悬细胞。

③血细胞计数板细胞计数,制成 $1 \times 10^6$/ml ~ $5 \times 10^6$/ml 单细胞悬液。

④按一定的倍数稀释细胞悬液,调整细胞浓度至 $1 \times 10^3$/ml ~ $5 \times 10^4$/ml。

⑤用八通道移液器吸取约 200μl 稀释后的细胞悬液,加入 96 孔板,每板设计 5~8 个药物浓度,每个药物浓度设置 3~6 个复孔。并设置对照孔和调零孔。

⑥放入 37℃细胞培养箱 24h 后,加入药物。

⑦加入药物刺激 24~96h 后,每孔加入 MTT 溶液 20μl。

⑧37℃孵育 4~6h 后,小心吸弃孔内上清液。

⑨板式离心机 1000r/min,10min,小心吸掉上清,每孔加入 150μl 二甲基亚砜,置摇床上低速振荡 10min,使紫色结晶物甲臢充分溶解。

⑩在酶联免疫仪上选择 490~560nm 波长测定吸光度值,计算每组浓度复孔的平均值。

⑪利用作图软件(如 Excel、GraphPad 等),以药物浓度为横轴、吸光度值为纵轴绘制生长曲线。

四、结果判读

所得的实验结果如图 15-2 所示(GraphPad 作图)。所得的柱状图以药物 A 浓度为横轴、吸光度值为纵轴绘制。此为不同浓度药物 A 在 24h 内对 A375 细胞增殖的影响。图 15-3 为根据图 15-2 所得数据,代入公式药物抑制率 =(对照-给药)/(对照-调零)×100%,绘制的药物 A 对 A375 细胞抑制率的结果。

五、注意事项

- 注意细胞的无菌操作。
- 要选对数生长期细胞接种,接种细胞时选择合适的细胞浓度。
- 血清物质会影响试验孔的光吸收值,因此吸弃培养上清液时尽量将残存的培养液吸干净。
- 必须设置对照孔和调零孔。

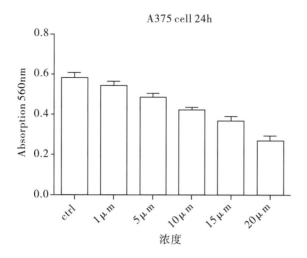

图 15-2　MTT 检测不同处理组吸光值

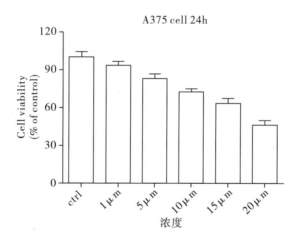

图 15-3　根据 MTT 吸光值换算为药物对的细胞的抑制的百分比结果

- MTT 实验结果的为了保证线性关系,吸光度最好为 0.2~0.8。

## 六、个人心得

- 接种细胞时,要选择合适的细胞数。某些细胞(如很多恶性肿瘤细胞)增殖能力较强,接种时浓度不宜过高,一般 $1 \times 10^3/ml \sim 5 \times 10^3/ml$ 即可。若细胞增殖能力较弱(如某些正常细胞),接种时可选择较高的细胞浓度。
- 由于液体的表面张力,细胞可能会聚集在 96 孔板的边缘,造成不均匀而影响实验结果。这就需要在接种的过程中,将细胞悬液垂直缓慢加入 96 孔板的中央,接种后尽量不要晃动孔板。

●调零孔设置:培养基、MTT、二甲基亚砜,对照孔设置:细胞、相同浓度的药物溶解介质、培养液、MTT、二甲基亚砜。

●加入 MTT 后,当板底出现较多的紫黑色沉淀颗粒,说明反应充分,可以结束 MTT 孵育过程。

●如加入 MTT 后都有个别孔立即变为蓝黑色,说明存在细胞污染的情况。

●在加入 MTT 孵育后,吸弃培养上清液时,动作尽量轻柔,不要破坏结晶体。为了增加实验结果的可靠性,可以在吸弃上清液前,将 96 孔板放置在板式离心机上,1000r/min 离心 5min,利用负压吸引器及细的注射器针头将培养上清液吸去。

●贴壁不好的细胞在一般在接种细胞前,将 96 孔板用多聚赖氨酸预处理,在弃液体时先用板式离心机离心后,再轻轻弃去液体。

●确认加入的药物是否具有氧化还原性,如果药物的氧化还原性很强,可以用 PBS 将细胞漂洗后,再加入 MTT 工作液,这样将不会影响实验结果。

●96 孔板的边孔一般具有边缘效应,边孔的水分蒸发很快,培养液及里面的药物会出现浓缩现象,这样会导致数据的 SD 较大。因此,我们在做实验时,一般不选择边孔,并且通常会在边孔内加入 PBS,以饱和中间 60 个孔的水分。

●计算细胞增殖率公式:(给药 - 对照)/(对照 - 调零)×100%;计算细胞抑制率公式:(对照 - 给药)/(对照 - 调零)×100%。

## 第五节 CCK-8 法测定细胞增殖

### 一、基本原理及实验目的

CCK-8 全称 Cell Counting Kit-8,是一种基于 WST-8[化学名:2 -(2 - 甲氧基 - 4 - 硝苯基)- 3 -(4 - 硝苯基)- 5 -(2,4 - 二磺基苯)- 2H - 四唑单钠盐]的应用于细胞增殖和细胞毒性的快速、高灵敏度检测试剂盒。其工作原理类似于 MTT,在电子耦合试剂存在的情况下,WST-8 可以被线粒体内的脱氢酶还原生成高度水溶性的橙黄色的甲臜产物(formazan)。颜色的深浅与细胞的增殖成正比,与细胞毒性成反比。CCK-8 法在药物筛选、细胞增殖测定、细胞毒性测定、肿瘤药敏试验以及生物因子的活性检测等方面应用非常广泛。

### 二、主要仪器及试剂

①0.25% 胰酶、含血清培养基、DMSO、CCK-8 试剂盒。

②96 孔板、移液器、八通道移液器、离心管、血细胞计数板、酶联免疫检测仪、倒置显微镜、细胞培养箱、超净台等。

## 三、操作步骤

**1. CCK-8 法测定贴壁细胞增殖**

①使用 10cm 培养皿培养细胞,当细胞长至 90% 待用。
②常规消化细胞,离心收集细胞沉淀。
③含血清培养基重悬,制成单细胞悬液。
④血细胞计数板进行细胞计数。
⑤按一定的倍数稀释细胞悬液,调整细胞浓度至 $5 \times 10^3/ml \sim 5 \times 10^4/ml$。
⑥用八通道移液器吸取约 200μl 稀释后的细胞悬液,加入 96 孔板,每板设计 5~8 药物浓度,每个药物浓度设置 3~6 个复孔。并设置对照孔和调零孔。
⑦放入 37℃ 细胞培养箱 24h 后,加入药物。
⑧加入药物刺激 24~96h 后,每孔加入 CCK-8 溶液 10μl。
⑨37℃ 孵育 1~4h 后,在酶联免疫仪上选择 450nm 波长测定吸光度值,计算每组浓度复孔的平均值。
⑩利用作图软件(如 Excel、GraphPad 等),以药物浓度为横轴、吸光度值为纵轴绘制生长曲线。

**2. CCK-8 法测定悬浮细胞增殖**

①使用 10cm 培养皿培养细胞,收集对数期细胞。
②离心收集细胞沉淀,含血清培养基重悬细胞。
③血细胞计数板细胞计数,制成 $1 \times 10^6/ml \sim 5 \times 10^6/ml$ 单细胞悬液。
④按一定的倍数稀释细胞悬液,调整细胞浓度至 $5 \times 10^3/ml \sim 5 \times 10^4/ml$。
⑤用八通道移液器吸取约 200μl 稀释后的细胞悬液,加入 96 孔板,每板设计 5~8 个药物浓度,每个药物浓度设置 3~6 个复孔。并设置对照孔和调零孔。
⑥放入 37℃ 细胞培养箱 24h 后,加入药物。
⑦加入药物刺激 24~96h 后,每孔加入 CCK-8 溶液 10μl。
⑧37℃ 孵育 1~4h 后,在酶联免疫仪上选择 450nm 波长测定吸光度值,计算每组浓度复孔的平均值。
⑨利用作图软件(如 Excel、GraphPad 等),以药物浓度为横轴、吸光度值为纵轴绘制生长曲线。

## 四、结果判读

所得的实验结果如图 15-4 所示(GraphPad 作图)。所得的柱状图以药物 B 浓度为横轴、吸光度值为纵轴绘制。此为不同浓度药物 B 在 24h 内对 HepG2 细胞增殖的影响。图 15-5 为根据图 15-4 所得数据,绘制的药物 B 对 HepG2 细胞生长抑制的百分比结果。

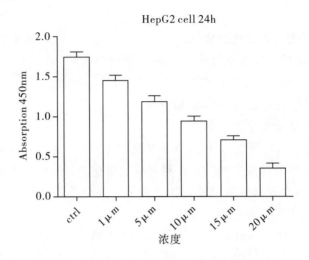

图 15-4　CCK-8 检测不同处理组吸光值

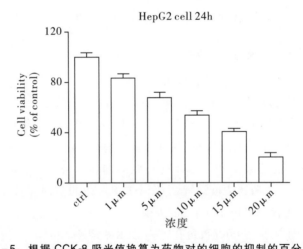

图 15-5　根据 CCK-8 吸光值换算为药物对的细胞的抑制的百分比结果

## 五、注意事项

- 注意细胞的无菌操作。
- 要选对数生长期细胞接种,接种细胞时选择合适的细胞浓度。
- 注意不要将气泡带到孔内,否则会干扰观察读数。
- CCK-8 实验结果一般 OD 值为 0.1~2,较为理想的 OD 值为 1~2。
- 酚红和血清对 CCK-8 法的检测不会造成干扰,可以通过扣除空白孔中本底的吸光度而消去。

- 为了个人身体安全和健康,建议穿戴实验服和一次性手套操作实验。

## 六、个人心得

- 接种细胞时,要选择合适的细胞数。某些细胞(如很多恶性肿瘤细胞)增殖能力较强,接种时浓度不要过高,若细胞增殖能力较弱(如某些正常细胞),接种时可选择较高的细胞浓度,因此接种细胞密度要经过多次摸索,保证检测 OD 值为 1~2。
- 接种细胞时,一定要迅速,要不时晃动细胞悬液,保证不会因细胞沉降导致接种细胞不均匀。
- 调零孔设置:培养基、CCK-8 溶液,对照孔设置:细胞、相同浓度的药物溶解介质、培养液、CCK-8 溶液。
- 同 MTT 实验一样,96 孔板边孔一般具有边缘效应,边孔的水分蒸发很快,培养液及里面的药物会出现浓缩现象,这样会导致数据的 SD 较大,因此我们在做实验时,一般不选择边孔,并且通常会在边孔内加入 PBS,以使中间 60 个孔的水分饱和。
- CCK-8 试剂的颜色为淡红色,与含酚红的培养基颜色接近,因此注意试剂不要漏加或多加。
- 本实验的检测依赖于脱氢酶催化的反应,如果待检测体系中存在较多的还原剂,需设法去除。
- 贴壁不好的细胞在接种细胞前,将 96 孔板用多聚赖氨酸预处理,在弃液体时先用板式离心机离心后,再轻轻弃去液体。
- CCK-8 试剂孵育时间和加入浓度需要多次摸索,以保证其检测 OD 值在 1.0 左右。
- 在用移液器加 CCK-8 试剂时,速度要快。为了避免加样时由于 CCK-8 试剂在枪头上的残留所带来的误差,可用培养基稀释 CCK-8 试剂后加样。
- CCK-8 在细胞增殖实验每次测定的过程中,需要避免细菌污染,以免影响结果。
- 悬浮细胞由于染色比较困难,一般需要增加细胞数量和延长 CCK-8 孵育时间。
- CCK-8 在 0~5℃下能够保存至少 6 个月,在 -20℃下避光可以保存 1 年。
- 金属对 CCK-8 实验结果会有影响,实验中应该想法去除。
- 计算细胞增殖率公式:(给药 - 对照)/(对照 - 调零)×100%;计算细胞抑制率公式:(对照 - 给药)/(对照 - 调零)×100%。

# 第六节　BrdU 法测定细胞增殖

## 一、基本原理及实验目的

BrdU 全称 5-溴脱氧尿嘧啶核苷,是人工合成的胸腺嘧啶衍生物,常用于标记活细胞中新合成的 DNA。在 DNA 合成期(S 期),可代替胸腺嘧啶选择性整合到复制细胞中新合成的 DNA 内。这种掺入可以稳定存在,随着 DNA 复制进入子细胞中。使用荧光标记的 BrdU 特异性抗体可以用于检测 BrdU 的掺入,从而判断细胞的增殖能力。

## 二、主要仪器及试剂

①0.25% 胰酶溶液、4% 多聚甲醛、含血清培养基、无血清培养基、BrdU、BrdU 兔抗体、羊抗兔二抗等。

②6 孔板、多通道移液器、单通道移液器、离心管、血细胞计数板、荧光显微镜、细胞培养箱、超净台等。

## 三、操作步骤

### 1. BrdU 免疫荧光法测定细胞增殖

①使用 10cm 培养皿培养细胞,当细胞长至 90% 时待用。

②常规消化细胞,离心收集细胞沉淀。

③使用含血清培养基重悬细胞,制成单细胞悬液。

④血细胞计数板进行细胞计数。

⑤按一定的倍数稀释细胞悬液,调整细胞浓度至 $2 \times 10^5$/ml ~ $1 \times 10^6$/ml。

⑥细胞以 $2 \times 10^5$/ml ~ $1 \times 10^6$/ml 细胞数接种于 6 孔培养板中(板内放置 3~9 个盖玻片),培养 24h,用无血清培养基培养 12~24h,同步化培养细胞。

⑦每板设计 3~5 个药物浓度,加药物后继续培养细胞 24~48h。

⑧细胞终止培养前,避光加入 BrdU(终浓度为 10~100μm),37℃,孵育 30~120min。

⑨弃培养液,盖玻片用预冷的 PBS 洗涤 2~3 次。

⑩预冷的 4% 多聚甲醛固定 10~30min。

⑪将固定好的细胞爬片用 PBS 洗 3 次,2mol/L 的 HCl 在 37℃条件下变。

⑫0.1mol/L 的硼酸钠(PH8.3)中和 5~10min,PBS 洗 3 次。

⑬加入含 0.2% TritonX-100 的 PBS 孵育 10~20min。

⑭吸出含 0.2% TritonX-100 的 PBS,用 PBS 洗 3 次,每次 5min。

⑮加入 1ml 羊血清或 5% 的 BSA(PBS 配置),室温封闭 1~2h。

⑯用 PBS 洗 3 次,每次 5min。

⑰加 Brdu 一抗(鼠单抗 1:50 1% BSA 稀释,室温 1 小时或 4℃过夜。

⑱将孵育好的细胞爬片用 PBS 洗 3 次,每次 5~10min。

⑲加二抗(羊抗鼠 FITC 1:100),用 1% BSA 稀释,避光室温孵育 1~2h。

⑳将孵育好二抗的细胞爬片用 PBS 洗 3 次,每次 5~10min。

㉑加 DAPI 染细胞核,浓度为 1μg/ml,应将 DAPI 完全混匀,避光室温反应 10min。

㉒将 DAPI 染好的细胞爬片用 PBS 洗 3 次,每次 5~10min。

㉓中性树胶封片,荧光显微镜观察,200×镜下每个玻片取 5~10 个视野,计数 Brdu 阳性细胞和蓝染的细胞核数目,然后进行统计分析。

**2. BrdU 流式细胞法测定细胞增殖**

①使用 10cm 培养皿培养细胞,当细胞长至 90% 待用。

②常规消化细胞,离心收集细胞沉淀。

③使用含血清培养基重悬细胞,制成单细胞悬液。

④血细胞计数板计数,按 $5×10^5/ml~2×10^6/ml$ 稀释细胞悬液。

⑤细胞以 $5×10^5/ml~2×10^6/ml$ 接种于 6 孔板中,培养 24h,用无血清培养基培养 12~24h,同步化培养细胞。

⑥每板设计 3~5 个药物浓度,加药物后继续培养细胞 24~48h。

⑦细胞终止培养前,避光加入 BrdU(终浓度为 10~100μm),37℃,孵育 30~120min。

⑧PBS 洗 2 次,胰蛋白酶消化,离心收集细胞。

⑨用 1ml 预冷的 70% 乙醇(PBS 配置),重悬细胞后细胞浓度为 $10^6/ml$,在 4℃ 固定细胞至少 30min。

⑩2000r/min,5min,弃上清。

⑪加入 0.5ml 2M HCl 和 0.5% Triton X-100,室温孵育 10~30min。

⑫2000r/min,5min,弃上清。

⑬用 0.5ml 0.1M 四硼酸钠重悬细胞,室温孵育 10~30min。

⑭2000r/min,5min,弃上清。

⑮使用 PBS 洗两次,PBS-T(PBS + 0.1% BSA + 0.2% Tween 20,pH 7.4)洗一次。

⑯2000r/min,5min,弃上清。

⑰用 PBS-T 重悬细胞,加 BrdU(mAb)抗体在室温下孵育 1h。

⑱2000r/min,5min,弃上清。

⑲用 PBS-T 重悬细胞,加 5μl（1μg/10⁶ cells）羊抗鼠二抗 – FITC,室温下孵育 30min。

⑳2000r/min,5min,弃上清,PBS-T 重悬细胞并转移至 FACS 管子。

㉑用 50μl DNAase（300μg/ml,Sigma）室温处理 15~30min。

㉒用 200μl 碘化丙啶（PI 50μg/ml）室温处理细胞 30min。

㉓用流式细胞进行检测。

## 四、结果判读

图 15-6 为 BrdU 检测 miR-1299 对肝癌细胞增殖的影响。结果显示在加入 miR-1299 后,肝癌细胞中 BrdU 阳性细胞显著影响,说明 miR-1299 可显著抑制肝癌细胞的增殖。

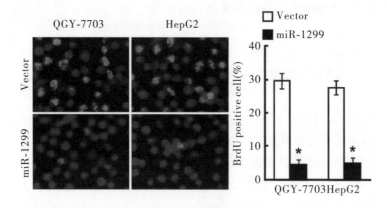

图 15-6　Brdu 实验结果

[Zhu H,et. al. miR-1299 suppresses cell proliferation of hepatocellular carcinoma（HCC）by targeting CDK6. Biomed Pharmacother,2016,1(83):792-797.]

## 五、注意事项

- BrdU 配制好后,4℃下避光保存。
- BrdU 对肌体会造成不可逆损伤,使用时注意安全,避免吸入 BrdU。
- 流式细胞检测时需要设立对照试验:a. 只用 PI 染细胞;b. 细胞没有加 BrdU,只加抗体。
- BrdU 为光敏型,所以必须在黑暗中加入。

## 六、个人心得

- 实验室如果条件允许,可以选用 EdU 替代 BrdU 检测细胞增殖;
- BrdU 最担心的是 DNA 变性不充分,抗原修复不理想。因为 BrdU 抗体比较大,无法直接与双链上的 BrdU 结合,必须先使 DNA 部分变性。因此,做 BrdU 细胞增殖实验 DNA 变性的条件掌握好是实验成功的关键之一。
- 接种细胞时,要选择合适的细胞数,以保证实验的顺利进行。
- BrdU 孵育的时间和浓度要根据接种的细胞数和细胞类型进行调整,通过多次摸索才能取得较好的实验条件和理想的实验结果。
- 70% 乙醇中储存的样品在 4℃ 可以保存两周左右。
- 用于 BrdU 检测的一抗最好买进口的单克隆抗体,在抗体无问题的情况下,一抗和二抗的比例是得到理想结果的关键之一。因此,一抗和二抗的比例要根据实验结果进行调整,如果荧光较强,可以减少一抗或二抗的浓度;如果无荧光或荧光较弱,可以增加一抗或二抗的浓度。
- DNA 变性可以选用盐酸处理,也可选用甲酰胺处理。
- BrdU 实验中一定要破膜充分,以保证抗体可以进入细胞内与充分 BrdU 结合。

## 第七节 平板克隆形成实验

### 一、基本原理及实验目的

平板克隆形成实验是检测单个细胞形成克隆的能力,从而反应细胞增殖状况的实验。对于恶性肿瘤来说,克隆形成能力越高表明其恶性程度越高。本实验适用于贴壁生长的细胞,方法简单。细胞克隆形成率反映细胞群体依赖性和增殖能力两个重要性状。

### 二、主要仪器及试剂

①0.25% 胰酶溶液、含 10% 胎牛血清的培养基、PBS 等。

②姬姆萨染液。姬姆萨粉末 0.8g 溶于 50ml 甲醇,在乳钵中充分研磨使之完全溶解,加入 50ml 甘油,摇匀,37℃~40℃ 水浴 8~12h,棕色瓶常温保存。用时,取一份姬姆萨原液溶于 9 份 PBS 中。

③直径 6cm 的培养皿、移液器、离心管、细胞计数板、超净台、细胞培养箱、水浴锅。

## 三、操作步骤

①取对数生长期的细胞,常规消化离心收集细胞沉淀。

②重悬细胞沉淀,进行细胞计数,调整细胞浓度为 $1×10^5$/ml,倍比稀释至 $1×10^3$/ml。

③取 200μl 细胞悬液接种培养皿(即每个培养皿接种 50~200 个细胞),补加培养液至 10ml。

④"十"字形晃动使细胞分散均匀,放入细胞培养箱常规培养 2~3 周。

⑤当出现肉眼可见的克隆时终止培养,弃培养液。

⑥加入 5ml PBS 洗涤 2 次,弃 PBS。

⑦甲醇固定 15min,弃固定液。

⑧加入姬姆萨染液染色 20min,自来水冲洗,空气干燥。

⑨用带网格的透明胶片计数肉眼可见的克隆数,依照克隆形成率 =(克隆数/接种细胞数)× 100% 计算。

⑩拍照。

## 四、结果判读

结果如图 15-7 所示,克隆形成能力反映了细胞增殖的状况。若为恶性肿瘤细胞,则反映了细胞的恶性程度。其中,有两个指标可以反映细胞增殖的能力,一是克隆形成率,另外一个是克隆的大小。

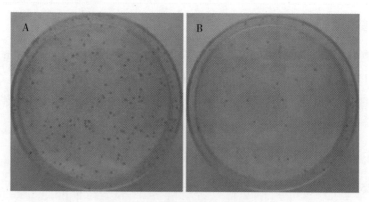

**图 15-7 平板克隆形成实验**

初始接种 200 个细胞,A 中形成克隆数为 181(其克隆形成率为 90.5%),B 中形成克隆数为 84(克隆形成率为 42%),A 的克隆形成能力显著高于 B

## 五、注意事项

- 选择细胞时,要选对数生长期的细胞,计数要准确。最好计3遍,取平均值。
- 接种细胞时,一定要使细胞分散均匀。
- 培养过程中要注意培养液的颜色,观察是否有污染。
- 在具体的实验分组中,为了便于统计学分析,一般每个实验组接种3个或以上的培养皿。

## 六、个人心得

- 初始接种细胞数。从统计学上分析,初始接种细胞越多,越能反映细胞增殖能力。但是当接种细胞数多了之后会出现数个细胞克隆融合的现象,这样计数就不准确。另外,细胞数过多也会给计数带来麻烦。直径6cm的培养皿,接种50~200个细胞比较合适。
- 培养时间问题。一般情况下,接种细胞后培养2~3周,这取决于单个细胞形成克隆能力的强弱。在培养过程中,可以隔两三天在显微镜下观察一下,若大多数克隆均含有50个以上的细胞,这时就可以终止培养,进行染色。
- 在接种细胞时,一定要进行"十"字形晃动,而且时间可以适当延长,以使细胞分散均匀。一般情况下,接种200个细胞时,加入8ml的培养液足够支撑3周,中间可不更换液体,主要注意有无污染即可。
- 细胞计数时,可将平皿倒置并叠加一张带网格的透明胶片,这样方便用肉眼直接计数克隆。
- 平板克隆形成试验适用于贴壁生长的细胞,其培养皿底物多为玻璃的、塑料瓶皿。试验成功的关键是细胞悬液的制备和接种密度,细胞不能成团,要制备成单细胞悬液,接种密度不能过大。
- 细胞克隆形成率差别较大,一般传代细胞系强于初代培养细胞克隆形成率;转化细胞系强于二倍体细胞克隆形成率;肿瘤细胞强于正常细胞克隆形成率。

(李　斌,西北大学,e-mail:libinwhu@nwu.edu.cn)

# 第八节　软琼脂克隆形成实验

## 一、基本原理及实验目的

软琼脂克隆形成实验主要用于非贴壁生长的细胞,某些细胞(如正常成纤维细胞)在悬浮状态下不能增殖,不适用此法。某些恶性肿瘤细胞,不仅在贴壁状态下能增殖,在悬浮状态下也能增殖,其在软琼脂中形成克隆的能力反映了其恶性程度。这种方法可用于细胞分化的基础研究和临床肿瘤治疗的疗效检验等方面。

## 二、主要仪器及试剂

①5%琼脂溶液。称取5g琼脂粉,溶于100ml生理盐水,高压灭菌备用。
②0.25%胰酶、含10%胎牛血清的培养基。
③24孔板。

## 三、操作步骤

①取对数生长期的细胞,0.25%胰酶消化,离心收集细胞沉淀。
②完全培养基重悬,适当稀释后活细胞计数,调整细胞密度至$1\times10^3/ml$。
③取0.5ml细胞悬液(即500个细胞),加入培养基,使体积达到9.4ml,37℃孵育。
④底层琼脂的制备。5%琼脂置沸水浴中,使之完全融化,取出1ml移入无菌小烧杯中,待冷却到50℃时,迅速加入9ml预温37℃的完全培养基,混匀后立即取0.8ml浇注24孔板,室温凝固。
⑤上层琼脂的制备。步骤3中预温的9.4ml细胞悬液中加入0.6ml 50℃的5%琼脂,迅速混匀,立即取0.8ml浇入24孔板,置室温凝固。每孔即含有40个细胞,一般每个实验组重复3个样本。
⑥常规培养2~3周。
⑦将培养板置于显微镜下计数克隆数,每个细胞集落含50个或大于50个细胞为1个克隆,以公式集落数=$n$孔中细胞集落数总和/$n$,克隆形成率=集落数/接种细胞数×100%计算克隆形成率,最后拍照。
⑧统计学分析。分析不同组别之间集落数和克隆形成率的差异。

## 四、结果判读

如图15-8所示,1组与2组相比,二者在软琼脂中所形成的克隆数量相当,克隆形成率基本一致,分别为18.2%和19.2%($P>0.05$);3组所形成的细胞克隆数量较1、2组明显减少,克隆形成率明显下降,为12.4%($P<0.05$),且1组和2组形成的克隆体积大,所含细胞数量多;3组细胞克隆体积小,细胞数量少。

## 五、注意事项

- 软琼脂克隆的操作相对复杂,在实验过程中一定要注意无菌操作。
- 在将琼脂与培养液混匀时,要注意琼脂温度,而且动作要迅速,避免局部结块。

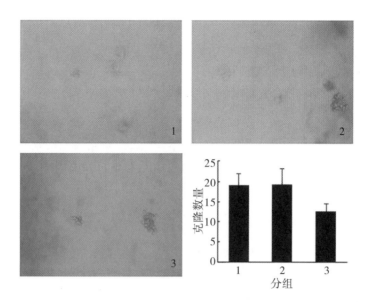

图 15-8 软琼脂克隆形成实验

- 制备好底层琼脂后,要待其完全凝固再浇上层琼脂。

## 六、个人心得

在进行软琼脂克隆形成实验时,首先细胞计数要准确,可以重复计数,取平均值。其次在实验的操作过程中,很多步骤可能会引起污染,这个问题一定要注意。

在将细胞悬液和琼脂混合的时候,一定要把握好琼脂的温度,太高时,容易引起部分细胞死亡,太低则容易使局部结块。

关于选择接种多少细胞合适的问题,24孔板一个孔,30~50个细胞已足够。太少,结果不准确;太多,计数太麻烦。当然,这还要根据细胞增殖能力或者恶性程度来决定。当细胞增殖能力非常强时,可选择少接种一些细胞;当细胞增殖能力很弱时,可增加细胞接种数。

(李 燕,第四军医大学,e-mail:liyann@fmmu.edu.cn)

## 第九节 Transwell

### 一、基本原理及实验目的

肿瘤细胞通过膜表面特定受体与基质或基底膜粘连,而后可以释放蛋白水解酶或激活基质中已存在的酶原,降解基质,最后细胞运动而充填到被水解的基质空隙处。这个过程不断重复,肿瘤细胞则不断地向深层侵袭。本实验主要是检测肿瘤细胞体外的侵袭能力。

### 二、主要试剂及仪器

①0.25%胰酶、含10%胎牛血清的培养基、无血清培养基。
②Matrigel(BD,USA)、牛血清白蛋白(BSA)、结晶紫或台盼蓝染色液。

### 三、操作步骤

①实验前的准备(图15-9)。为了方便运输和保存,Matrigel一般是在-20℃,呈固体状态。使用前要将Matrigel提前放入4℃冰箱过夜(12h),Matrigel即融化为液体状态备用。

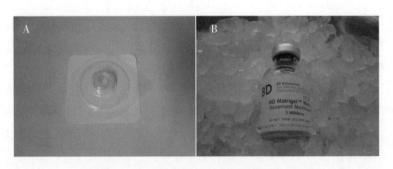

图15-9 Transwell小室和Matrigel

A. Transwell小室;B. Matrigel

②包被基底膜(图15-10)。用50mg/L Matrigel 1∶8稀释液包被 Transwell小室底部膜的上室面,室温风干。

③水化基底膜。吸出培养板中残余液体,每孔加入50μl含10g/L BSA的无血清培养液,37℃,30min。

④制备细胞悬液前可先让细胞撤血清饥饿12~24h,进一步去除血清的影响。

⑤常规消化细胞,终止消化后离心收集细胞沉淀,PBS洗1~2遍,用含10g/L

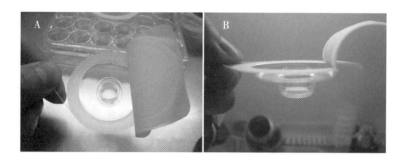

**图 15-10 用 Matrigel 包被 Transwell 小室基底膜**

A. 小心打开 Transwell 包装；B. 将 Matrigel 稀释液加在 Transwell 小室中，室温风干

BSA 的无血清培养基重悬。调整细胞密度至 $1\times10^5/ml$。

⑥取细胞悬液 100~200μl 加入 Transwell 小室。不同公司、不同大小的 Transwell 小室对细胞悬液量有不同要求。以 Millicell 公司生产的孔径为 $8\mu m$ 的 Transwell 小室为例，小室内加入 200μl 细胞悬液，其他公司的请参考相关说明书。每组重复 3~5 个样本。

⑦24 孔板下室一般加入 500μl 含胎牛血清或趋化因子的培养基，不同的培养板加的量有不同要求，具体请参考说明书。这里要特别注意的是，下层培养液和小室间常有气泡产生。一旦产生气泡，下层培养液的趋化作用就减弱甚至消失了。在种板的时候要特别留心，一旦出现气泡，要将小室提起，去除气泡，再将小室放进培养板，如图 15-11 所示。

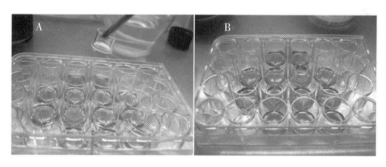

**图 15-11 将 Transwell 小室套入 24 孔板中**

A. 24 孔板中加 500μl 培养基，Transwell 小室中加入 200μl 细胞悬液；B. 小心将 Transwell 小室放入 24 孔板中

⑧培养细胞。常规培养 12~48h（主要依据肿瘤细胞侵袭能力而定）。

⑨取出小室，PBS 淋洗，用棉签小心擦去微孔膜内层的细胞，95% 乙醇溶液固定 5min，4g/L 的结晶紫溶液染色。

⑩计数。倒置显微镜下计数移至微孔膜下层的细胞，每个样本随机计数 10 个

视野,取平均值。

⑪统计分析各组之间的差异。

## 四、结果判读

如图 15 – 12 所示,样品 1 中迁移出的细胞约为 51 个,样品 2 中迁移出的细胞约为 31 个,经过 $t$ 检验,两组结果之间有显著性差异。这说明,样品 1 细胞的体外侵袭能力显著高于样品 2。

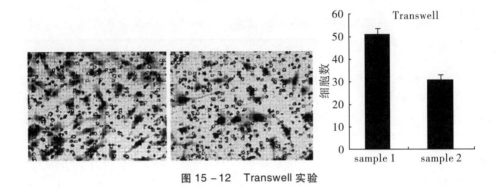

图 15 – 12　Transwell 实验

## 五、注意事项

- 接种细胞前 12h 将 Matrigel 提前置于 4℃ 冰箱。
- 本实验操作过程比较复杂,在实验的过程中尤其要注意无菌操作。
- 第 2 天处理细胞时铺 Matrigel,铺好 Matrigel 之后放入培养箱,此时最好避免用紫外线照射消毒。长时间紫外线照射之后,Martigel 颜色变淡,更重要的是胶中一些因子被损伤。一般是第 2 天用之前紫外消毒半小时。
- 包被基底膜的操作要在冰上进行,否则 Matrigel 在室温中还没有包被完成就已经凝固。
- 在加样的过程中以及在取放培养板的过程中都要小心,动作轻柔,防止下层培养液和小室之间产生气泡。一旦产生气泡,下层培养液的趋化作用就减弱甚至消失了。
- 接种细胞后的培养时间一般为 12 ~ 48h,但是这还要根据细胞恶性程度及侵袭能力的大小而定,最好在正式实验前做好预实验。

## 六、个人心得

个人认为,对照组和处理组尽量不要分开计数。因为细胞数目的差异会严重影响实验结果。如果需要对细胞预处理而不得不分开计数,那么计数一定要多重复几次,力求准确,尽量保证对照组和处理组细胞密度一致。

时间点的选择除了要考虑到细胞侵袭力外,处理因素对细胞数目的影响也不可忽视。例如,某些药物不仅会抑制肿瘤细胞侵袭力,还对细胞增殖有明显抑制。若选择的药物浓度是用MTT筛选出的72h的$IC_{50}$,而且用这个浓度处理细胞时,24h内对细胞增殖并无明显抑制,但24h后,抑制作用就开始出现了。所以,用这个浓度来做Transwell,处理时间也必须限定在24h内,否则一旦药物抑制了细胞增殖或者诱导出凋亡,使处理组细胞数目少于对照组,那么就难以肯定穿过膜的细胞比对照组少,究竟是由于侵袭被抑制引起,还是处理后细胞数目本身就比对照组少而引起的。时间过长不可以,同样,过短也不行。因为细胞内会有一定量的MMP(基质金属蛋白酶)储存,短时间内可能侵袭能力不会有太大改变。同时,从药物被吸收进去进而发挥作用影响MMP表达到最后释放到培养基中,还需要一个过程。

时间点的选择可尽量长点,也可选择多个时间点研究时间依赖效应。但前提是这个时间范围内细胞数目不能有明显变化。另外,细胞在小室内的形态不是正常培养贴壁的形态,而是圆形的,仍是悬浮时的形态,不过会聚集成团,所以看到细胞不正常贴壁也不要紧张,是正常现象。

用干棉签或棉球抹去小室上面的细胞之后,等待膜上细胞稍干燥,固定和染色最好放在24孔板中,不要把小室倒扣起来在上面滴加固定液和结晶紫,这样效果很不好,甚至会失败,再就是有时候为图省事,直接滴加结晶紫,这样细胞看起来边界模糊,所以最好固定,一般选用95%乙醇溶液或多聚甲醛固定。

在培养过程中,膜下会逐渐有少量小气泡产生,这是正常现象,可不处理。但若培养一段时间后,膜下出现了大气泡,后果将非常严重。因此,最好接种细胞后1~2h把培养板从培养箱里拿出来看看,确保没有大气泡产生。

(林　伟,第四军医大学,e-mail:linwei@fmmu.edu.cn)

# 第十节　划痕实验

## 一、基本原理及实验目的

内皮细胞、肿瘤细胞、成纤维细胞等在体外仍然具有迁移的能力,细胞划痕实验借鉴体外细胞致伤愈合实验模型,通过检测细胞迁移的距离来测定细胞的运动特性。

## 二、主要仪器及试剂

①无血清培养液。培养液中不添加胎牛血清,过滤除菌,4℃储存备用。

②无菌 PBS 液体。将 PBS 液体高压灭菌,4℃储存备用。
③6 孔板等、记号笔、直尺、200μl 无菌中枪头或无菌牙签。

### 三、操作步骤

①将细胞接种于 6 孔板于 37℃、5% $CO_2$ 培养箱中培养。
②待细胞融合率达 70% ~ 80% 时,使用枪头或牙签比着直尺用力划横线,枪头要垂直,尽量不要倾斜。
③用无菌 PBS 轻轻冲洗细胞 3 次,洗去划下的细胞。
④加入无血清培养液进行培养,分别在 0h、24h、48h 同一视野拍照。

### 四、结果判读

划痕实验结果的统计需要用到普通的 Photoshop 软件。利用软件,在细胞划痕的两个边缘分别画上直线,然后测量不同时间划痕的宽窄,最后用前次的划痕宽度减去后次的划痕宽度,即得出细胞迁移的距离。图 15 - 13 为 MCF-7 细胞 0h 和 48h 的划痕照片,细胞迁移距离 = 0h 距离 - 48h 距离。

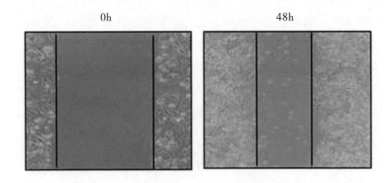

图 15 - 13 MCF-7 细胞 0h 和 48h 的划痕迁移照片

### 五、注意事项

• 实验时应注意细胞的生长状况,根据细胞的生长快慢来决定所铺细胞数和实验时间,保证实验终止时细胞密度适当。
• 操作前,所有的器材包括枪头、直尺、牙签等高压灭菌后均应在超净台紫外线照射 30min 以上。
• PBS 冲洗和更换培养液时,滴管或枪头一定要贴着孔壁轻轻操作,以免大力冲散细胞(如 Hela、239 细胞贴壁较弱),影响拍照。
• 为了排除细胞增殖所引起的迁移,实验中应该使用无血清培养液,旨在观察单纯由细胞运动所引起的迁移。

- 拍照时使用普通光镜即可。

## 六、个人心得

本实验的核心步骤有两步：一是划痕要一气呵成，宽窄均一，避免歪七扭八。这不仅有利于图片美观，而且便于统计测量。操作时，根据实验的需要可选择 200μl 枪头或牙签，用剪刀将枪头或牙签尖头的一小部分毛刺剪掉，以免划伤板子。10μl 的小枪头太短，不易捏握，尽量不要使用。现在有很多耗材公司提供一次性的划痕实验耗材，将带有两个小窗的耗材放置于细胞培养皿，两个小窗内分别接种等量的细胞，细胞贴壁后，移走划痕耗材，可得到两块细胞之间笔直、均一的划痕。由于 6 孔板面积较大，可做 2~3 条划痕，以供拍照时择优选择。二是不同拍照时间应该选取同一细胞位置进行拍摄。因为只有前后选取的观察细胞相同，此实验结果才有比较意义。实验者可根据自己的习惯设计参照点。笔者习惯于在确立拍摄视野后，在板盖上用记号笔绘出光圈的位置，下次拍照时，直接对准上次的光圈位置即可。

由于本实验使用的是无血清培养液，对细胞的正常生长有一定影响，建议最长观察时间控制在 3d。如果第 3 天细胞的迁移效果仍旧不理想，可以考虑 Transwell 实验来替代此实验。

# 第十一节 细胞周期的测定

## 一、基本原理及实验目的

在细胞周期的各个时期（G0/G1、S、G2/M），DNA 的含量随各时相呈现出周期性的变化。通过核酸染料标记 DNA，并由流式细胞仪进行分析，可以得到细胞各个时期的分布状态，计算出 G0/G1、S 及 G2/M 期细胞的比例，了解细胞的周期分布及细胞的增殖活性。也可检测细胞周期蛋白，对细胞周期进行精确的分期。但最常用的检测细胞周期的方法还是利用流式细胞仪进行分析。细胞周期分析常用于肿瘤的早期诊断、肿瘤的良恶性判断、观察细胞的增殖状态及周期分布和抗肿瘤治疗的疗效监测等。

## 二、主要试剂及仪器

①0.25%胰酶、75%乙醇、PBS、0.01% RNase 和 0.5% 碘化丙锭(PI)。
②离心管、300 目尼龙网、流式细胞仪等。

## 三、操作步骤

①取对数生长期的细胞(细胞数为 $5×10^6 \sim 10×10^6$),0.25%胰酶消化为单细胞悬液。

②置入 10ml 离心管,预冷的 PBS 离心漂洗 3 次,1000r/min,每次 5min,弃上清液。

③加入 -20℃预冷的 75%乙醇(由 0.01mol/L PBS 稀释),吹打均匀。封口膜封口,4℃保存备检。

④检测前,离心(1000r/min,5min)、PBS 洗涤,重复 2 次。

⑤加入 100μl PBS 并将细胞吹悬。

⑥上机前 PBS 洗涤 1 次。

⑦用含 0.01% RNase 和 0.5% 碘化丙锭(PI)4℃处理细胞 20min。

⑧过 300 目尼龙网。

⑨流式细胞仪检测。在 488nm 激发波长下测定细胞各周期 DNA 含量,并计算增殖指数(PI)。PI 为 S 期和 G2 期细胞比例之和除以 G1 期、S 期和 G2 期细胞比例之和。

⑩重复实验 3 次,进行统计学分析。

## 四、结果判读

从流式细胞仪检测的结果以及直方图(图 15-14)我们可以看出,样品 1 的 G0/G1 期细胞含量低于样品 2,而样品 1 的 S 期细胞含量高于样品 2。

## 五、注意事项

- 消化细胞时,胰酶消化的时间不宜过长,防止其对细胞膜的损伤。
- 细胞样品的采集要保证足够的细胞浓度,以大于 $1×10^6$ 个细胞为宜。
- 细胞固定时,以 75%乙醇溶液效果较好,且固定时间不宜过长,固定后的细胞放置在 4℃ 的时间不要超过 1 周。

## 六、个人心得

在进行流式细胞仪检测之前需要和检测人员沟通,约定好检测时间,问清楚固

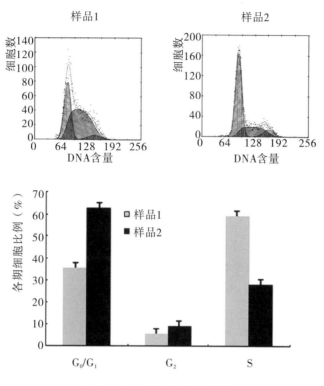

图 15-14 细胞周期检测结果

定方法、时间等注意事项。

一般情况下,进行细胞周期检测不会是一个样本,而是几个或者更多。最好事先设计好实验时间,将一批样本同时固定,同时送检。

在收集细胞的时候,要将培养液中悬浮的细胞一同收集,否则将会影响实验结果。在用胰酶消化细胞的时候,消化的时间尽可能的短,以防止胰酶对细胞的损伤。而且,收集完细胞沉淀后,要用 PBS 充分洗涤,消除胰酶的影响。在离心细胞的时候,转速不宜太高,1000r/min 即可。一般情况下,一个 $25cm^2$ 培养瓶长满 80% 就足够检测。但是要注意,选取细胞时一定要选状态良好的对数生长期的细胞,细胞在培养瓶中长得不宜太满。

## 第十二节 细胞凋亡检测

细胞凋亡(Apoptosis)又称细胞程序性死亡(Programmed cell death,PCD),是指细胞在一定的生理或病理条件下,遵循自身程序,自己结束其生命的过程。PCD 是一个主动的、高度有序的、基因控制的、一系列酶参与的过程。随着这方面研究的持续升温,涌现出了大量新的技术和方法对细胞凋亡进行检测,其中不少已经有商品化产品出现,大大加速了研究的进程。具体来说,针对凋亡的不同阶段有 TUNEL 法、ELISA 法测细胞凋亡、形态学观察方法、DNA 凝胶电泳、Hoechst-PI 双染色法、流式细胞技术等方法。另外,现在很多生物公司都有商品化检测细胞凋亡的试剂盒,应用起来也很方便。

下面简单介绍几种常用的检测细胞凋亡的方法。

## 一、TUNEL 法

### 1. 基本原理及实验目的

脱氧核糖核苷酸衍生物地高辛[(digoxigenin)-11-dUTP]在 TdT 酶的作用下,可以掺入到凋亡细胞双链或单链 DNA 的 3-OH 末端,与 dATP 形成异多聚体,并可与连接了报告酶(过氧化物酶或碱性磷酸酶)的抗地高辛抗体结合。在适合底物存在下,过氧化物酶可产生很强的颜色反应,精确地定位出正在凋亡的细胞,因而可在普通光学显微镜下进行观察。洋地黄植物是地高辛的唯一来源,在所有动物组织中几乎不存在能与抗地高辛抗体结合的配体,因而非特异性反应很低。抗地高辛的特异性抗体与脊椎动物非类固醇激素的交叉反应还不到 1%,若此抗体的 Fc 部分通过蛋白酶水解的方法除去后,则可完全排除细胞 Fc 受体非特异性的吸附作用。本方法可以用于福尔马林固定的石蜡包埋的组织切片、冰冻切片和培养的或从组织中分离的细胞凋亡测定。

### 2. 试剂配制

①磷酸缓冲液 PBS(pH 7.4)。磷酸钠盐 50mmol/L,NaCl 200mmol/L。

②蛋白酶 K(200μg/ml,pH 7.4)。蛋白酶 K 0.02g 溶解于 100ml PBS 中。

③含 2% 过氧化氢的 PBS 缓冲液(pH 7.4)。$H_2O_2$ 2ml 溶于 98ml PBS 缓冲液。

④TdT 酶缓冲液(新鲜配制)。Trlzma 碱 3.63g,用 0.1mol/L HCl 调节 pH 至 7.2,加 $ddH_2O$ 定容到 1000ml,再加入二甲砷酸钠 29.96g 和氯化钴 0.238g。

⑤TdT 酶反应液。TdT 酶 32μl 加入到 76μl TdT 酶缓冲液,混匀,置于冰上备用。

⑥洗涤与终止反应缓冲液。氯化钠 17.4g,柠檬酸钠 8.82g 溶于 1000ml $ddH_2O$ 中。

⑦0.05% 二氨基联苯(DAB)溶液。DAB 5mg 溶于 10ml PBS,调节 pH 至 7.4,临用前过滤,加过氧化氢至 0.02%。

⑧0.5% 甲基绿($\phi$ 甲基绿 = 0.005)(pH 4.0)。甲基绿 0.5g 溶于 100ml 0.1mol/L 乙酸钠。

⑨100% 丁醇、100% 乙醇、95% 乙醇、90% 乙醇、80% 乙醇、70% 乙醇、二甲苯、

10%中性甲醛溶液、乙酸、松香水等。

⑩过氧化物酶标记的抗地高辛抗体(ONCOR)。

3. 实验步骤

(1) 标本预处理

①预处理石蜡包埋的组织切片,将组织切片置于染色缸中,用二甲苯洗2次,每次5min,用无水乙醇洗2次,每次3min,用95%乙醇和75%乙醇各洗1次,每次3min,用PBS洗5min加入蛋白酶K溶液(20μg/ml),于室温水解15min,去除组织蛋白,用蒸馏水洗4次,每次2min,然后按下述步骤①进行操作;②预处理冰冻组织切片,将冰冻组织切片置10%中性甲醛中,于室温固定10min后,去除多余液体,用PBS洗2次,每次5min后置乙醇:乙酸(2:1)的溶液中,于-20℃处理5min,去除多余液体,用PBS洗2次,每次5min然后按下述步骤①进行操作;③预处理培养或从组织分离的细胞,将约$5 \times 10^7$/ml细胞于4%中性甲醛室温中固定10min,在载玻片上滴加50~100μl细胞悬液并使之干燥,用PBS洗2次,每次5min,然后按下述步骤①进行操作。

(2) 步 骤

①色缸中加入含2%过氧化氢的PBS,于室温反应5min。用PBS洗2次,每次5min。

②用滤纸小心吸去载玻片上组织周围的多余液体,立即在切片上加2滴TdT酶缓冲液,置室温1~5min。

③用滤纸小心吸去切片周围的多余液体,立即在切片上滴加54μl TdT酶反应液,置湿盒中于37℃反应1h(编者注:阴性对照染色,加不含TdT酶的反应液)。

④将切片置于染色缸中,加入已预热到37℃的洗涤与终止反应缓冲液,于37℃保温30min,每10min将载玻片轻轻提起和放下一次,使液体轻微搅动。

⑤组织切片用PBS洗3次,每次5min后,直接在切片上滴加2滴过氧化物酶标记的抗地高辛抗体,于湿盒中室温反应30min。

⑥用PBS洗4次,每次5min。

⑦在组织切片上直接滴加新鲜配制的0.05% DAB溶液,室温显色3~6min。

⑧用蒸馏水洗4次,前3次每次1min,最后1次5min。

⑨于室温用甲基绿进行复染10min。用蒸馏水洗3次,前2次将载玻片提起放下10次,最后1次静置30s。依同样方法再用100%正丁醇洗3次。

⑩用二甲苯脱水3次,每次2min,封片、干燥后,在光学显微镜下观察并记录实验结果。

4. 注意事项

一定要设立阳性和阴性对照。阳性对照的切片可使用DNase I部分降解的标本,阳性细胞对照可使用地塞米松(1μmol/L)处理 3～4h 的大、小鼠胸腺细胞或人外周血淋巴细胞。阴性对照不加 TdT 酶,其余步骤与实验组相同。

5. 个人心得

TUNEL 法是最常用的检测细胞凋亡的方法,现在很多公司都有商品化的 TUNEL 试剂盒,应用起来会更加方便,除了 DAB 显色法,还有荧光标记等方法的试剂盒供选择。如图 15-15 所示,凋亡细胞显示绿色荧光。

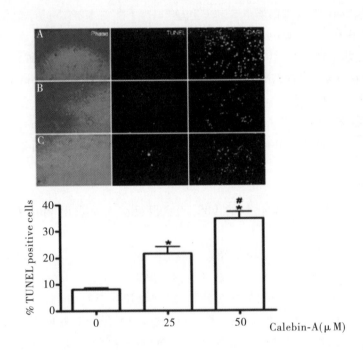

图 15-15  不同浓度 Calebin-A 处理 24h 后胃癌细胞凋亡比例

## 二、流式细胞仪检测细胞凋亡

### 1. Annexin V-PI 双染色法

(1)基本原理

细胞凋亡早期改变发生在细胞膜表面,目前早期识别仍有困难。这些细胞膜表面的改变之一是磷脂酰丝氨酸(PS)从细胞膜内转移到细胞膜外,使 PS 暴露在细胞膜外表面。Annexin V 是一种 $Ca^{2+}$ 依赖的磷脂结合蛋白,具有易于结合到磷脂类如 PS 的特性。因此,该蛋白可充当一敏感的探针检测暴露在细胞膜表面的 PS。PS 转移到细胞膜外不是凋亡所独特的,也可发生在细胞坏死中。两种细胞死亡方式间的差别是在凋亡的初始阶段细胞膜是完好的,而细胞坏死在其早期阶段细胞膜的完整性就破坏了。因此,可以建立一种用 Annexin V 结合在细胞膜表面作为凋亡的指示并结合一种染料排除试验以检测细胞膜的完整性的检测方法。

（2）试剂与仪器

包括孵育缓冲液（10mmol/L HEPES/NaOH，pH 7.4，140mmol/L NaCl，5mmol/L CaCl$_2$）、标记液（将 FITC-Annexin V 和 PI 加入孵育缓冲液中，终浓度均为 1μg/ml）、流式细胞仪。

（3）实验步骤

分为：①细胞收集，将细胞收集到 10ml 的离心管中，每样本细胞数为 $(1~5) \times 10^6$，1000r/min 离心 5min，弃去培养液；②用孵育缓冲液洗涤 1 次，1000r/min 离心 5min；③用 100μl 的标记溶液重悬细胞，室温下避光孵育 10~15min；④1000r/min 离心 5min 沉淀细胞，孵育缓冲液洗 1 次；⑤加入荧光（SA-FLOUS）溶液，4℃下孵育 20min，避光并不时振动；⑥流式细胞仪分析，流式细胞仪激发光波波长用 488nm，用一波长为 515nm 的通带滤器检测 FITC 荧光，另一波长 >560nm 的滤器检测 PI。

（4）结果判读

凋亡细胞对所有用于细胞活性鉴定的染料（如 PI）有抗染性，坏死细胞则不能。细胞膜有损伤的细胞其 DNA 可被 PI 着染产生红色荧光，而细胞膜保持完好的细胞则不会有红色荧光产生。因此，在细胞凋亡的早期 PI 不会着染而没有红色荧光信号。正常活细胞与此相似。在双变量流式细胞仪的散点图上，左下象限显示活细胞，为（FITC -/PI -）；右上象限是非活细胞（即坏死细胞），为（FITC +/PI +）；而右下象限为凋亡细胞，显现（FITC +/PI -）。

（5）注意事项

一是收集细胞的量要足够，二是实验过程中加入荧光染料时注意避光。

**2. Hoechst 33342-PI 双染色法**

（1）基本原理

流式细胞仪通常根据细胞膜完整性将细胞分为"活细胞"和"死细胞"，因此正常细胞和凋亡细胞归为活细胞。活细胞染料如 Hoechst 33342 能少许进入正常细胞膜且对细胞没有太大的细胞毒作用。Hoechst 33342 在凋亡细胞中的荧光强度要比正常细胞中高，细胞凋亡早期进入凋亡细胞中的 Hoechst 33342 比正常细胞的多。Hoechst 33342 进入凋亡细胞中比正常细胞更容易，而 EB、PI 或 7-AAD 等染料是不能进入细胞膜完整的活细胞中。根据这些特性，用 Hoechst 33342 结合 PI 或 EB 等染料对凋亡细胞进行双染色，就可在流式细胞仪上将正常细胞、凋亡细胞和坏死细胞区别开来。在双变量流式细胞仪的散点图上，这三群细胞表现分别为：正常细胞为低蓝色/低红色（Hoechst 33342 +/PI +），凋亡细胞为高蓝色/低红色（Hoechst 33342 + +/PI +），坏死细胞为低蓝色/高红色（Hoechst 33342 +/PI + +）。

(2) 试剂与仪器

包括 Hoechst 33342 染液（用 PBS 配成 10μg/ml 的储存液浓度,4℃避光保存）、PI 染液（用 PBS 配成 5μg/ml 浓度,4℃避光保存）、400 目的筛网、流式细胞仪。

(3) 实验步骤

分为:①细胞在培养的状态下加入 Hoechst 33342,终浓度为 1μg/ml,37℃孵育 7~10min;②低温 1000r/min 离心 5min 弃去染液;③加入 1ml PI 染液,4℃避光染色 15min;④400 目筛网过滤 1 次;⑤流式细胞仪分析,Hoechst 33342 用氪激光激发的紫外线荧光,激发光波波长为 352nm,发射光波波长为 400~500nm,产生蓝色荧光,PI 用氩离子激光激发荧光,激发光波波长为 488nm,发射光波波长>630nm,产生红色荧光,分析蓝色荧光对红色荧光的散点图或地形图。

(4) 结果判读

在蓝色荧光对红色荧光的散点图上,正常细胞为低蓝光(或低红光),凋亡细胞为高蓝光(或低红光),坏死细胞为低蓝光(或高红光)。

(5) 注意事项

在红色荧光对蓝色荧光散点图上,还可见到细胞凋亡区向细胞坏死区迁移的轨迹,可能是凋亡细胞的 DNA 进一步降解的缘故。用 Hoechst 33342 染料与细胞孵育的时间不宜过长,一般控制在 20min 之内为宜。如果太长可引起 Hoechst 33342 的发射光谱由蓝光向红光的迁移,导致红色荧光与蓝色荧光的比例改变,从而影响结果的判断。

### 3. PI 单染色法

(1) 基本原理

主要是根据细胞凋亡时在细胞、亚细胞和分子水平上所发生的特征性改变。这些改变包括细胞核的改变、细胞器的改变、细胞膜成分的改变和细胞形态的改变等。其中细胞核的改变最具特征性,主要包括细胞核的改变和光散射特性。根据光散射特性检测凋亡细胞最主要的优点是可以将光散射特性与细胞的表面免疫荧光分析结合起来,用以区别经这些特殊处理发生选择性凋亡的细胞亚型,也可用于活细胞的分类。

(2) 试剂与仪器

包括 PBS 溶液、PI 染液、70% 乙醇、400 目筛网、流式细胞仪。

(3) 实验步骤

分为:①收集细胞,数目为 $(1~5) \times 10^6$ 个,1000r/min 离心 5min,弃去培养液;②3ml PBS 洗涤 1 次;③离心去 PBS,加入冰预冷的 70% 乙醇固定,4℃,1~2h;④离心弃去固定液,3ml PBS 重悬 5min;⑤400 目筛网过滤 1 次,1000r/min 离心 5min,弃去 PBS;⑥用 1ml PI 染液染色,4℃避光 30min;⑦流式细胞仪检测,PI 用氩离子激

荧光,激光光波波长为488nm,发射光波波长＞630nm,产生红色荧光,分析PI荧光强度的直方图也可分析前散射光对侧散射光的散点图。

(4)结果判读

在前散射光对侧散射光的散点图或地形图上,凋亡细胞与正常细胞相比,前散射光降低,而侧散射光可高可低,与细胞的类型有关;在分析PI荧光的直方图时,先用门技术排除成双或聚集的细胞以及发微弱荧光的细胞碎片,在PI荧光的直方图上,凋亡细胞在G1/G0期前出现一个亚二倍体峰。如以G1/G0期所在位置的荧光强度为1.0,则一个典型的凋亡细胞样本其亚二倍体峰的荧光强度为0.45,可用鸡和鲑鱼的红细胞PI荧光强度做参照标准,两者分别为0.35和0.7,可以确保在两者之间的不是细胞碎片而是完整的细胞。如图15-16所示,与对照组(A)相比,实验组(B)凋亡细胞在DNA直方图上可见G1峰前出现亚二倍体峰。

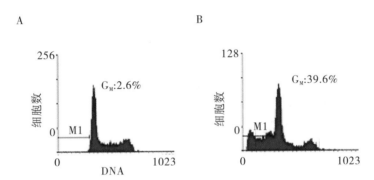

图15-16 流式细胞仪检测对照组(A)与实验组(B)细胞凋亡情况

(5)注意事项

细胞凋亡时,其DNA可染性降低被认为是凋亡细胞的标志之一,但这种DNA可染性降低也可能是因为DNA含量的降低,或者是因为DNA结构的改变使其与染料结合的能力发生改变所致。在分析结果时应该注意。

(6)个人心得

在利用流式细胞仪检测细胞凋亡的时候,根据选择的方法不同,事先应和进行流式细胞仪检测的人员进行沟通,根据其建议进行具体的操作。在结果判读时,应和专业的人员进行讨论,根据其建议对结果进行描述。

# 第十三节 脂质体介导的质粒转染

## 一、基本原理及实验目的

DNA 转染技术现已变成研究基因功能的重要工具,已发展了很多转染方法,并成功应用于转染各种细胞。目前广泛应用的方法有磷酸钙共沉淀法、电穿孔法、病毒载体以及阳离子脂质体介导转染法。外源基因在真核细胞中的表达方式分为瞬时表达和稳定表达两类。进行真核细胞转染的一般先后程序为构建含目的基因的质粒、将质粒转染进入转染真核细胞、目的基因表达鉴定。

下面以 pcDNA3 为载体,p16 为目的基因,介绍真核细胞脂质体介导的质粒稳定转染的实验操作。

## 二、试剂准备

①HBS(Hepes-buffered saline):876mg NaCl 溶于 90ml $ddH_2O$,加入 1mol/L Hepes,调 pH 至 7.4,补 $ddH_2O$ 至 100ml,pH 7.4,滤过除菌。

②核酸储存液:过滤除菌。

③培养基:含血清或不含血清的,用于转染细胞的正常培养。

④其他:脂质体、抗生素(如 G418)。

## 三、操作步骤

**1. 克隆目的基因**(具体见第六章)

①根据 GenBank 检索的目的基因序列,设计扩增引物,并在上游和下游引物的 5′端分别引入酶切位点 BamH Ⅰ和 Xho Ⅰ,行 RT-PCR。

②回收特异性扩增片段,连入 T 载体。

③转化 DH5α,质粒制备。

④酶切初步鉴定,测序证实。

**2. 真核重组表达载体的构建**

pcDNA3 载体带有在大肠杆菌中复制的原核序列、便于挑选带重组质粒细菌的抗生素抗性基因,以及表达外源 DNA 序列所必需的所有真核表达组件。重组质粒与 pcDNA3 分别用 BamH Ⅰ和 Xho Ⅰ双酶切回收插入片段和 pcDNA3 线性片段,T4 连接酶连接,转化 DH5α,质粒制备,BamH Ⅰ和 Xho Ⅰ双酶切鉴定。

**3. 重组 pcDNA3 转染细胞**

以 Hela 细胞为例。

(1) G418 筛选浓度测定

Hela 细胞培养于 24 孔培养板,G418 分别用 200mg/L、300mg/L、400mg/L、500mg/L、600mg/L、800mg/L 加入,各浓度 3 复孔,设正常对照 3 复孔。以 10~14d 细胞全部死亡的最低浓度为筛选浓度,结果为 600mg/L。

(2) 接种细胞

在转染实验前天接种细胞,各种细胞密度依据各种细胞的生长率和细胞形状而定。进行转染当天细胞应达到 70%~90% 覆盖。以 6 孔培养板(35mm)为例,每孔 1~2ml 培养基、$6 \times 10^5$ 细胞。依据不同大小培养板调整每平方厘米的细胞数量(表 15 - 1)。

表 15 - 1 常用的培养板

| | 底面积($cm^2$) | 加培养液量(ml) | 可获得细胞数 |
| --- | --- | --- | --- |
| 6 孔板 | 9.6 | 2.5 | $2.5 \times 10^6$ |
| 12 孔板 | 4.5 | 2.0 | $1 \times 10^6$ |
| 24 孔板 | 2 | 1.0 | $5 \times 10^5$ |
| 96 孔板 | 0.32 | 0.1 | $1 \times 10^5$ |

(3) Hela 细胞的转染

步骤:①转染当天,加入脂质体/DNA 混合物之前的短时间内,更换 1ml 新鲜的有血清或无血清培养基;②准备不同比例的脂质体/DNA 混合物,以确定每个细胞系的最佳比例,溶液 A 用 HBS 稀释 DNA(pcDNA3、重组 pcDNA3)各 1.5μg 到总体积 50μl(30μg/ml),溶液 B 用 HBS 稀释 6μl 脂质体到终容积 50μl(120μg/ml),混合溶液 A 和 B,轻柔混合(不要振荡),室温孵育 20min,以便脂质体/DNA 混合物形成;③逐滴加入 100μl 脂质体/DNA 混合物(从培养孔一边到另一边),边加边轻摇培养板;④37℃ 孵育 6h;⑤6h 后更换转染培养基,加入 2~3ml 新鲜生长培养基;⑥转染 24h 后施加筛选压力,改用含 G418 的培养基培养。

(4) G418 筛选

在 G418 筛选浓度下持续培养 14d 后,挑出单克隆,扩大培养,同时转染 pcDNA3 即阴性对照组 Hela-vect,并设空白对照组即 Hela。

**4. 筛选结果鉴定**

①基因组 DNA 提取,PCR 鉴定外源基因。

②Hela - 重组 pcDNA3 阳性细胞、Hela-vect 阴性细胞、空白组细胞分别裂解→聚丙烯酰胺凝胶电泳→免疫印迹鉴定目的蛋白表达(参考第七章)。

**四、注意事项**

- 通过预实验优化转染条件,包括:脂质体的用量、DNA 密度、细胞密度、脂质体和 DNA 混合孵育时间。用于转染的核酸应高度纯化。为避免微生物污染,所用溶液滤过灭菌,以及随后的使用应在无菌条件下。注意脂质体以及脂质体与 DNA 混合物无须再过滤除菌。

- 预备脂质体与 DNA 混合物必须在无血清条件中进行。但是在随后的脂质体与 DNA 混合物和被转染细胞共孵育的过程中,不需要撤除血清。
- 预备脂质体与 DNA 混合之前,最好将脂质体放置在冰上。
- 转染之前更换培养基,可提高转染效率,但所用培养基必须于 37℃ 预温。脂质体与 DNA 混合物应当逐滴加入,尽可能保持一致,从培养皿一边到另一边,边加入边轻摇培养皿,以确保均匀分布和避免局部高浓度。

## 五、个人心得

- 血清曾被认为会降低转染效率,但只要在 DNA-阳离子脂质体复合物形成时不含血清,在转染过程中是可以使用血清的。转染过程在两步中需要使用培养基作为稀释液,在 DNA-阳离子脂质体复合物准备过程以及复合物同细胞接触过程。在开始准备 DNA 和阳离子脂质体试剂稀释液时要使用无血清的培养基,因为血清会影响复合物的形成。但在复合物形成后,在加入细胞中之前可以加入血清。阳离子脂质体和 DNA 的最佳量在使用血清时会有所不同,因此如果你想在转染培养基中加入血清,就需要对条件进行优化。大部分细胞可以在无血清培养基中几个小时内保持健康。而对血清缺乏比较敏感的细胞,可以使用营养丰富的无血清培养基,或者在转染培养基中使用血清。
- 培养基中的抗生素,如青霉素和链霉素,是影响转染的培养基添加物。这些抗生素一般对于真核细胞无毒,但阳离子脂质体试剂增加了细胞的通透性,使抗生素可以进入细胞。这降低了细胞的活性,导致转染效率降低。所以,在转染培养基中不能使用抗生素,甚至在准备转染前进行细胞铺板时也要避免使用抗生素。这样,在转染前也不必润洗细胞。对于稳定转染,不要在选择性培养基中使用青霉素和链霉素。
- 细胞转染的最佳细胞密度根据不同的细胞类型或应用而异。一般贴壁细胞密度为 70%~90%,悬浮细胞密度为 $(2~4) \times 10^6$/ml 时效果较好。确保转染时细胞没有完全长满或处于静止期。因为转染效率对细胞密度很敏感,所以在每次细胞传代时保持稳定的接种密度很重要。
- 胞转染 DNA 后,外源基因的表达可以在 1~4d 内检测到。仅有一部分转入细胞的 DNA 被转运到细胞核内进行转录并最终输出 mRNA 到细胞质进行蛋白合成。几天内,大部分外源 DNA 会被核酸酶降解或随细胞分裂而稀释;1 周后就检测不到其存在了。瞬时表达分析检测未重组质粒 DNA 上基因的表达。因此,表达水平与位置无关,不会受到周围染色体元件的影响。瞬时表达分析所需的人力和时间比稳定表达少,但因为 DNA 摄入效率和表达水平在不同实验中差异较大,实验必须很小心。为了进行稳定表达,转入的基因必须能和细胞同步复制。在转染的质粒自发整合到宿主基因组上时就会如此。在一小部分转染的细胞中,加入的 DNA 通过重组整合到基因组上。包含整合 DNA 的细胞很少,必须通过对药物的抗性筛选进行扩增或通过表型变化进行鉴定。稳定基因表达实验需要数周,如果需要验证蛋白产量,所需的时间更长。但得到的细胞系可以作为蛋白生产的稳定来源或用于得到转基因动物。

- 稳定转染细胞系的筛选连同带有药物抗性的筛选标记基因一起转染目的基因,是建立稳定转染细胞系最常用的方法。氨基糖苷磷酸转移酶基因(APH 或 neor)可以合成 APH 酶,通过磷酸化使药物失活,从而提供对 G418 的抗性。抗生素抗性基因可以与目的基因在同一个质粒上,也可以在不同的质粒上。如果两个不同的质粒同时转染,两个质粒都可能整合形成稳定转化子。对于两种不同质粒的共转染,带有目的基因的质粒和带有筛选标记的质粒间的比例为 3:1 或更高,以保证抗性克隆带有转染的目的基因。阳离子脂质体试剂提供了一种建立稳定转染株的高效方法。瞬时转染效率的改进一般也会提高稳定转染效率。要进行稳定的表达分析,在转染后再次培养细胞,低密度铺板,给予生长空间,在几天或数周内保持筛选压力。生长的细胞比不分裂的细胞更快的受到抗生素的影响。在开始药物筛选前等待 48~72h,使细胞表达足够量的抗性酶,保证在开始筛选时可以自我保护。转染后 48~72h 弃去培养基,加入含有 G418 抗生素的培养基,抗生素的浓度根据剂量反应曲线确定,足够杀死未转染细胞。因为许多因素会影响筛选所需 G418 抗生素的最佳浓度,包括细胞类型、培养基和血清浓度等,所以有必要对每种细胞做一个剂量反应曲线,确定最佳药物浓度。稳定筛选最少需要几周时间,因为在致死剂量的 G418 抗生素存在条件下,细胞分裂周期会延长。筛选后的细胞一般是离散的克隆,根据实验目的不同,可以分别纯化。扩增稳定表达目的基因的细胞时使用较低剂量的抗生素进行维持,药物浓度一般是筛选剂量的一半。

## 第十四节　病毒感染

### 一、基本原理及实验目的

病毒通过感染靶细胞,将外源的目的基因或干涉片段导入宿主细胞中,最终实现目的基因在靶细胞中过表达或干涉表达。

## 二、主要仪器、试剂及材料

### 1. 主要仪器

①常温离心机。
②二氧化碳孵箱。
③倒置显微镜、荧光显微镜。
④生物安全柜。
⑤超净工作台。
⑥4℃冰箱、-20℃冰箱、-80℃冰箱。

### 2. 试剂及材料

①包装成功的病毒颗粒。
②胎牛血清。
③细胞培养基。
④细胞培养瓶、培养皿、培养板等。
⑤不同规格的移液器。

## 三、实验步骤

①取对数生长期的靶细胞于感染前一天接种于培养皿中。

②待培养皿中细胞密度约为70%，从-80℃中取出病毒于冰上融化，取一定量加入细胞培养上清中，轻轻混匀，37℃二氧化碳孵箱静置。

③4~12h后更换细胞培养基。

④若构建入病毒的片段带有荧光标签，则可于次日起每日于倒置荧光显微镜下观察发出荧光的细胞，即为被感染细胞，由此可粗略估计感染效率；对于生长缓慢且代谢慢的细胞，可以适当延长观察时间，中途可以换液，以保持细胞的活力。

⑤腺病毒感染约2d或慢病毒感染4d后收集细胞，进行Western-blot检测（参见第七章），判断过表达或干涉效率。

## 四、注意事项

• 在正式实验前应进行预实验，给细胞培养基中加入不同浓度梯度的病毒液，掌握不同细胞所需要的病毒颗粒数或MOI，于感染后第3天起逐日检测感染效率，从而确认目的细胞的感染条件和感染参数。

• 腺病毒感染细胞较快，病毒液加入后约4~6h即可换液，感染2d后即可进行检测；慢病毒感染细胞较慢，病毒液加入后约10~12h再换液，感染至少4d后再进行检测。

## 五、个人心得

- 细胞种类、传代次数和生长状态与感染效率有明显的相关性,因此在正式实验前一定要先进行预实验,明确合适的感染条件和参数。
- 不同批次的病毒纯度有差别,直接影响着病毒的感染效率,因此每更换一批次病毒,均应进行预实验。建议获得感染效果好的病毒后,进行一次大批量包装,足够完成所有的体内外实验。
- 病毒感染完靶细胞后,若细胞状态良好,也可不换液,而是直接补液,以延长感染时间。
- 目前有很多市售的病毒感染增强剂,可以增强原代细胞等难感染的细胞的感染效率,可进行有选择地使用。

(李 燕,第四军医大学,e-mail:liyann@fmmu.edu.cn)

# 第十六章 相关组织学技术

## 第一节 动物组织取材和固定

### 一、基本原理及实验目的

动物心脏灌流,组织取材和固定是动物实验的重要组成部分。组织固定的好坏,取材位置正确与否,直接影响到后续实验(如 RNA 或蛋白的提取,免疫组化或免疫荧光染色)的结果。为了减少组织中的血液对后续实验的影响以及避免组织自溶和抗原扩散,采用先经左心室全身灌注,再取局部组织固定的方法。

### 二、主要仪器及试剂

①生理盐水。称取氯化钠粉末 0.9g,加入 100ml 蒸馏水中,充分溶解。

②1% 戊巴比妥钠或 2.5% 三溴乙醇。1% 戊巴比妥钠:1g 戊巴比妥钠用生理盐水定容到 100ml;2.5% 三溴乙醇($Br_3CCH_2OH$):1g 三溴乙醇加入 1ml 2-甲基-2-丁醇,振荡后再加入 39ml 0.9% 生理盐水稀释,避光备用。

③4% 多聚甲醛(在通风橱内配制)。氢氧化钠 3.4g 溶于 700ml 蒸馏水中,加入 40g 多聚甲醛,磁力搅拌器加温搅拌($T \leq 65℃$),待全部溶解(所需时间较长,1h 左右)后再加入磷酸二氢钾 13.6g 继续搅拌,直至完全溶解,双层滤纸过滤,最后用蒸馏水补足至 1000ml,4℃保存。

④手术剪、眼科剪、有齿镊、止血钳、圆头镊子(长度 18cm 左右)、动脉夹、手术刀片、20ml 和 50ml 注射器、10μl 微量移液器枪头、水浴锅、大冰盒(可用装冰的盆代替)、输液器等。

### 三、操作步骤

1. 以大鼠肝脏取材固定为例

①将输液器一端连接注射器针头,另一端连接至一开放的容器(约 500ml 容积),将容器吊至高于操作台 1m 左右的高度,事先将配好的生理盐水倒入容器中并将输液器中的空气排出。

②1% 戊巴比妥钠腹腔注射麻醉(30~50mg/kg)。

③麻醉起效后,于剑突下横向剪开上腹部,暴露肝脏,用止血钳牵拉提起剑突,剪开膈肌进入胸腔。沿剑突两侧各1cm处剪断肋骨,向头侧掀开,剥除心包膜暴露心脏及主动脉近心端。

④剪开右心耳放出血液。

⑤用止血钳轻夹固定心脏,将注射器针头从心尖部插入直至进入主动脉0.5cm后,用动脉夹夹住心脏,防止针头脱出。

⑥生理盐水100ml将血管内血液冲洗干净(若取材组织用于RNA或蛋白提取,则血液冲洗干净后直接取材-70℃或液氮中保存)。

⑦当容器中的生理盐水即将完全灌注完时,注入4%多聚甲醛400ml。注意不要将空气注入心脏。

⑧当多聚甲醛灌注完全后,在左右最大的肝叶各取一块组织(包括包膜),选取组织不宜过大。如有可视病灶,取材应包括病灶和邻近的正常组织两部分。取下的组织浸入固定液中4℃后固定过夜。

2. 以小鼠大脑取材固定为例

①事先将配好的生理盐水置于37℃水浴锅中温浴,将多聚甲醛放在冰盒中冰浴。

②将输液器塑料管一端连接枪头(10μl微量移液器枪头,可用三秒胶或者501胶水粘连),另一端连接注射器。将塑料管挂在70cm左右高度的架子上,将事先温浴好的生理盐水用20ml注射器注入塑料管(塑料管长度保证其中最多注入10ml液体),排出空气。

③麻醉小鼠:用2.5%三溴乙醇以0.01ml/g的剂量腹腔注射,将小鼠麻醉后置于事先准备好的灌流装置下面。在等待小鼠麻醉的过程中,将50ml注射器注满事先冰浴的多聚甲醛。

④小鼠麻醉之后,于剑突下横向剪开上腹部,剪开膈肌进入胸腔。沿剑突两侧各1cm处剪断肋骨,向头侧掀开,剥除心包膜暴露心脏及主动脉近心端。

⑤剪开右心耳放出血液。

⑥用圆头镊子轻夹固定心脏,将枪头从心尖略靠左部插入直至进入主动脉0.3cm左右(注意不能插入太深,以免戳穿心脏),轻轻松开镊子(松开镊子时,不能将心脏带离枪头)。

⑦将20ml注射器中剩余的生理盐水由心脏缓慢匀速的灌入小鼠体内,排出血液;然后立即更换50ml注射器,灌入40~60ml的多聚甲醛溶液,小鼠全身伸展震颤(小鼠表现得像伸一个大大的"懒腰")以及四肢、尾巴变白,即表示灌流完全。

⑧用剪刀和镊子剥出小鼠整个大脑,浸泡于多聚甲醛溶液,4℃过夜。次日用脑模具切取后续实验需要的区域,进行后续实验。

## 四、结果判读

### 1. 以大鼠肝脏取材固定为例

当灌入生理盐水后,发现肝脏颜色由暗红色逐渐变成土黄色,并且在这个过程中,心脏仍在跳动;生理盐水即将灌注完时,右心房流出的液体颜色已变澄清;当灌入多聚甲醛时,发现大鼠全身痉挛抽搐,随后全身各组织器官逐渐变硬,说明灌注成功。

### 2. 以小鼠大脑取材固定为例

当灌入生理盐水后,心耳流出的液体颜色会越来越淡;生理盐水即将灌注完时,心耳流出的液体颜色已变澄清;当灌入多聚甲醛时,发现小鼠全身痉挛抽搐,随后四肢及尾巴变白,全身各组织器官逐渐变硬,说明灌注成功。

## 五、注意事项

- 手术操作要谨慎迅速,如在灌入生理盐水前心脏已停止跳动,则微循环很快会凝固,影响灌注效果。
- 灌注生理盐水时液体流速要快;灌注多聚甲醛时流速先快后慢(大鼠通过输液器上的滚轮调节流速;小鼠灌流时可通过手动调节注射器流速)。
- 取出组织后,固定时间不要过久,4℃保存过夜即可,以免影响抗原性质,造成免疫组化操作困难。
- 上述灌注方式对于体循环供血的器官都适用。但由于肺脏是肺循环供血,则需采用右心室插管,左心房剪开的方式灌注。
- 常用实验动物取材,小动物为 1cm×1cm×0.5cm,大动物为 3cm×2cm×0.5cm。灌注固定液用量,大鼠(成年 200~250g)灌注固定需用生理盐水 100ml、固定液 400ml,小鼠(成年 25~50g)需用生理盐水 10~20ml、固定液 50ml,猴(成年 5~10kg)需用生理盐水 2000ml、固定液 7500ml,狗(成年 10~15kg)需用生理盐水 3000ml、固定液 10000ml。

## 六、个人心得

- 插入心脏,尤其是插入小鼠心脏时,用注射器针头易刺穿心脏,因此用 10μl 微量移液器枪头效果更好。
- 多聚甲醛最好现用现配,4℃保存,时间不要超过 1 周,否则会影响固定效果。用的时候也要放在 4℃,现取现用,从冰箱中取出后放在冰盆中。多聚甲醛温度升高会影响灌注效果。
- 离体的组织如不及时固定,就会自溶,抗原就会扩散;或者虽然组织已及时浸入了固定液,但标本较大,固定液的量又不足,由于固定液的渗透需要时间,当渗入到组织内部时,中间的细胞已发生了变化,抗原也随着发生扩散,这种现象在产酶多的器官是比较明显的。因此,为了达到免疫组织化学染色的要求,采用经左心室全身灌注,使灌注液经血液系统由内而外灌注组织,可以有效避免组织自溶和抗原扩散;另外,还可以在多聚甲醛中加入相关酶的抑制剂。

- 首次操作时要将心包膜剥除,暴露主动脉近心端,在肉眼可视的情况下将针头/枪头插至主动脉约 0.3~0.5cm。这时可记住心脏外针头的长度,以后操作时,便可不必剥除心包膜,显露主动脉,只需操作轻柔,针头/枪头即可顺利进入主动脉,通过观察心脏外针头/枪头的长度判断插入深度。这样可以节约手术时间,防止长时间操作导致心脏停搏,影响灌注效果。
- 如果灌注很长时间还不见四肢伸展变白,痉挛抽搐,有可能是剪心耳的时候把动脉剪断了,这时候灌注的液体会很快从心脏流出而不会进去全身循环。
- 如果有条件可以使用恒流泵灌注(如保定兰格基本型蠕动泵 BT100-1J)。

# 第二节 临床标本收集方法

医学研究的目的都是为了造福人类。随着分子生物学等技术手段的不断发展,在医学研究中,以人体组织为标本获得的试验结果,其说服力和意义均优于在其他动物实验中取得的结果。毫不夸张地说,如何收集、保存并合理利用临床标本,满足未来高水平实验的需求,已成为医学研究的重点之一。

临床标本主要包括:①体液,如血液、尿液、痰液、分泌液(包括乳头分泌物、精液、前列腺液、尿道分泌物、阴道分泌物)等;②组织标本,包括所有手术切除物、穿刺物、捐赠物,比如肿瘤、穿刺标本(肝和肾)、胚胎及胎儿组织、器官等;③引流物,如胃肠分泌液、胆、胰液、腹腔引流液等;④各种穿刺液,如脑脊液、胸腔、腹腔、关节腔穿刺液、羊水等。

根据实验要求确定标本采集的时间、部位和种类。所有采集的标本均置于无菌或清洁容器中,避免接触消毒剂和抗菌药物。标本必须注明病案号、姓名、年龄、性别、采集日期、临床诊断、检验项目等。如需随访,还需获得患者或者家属的长期联系方式。标本采集后应按照要求处理,立即送往实验室。对于烈性传染病材料须专人护送。

## 一、临床标本取材前的准备工作

提前了解临床标本取材的患者信息,同患者或家属签订《人体术后病理组织科学实验应用知情同意书》(表 16-1),填写《组织标本患者信息表》(表 16-2)等,以便于获得丰富的临床病例信息,以备查询。事先准备好 1L 或 3L 的液氮罐、5ml 或 2ml 的冻存管(提前在管壁用油性记号笔标上病案号,最好不要贴标签,以防脱落)、眼科组织弯刀、弯剪、手术刀(用前消毒)等手术器械。如有必要,还需提前配好固定液。

表 16-1　人体术后病理组织科学实验应用知情同意书

| 研究项目名称: | |
|---|---|
| 申办者: | |
| 伦理审查批件号: | |
| 患者同意声明 | 　　我已经了解有关本研究的介绍,而且有机会就此项研究与医生讨论并提出问题。我提出的所有问题都得到了满意的答复。我知晓参加研究是自愿的,我确认已有充足时间对此进行考虑。而且明白:我可以随时向医生咨询更多的信息,我可以随时退出本研究,而不会受到歧视或报复,医疗待遇与权益不会受到影响。我同意伦理委员会或申办者代表查阅我的研究资料。我同意(或拒绝)除本研究以外的其他研究利用我的医疗记录和病理检查标本。我将获得一份经过签名并注明日期的知情同意书副本。最后,我决定同意参加本项研究,并尽量遵从医嘱。 |
| 患者签名: | |
| 患者联系地址: | |
| 患者联系电话: | |
| 医生声明: | 　　我确认已向患者解释了本试验的详细情况,包括其权力以及可能的受益和风险,并给其一份签署过的知情同意书副本。 |
| 研究者签名: | |
| 研究者工作电话: | 手机号码: |

日期:　　年　　月　　日

表16-2 组织标本患者信息表

| 姓名 | | 性别 | | 年龄 | | 职业 | | 病案号 | |
|---|---|---|---|---|---|---|---|---|---|
| 电话 | | 邮编 | | | | E-mail | | | |
| 家庭地址 | | | | | | | | | |
| 术前临床诊断 | | | | | | | | | |
| 手术方式 | | | | | | | | | |
| 术后病理诊断 | | | | | | | | | |
| 术后TNM | 分期$_P$T( )$_P$N( )$_P$M( ) | | | | | | | | |
| 术前血清标本序号 | | | | | | | | | |
| 术后1d血清标本序号 | | | | | | | | | |
| 术后3d血清标本序号 | | | | | | | | | |
| 术后7d血清标本序号 | | | | | | | | | |
| 冻存组织标本序号 | | | | | | | | | |
| 固定组织标本序号 | | | | | | | | | |
| 固定淋巴结序号 | | | | | | | | | |
| RNA标本 | | | | | | | | | |

日期： 年 月 日

## 二、临床标本取材的要求

取材时要严格无菌操作,在手术室要遵守无菌观念。待手术切除的组织标本下手术台后,尊重患者意见,用眼科组织弯刀、弯剪、手术刀(用前消毒)进行取材。一般以不影响术后常规病理诊断分析为基础,再满足自己实验所需。取标本之前准备好合适大小的冻存管,按照冻存管的规格将组织切成大小合适的小块,转入冻存管,并迅速将冻存管放入液氮罐中。一般来讲,不同临床标本有不同的取材要求。

1. 体液标本的取材

(1) 血　液

采样以无菌法由肘静脉穿刺,成人每次10～20ml,婴儿和儿童每次0.5～5ml,抽血时要严格无菌操作,微量时也可采取指尖或耳垂取血,为防止凝血需加入抗凝剂(常用肝素),抗凝剂的量以产生抗凝效果的最小量为宜,量过大易导致溶血。肝素常用浓度为20U/ml,抽血前针管也要用较高浓度的抗凝剂(肝素500U/ml)浸润。血液置于盛有抗凝剂茴香脑磺酸钠的无菌瓶中送检。

(2) 尿　液

外尿道有正常菌群寄居,采集尿液时应更加注意无菌操作,常用中段尿作为送检标本。对于厌氧菌的培养,采用膀胱穿刺法收集,置于无菌厌氧小瓶运送。排尿困难者可导尿,但应注意避免多次导尿致尿路感染。

(3) 粪　便

取含脓、带血或黏液的粪便置于清洁容器中送实验室,排便困难者或婴幼儿可用直肠拭子采集。

(4) 呼吸道标本

鼻咽拭子、痰、通过气管收集的标本均可作为呼吸道标本。其中通过气管收集的标本可避免正常菌群污染,是下呼吸道感染病原学诊断的理想标本。鼻咽拭子和鼻咽洗液可供鼻病毒、呼吸道合胞病毒、肺炎衣原体、溶血性链球菌等病原学诊断。上呼吸道存在正常菌群,在病原学诊断时须加以区别。

(5) 脑脊液与其他无菌液体

引起脑膜炎的病原体如脑膜炎奈瑟菌、肺炎链球菌、流感嗜血杆菌等菌的抵抗力弱,不耐冷,容易死亡,因此采集的脑脊液应立即保温送检或床边接种。胸腔积液、腹腔积液和心包液等因标本含菌量少,宜采集较大标本送检,以保证检出率。

(6) 泌尿生殖道标本

根据不同疾病的特征及检验目的的不同,采集标本的位置也略有不同,如性传播疾病常取尿道口分泌物、外阴糜烂面病灶边缘分泌物、阴道宫颈口分泌物和前列腺液等;对生殖道疱疹常穿刺疱疹液,盆腔脓肿者则于直肠子宫凹陷处穿刺脓液。除淋病奈瑟菌保温送检外,所有标本收集后均4℃保存,直至培养。

(7) 脓肿标本

开放性脓肿的采集,用无菌棉拭子采集脓液及病灶深部分泌物。封闭性脓肿,则以无菌干燥注射器穿刺抽取;疑为厌氧感染者,取脓液后立即排净注射器内空气,针头插入无菌橡皮塞送检,否则标本接触空气导致厌氧菌死亡而降低临床分辨率。

2. 皮肤和黏膜的取材

一般皮肤、黏膜主要取自手术过程中切除的部分组织,如有特殊需要也可以单独取材。方法为外科取断层皮片手术的操作,面积一般为 2～3mm² 即可,这样局部不留瘢痕。皮肤、黏膜分布在机体外部或与外部相通的部位,表面细菌、霉菌很多,取材时要严格消毒,必要时采用较高浓度的抗生素溶液漂洗。

3. 内脏和实体瘤的取材

人和动物体内发生的肿瘤及各内脏器官均是较常见的分子生物学实验组织,内脏组织除消化道外基本是无菌的,但有些坏死并向外破溃的实体瘤可能被细菌污染。内脏和实体瘤取材时,一定要明确和熟悉自己所需组织的类型和部位,去除不需要的部分如血管、神经和组织间的结缔组织等;取肿瘤组织时要尽可能取肿瘤细胞分布较多的部位,避开坏死液化的部位。但是,有些复发性与浸润性较强的肿瘤较难取到较为纯净的瘤体组织,其中肿瘤组织与结缔组织混杂在一起,会影响 PCR 和 Western-blot 的结果。对可能被霉菌或细菌污染的癌组织,如口腔、消化道、呼吸道及生殖道等与外界连通的部位,应在培养前将标本放入含有两性霉素 B 2μg/ml、青霉素 200～2000U/ml、链霉素 500μg/ml 的培养液中浸泡 10～20min,然后转入液氮罐。

4. 其他组织的取材

要严格按照相应的各种操作规程进行。

### 三、标本取材的注意事项

- 临床标本收集最关键的要求是:准确的取材部位和及时的后续处理。首先,取材部位要准确,要避开坏死组织和明显的继发感染区,在病变与正常组织的交界处取材,要求取到病变组织及周围少许正常组织。其次,取完组织要及时处理,尽快将所取标本切割、编号后放入事先准备好的液氮罐或固定液,防止组织变性、自溶。
- 根据后续实验的需要,将标本切割,单个组织块体积适中,一般以 1.5cm×1.5cm×0.2cm 大小为宜。
- 取材应有一定的深度,要求与病灶深度平行、垂直切取,胃黏膜活检的深度应达黏膜肌层。
- 有腔标本应取管壁的各层,有被膜的标本取材时应尽量取淋巴结等附属组织,以备镜下观察。
- 切取或钳取组织时应避免挤压,避免使用齿镊,以免组织变形而影响诊断。
- 活体组织直径<0.5cm 者,须用透明纸或纱布包好,以免遗失。
- 含骨组织标本按需进行脱钙处理。

# 第三节 免疫组织(细胞)化学

## 一、基本原理及实验目的

免疫组织(细胞)化学,是应用抗原与抗体特异性结合的原理,通过化学反应使标记抗体的显色剂(荧光素、酶、金属离子、同位素)显色,以此来确定组织、细胞内抗原(目的多肽、蛋白质或其他物质)的位置和含量,对其进行定位、定性及相对定量研究的一门技术。

## 二、主要仪器及试剂

①抗体稀释液。PBS 100ml、BSA 0.2g、叠氮钠 0.03g、Triton 100μg。

②0.1%胰蛋白酶。胰蛋白酶 0.1g、0.1%氯化钙(pH7.8)100ml。

③0.3%甲醇 – $H_2O_2$ 液。纯甲醇 100ml、30% $H_2O_2$ 1ml。

④0.01mol/L PBS 缓冲液。$Na_2HPO_4 \cdot 12H_2O$ 14g、$NaH_2PO_4 \cdot 12H_2O$ 1.5g、NaCl 45g、蒸馏水 5L(5L PBS 缓冲液的配方),$Na_2HPO_4 \cdot 12H_2O$ 32.8g、$NaH_2PO_4 \cdot 12H_2O$ 2.6g、NaCl 85g、蒸馏水 10L(10L PBS 缓冲液的配方),待盐充分溶解后,用 NaOH 调 pH 至 7.2~7.4。

⑤枸橼酸缓冲液。21.01g 枸橼酸加入蒸馏水 1L(0.1mol/L 枸橼酸),29.41g 枸橼酸钠加入 1L 蒸馏水(0.1mol/L 枸橼酸钠),使用时取 9ml 0.1mol/L 枸橼酸和 41ml 0.1mol/L 枸橼酸钠,再加入 450ml 蒸馏水,即配成 0.01mol/L 的枸橼酸缓冲液(pH 6.0±0.1)。用于微波抗原修复。

⑥DAB 显色液。DAB(3,3 – 二氨基联苯胺四盐酸盐)50mg、PBS 溶液 100ml、30% $H_2O_2$ 30~40μl。先以少量 PBS 溶解 DAB,充分溶解后加入剩余的 PBS,摇匀后(避光)过滤,显色前加入 30% $H_2O_2$,30% $H_2O_2$ 需现配现用。

⑦多聚赖氨酸。按照药品说明配置,一般需稀释 10 倍。

⑧切片机、冰箱、湿盒、定时器、载玻片、盖玻片、染色缸、水浴锅、显微镜等。

## 三、操作步骤

按结合方式的不同,可将免疫组织(细胞)化学的染色方法分为抗原 – 抗体结合[如过氧化物酶 – 抗过氧化物酶(PAP)法]、亲和连接[如卵白素 – 生物素 – 过氧化物酶复合物(ABC)法、链霉菌抗生物素蛋白 – 过氧化物酶连结(SP)法等]和聚合物链接(如即用型两步法)等,各种方法步骤大同小异,以下以最常用的 SP 法示范。

**1. 标本制备**

免疫组织化学常用的标本主要是石蜡切片或冰冻切片,免疫细胞化学标本主要

是细胞爬片,其制作流程如下:

(1)石蜡切片

4%多聚甲醛(或Bouin液)灌注,室温固定2~4h或4℃过夜,70%(12~24h)、80%(8~12h)、90%(3~6h)、95%(2~4h)、100%(1~2h)梯度乙醇脱水,二甲苯透明(20~30min),浸蜡(2~3h),包埋,切片,贴片备用。

(2)冰冻切片

4%多聚甲醛灌注、固定2~4h或4℃过夜,20%、30%蔗糖梯度脱水(沉底),切片、风干,冰丙酮等固定液固定5~10min备用,也可-20℃或-80℃保存。

(3)细胞爬片

将事先洗涤、纯乙醇消毒、高压灭菌的玻片在超净台中放入培养皿或培养板中。滴1~2滴细胞悬液在玻片上,过夜后观察细胞贴壁情况。待贴壁细胞达到所需密度后,用1×PBS洗涤细胞5min×3次,4%多聚甲醛固定15min备用,也可4℃保存。

**2. 标本染色前处理**

(1)石蜡切片

常规脱蜡入水,60℃烤片30min→二甲苯Ⅰ10min→二甲苯Ⅱ10min→二甲苯Ⅲ10min→100%乙醇Ⅰ10min→100%乙醇Ⅱ5min→95%乙醇5min→90%乙醇Ⅱ5min→80%乙醇Ⅱ5min,1×PBS洗3min×3次。

(2)冰冻切片

室温复温30min,1×PBS洗3min×3次。

(3)细胞爬片

室温复温30min,1×PBS洗3min×3次,0.1% triton-X 100室温通透化处理15min。

**3. 灭活内源性过氧化物酶**(选用步骤,冰冻切片可省略)

将切片放入0.3%甲醇-$H_2O_2$液,室温10~30min,PBS洗3min×3次。

**4. 酶消化**(选用步骤)

消化之前将0.1%胰蛋白酶消化液过滤并水浴至37℃,然后将玻片预热至37℃,再放入消化液消化5~30min,以暴露细胞内抗原。PBS洗3min×3次。

**5. 抗原修复**(选用步骤)

用微波、水浴锅或压力锅。切片置染色缸中,加0.01mol/L枸橼酸缓冲液(pH 6.0)至载玻片被完全浸没,微波炉煮沸(建议20min内4次中火),自然冷却20min以上,再用冷水冲洗染色缸,加快冷却至室温。

或水浴锅95℃水浴20min,自然冷却。也可用高压灭菌锅高温高压15min,然后PBS洗3min×3次。

**6. 血清封闭**

二抗来源的非免疫血清封闭10~30min,倾去勿洗。也可用小牛血清、BSA、羊血清等,但是不能与一抗来源一致。

**7. 一抗封闭**

将一抗以适当比例稀释后,滴加至载玻片,37℃孵育 1~2h 或 4℃过夜,PBS 洗 3min×5 次。

**8. 二抗封闭**

滴加生物素标记的二抗,室温 1~2h 或 37℃孵育 30min 至 1h,PBS 洗 3min×5 次。

**9. 链霉亲和素-过氧化物酶封闭**

滴加 SP,室温或 37℃孵育 30min 至 1h,PBS 洗 3min×5 次。

**10. 显 色**

将载玻片放入新鲜配制的 DAB 显色液中,显微镜下控制显色程度,PBS 或自来水冲洗 10min 中止显色。

**11. 衬 染**

苏木素衬染胞核或伊红衬染胞质。

**12. 脱水、透明、封片**

梯度乙醇脱水,二甲苯透明,中性树胶封片,37℃烤箱干燥保存。

**13. 显微镜观察并摄像**

免疫组织(细胞)化学必须设置阳性对照和阴性对照。阳性对照使用已知抗原阳性的切片与待测标本同时染色,对照切片应呈阳性结果,证明染色全程无误;在待检标本呈阴性结果时,阳性对照尤为重要。阴性对照可用确定不含已知抗原的标本作对照,应呈阴性结果。阴性对照还包括空白、替代、吸收和抑制实验等,即不加、替代、吸收或抑制一抗中的抗体做对照。当待检标本呈阳性结果时,用来排除假阳性。

## 四、结果判读

免疫组织(细胞)化学呈色的部位和深浅反映抗原存在的位置和数量,可作为定性、定位和定量的依据。阳性细胞染色分布可为灶性或弥漫性,可以在细胞质、细胞核或细胞膜表面,不同细胞染色的强度也可以不同。其结果的判读需设定严格的对照,排除假阳性和假阴性结果,对新发现的阳性结果,还应进行多次重复实验,最好用几种不同方法进行验证,如用 SP 法阳性,可再用 ABC 法、间接免疫荧光等方法进行验证。

免疫组织(细胞)化学结果判读还需鉴别特异性染色与非特异性染色,鉴别点主要在于特异性反应产物常分布于特定的部位,如细胞质或细胞核,即具有结构特异性。特异性染色表现为同一切片上呈现不同程度的阳性染色结果,非特异性染色表现为无一定的分布规律,常为某一部位成片的均匀着色,细胞和周围的结缔组织的着色均无区别,或结缔组织呈现很强的染色,非特异性染色常出现在干燥切片的边缘,有刀痕或组织折叠的部位。在体积过大的组织块中,固定不良也会导致非特异性染色,有时可见非特异性染色和特异性染色同时存在,但过强的非特异性染色背景将影响对特异性染色结果的观察和记录。

所得实验结果举例如下。图 16-1 为内质网金属蛋白酶 1 在乳腺正常组织和肿瘤组织中的表达。

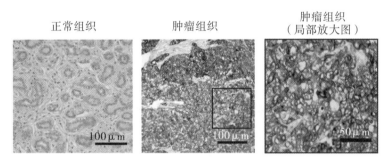

图 16-1　内质网金属蛋白酶 1 在乳腺正常组织和肿瘤组织中的表达

图片来自 Oncotarget. 2016 Aug 23. doi: 10.18632/oncotarget.11550.

## 五、注意事项

- 载玻片必须清洗、泡酸后使用黏附剂多聚赖氨酸(PLL)或 APES 挂胶,否则容易脱片,也可直接购买挂好胶的商品化载玻片。
- 实验中所用到的缓冲液、抗体稀释液等液体均有最佳工作 pH 值范围,偏酸或偏碱均会影响抗原、抗体的结合,从而影响实验结果,因此在实验当中需注意每一个步骤对 pH 的要求。
- 必须设置阳性对照和阴性对照,以排除假阳性和假阴性结果。
- 酶消化和抗原修复步骤为免疫组织化学增敏步骤,可根据不同抗原需要选择,能够提高检测的敏感性,但有时会在核内出现假阳性反应。
- 实验中所用抗体、血清的种属必须正确无误,避免交叉反应。
- 实验中所用试剂多聚甲醛、二甲苯等具有毒性,特别是 DAB 为剧毒,在配制、使用中应注意自身防护。用后的废液应用大容器收集后集中处理,不得冲入下水道。

## 六、个人心得

- 免疫组织(细胞)化学染色最关键也是最核心的要求就是要有好的抗体,特别是一抗。在条件允许的情况下最好订购新的抗体,一般来说鼠源抗体多为单克隆,兔源抗体多为多克隆,首选单克隆抗体。抗体分装后-20℃保存,期限一般不超过1年,过期后其效价明显降低,甚至失效。要认真研究抗体说明书,对抗原的表达和定位心中有数。

● 一抗和二抗的孵育条件在免疫组化反应中至关重要,包括孵育温度、孵育时间和抗体浓度。一抗孵育温度有4℃和37℃,其中4℃效果最佳;孵育时间与温度、抗体浓度有关,一般37℃,1~2h,而4℃过夜后室温复温30min;第一次使用一种新的抗体时还需用梯度法摸索抗体的最佳浓度,过高和过低均会影响抗体与抗原的结合。二抗的孵育一般在室温1~2h或37℃ 30min至1h。具体操作中一般先确定二抗的浓度和孵育时间,然后去摸索一抗浓度和孵育时间。建议一抗反应在4℃为佳,反应温和,时间最好在16~24h。

● DAB显色为免疫组织(细胞)化学染色的难点,直接关系到最终结果的获得,初学者最好有人指导。如使用浓缩型DAB试剂盒,应严格按照说明书标明的滴加顺序操作;如使用粉剂DAB,溶解后需过滤分装,可以适当降低DAB和$H_2O_2$的浓度,延长显色的时间,以获得较好的背景颜色。显色过程需在显微镜控制下进行,以出现明显棕褐色阳性反应物为准。苏木素复染或伊红套染时,染液的浓度不宜过高,以细胞核显淡蓝色或细胞质显淡红色最佳,颜色过深易掩盖阳性着色。

● 摄像是免疫组织(细胞)化学染色的最后一环,也是发表高质量论文的基础,要求所得图片对焦清晰,构图合理,兼顾高倍和低倍,高倍图片尽量展示阳性着色部位。

● 免疫组织(细胞)化学染色定量分析的方法有阳性细胞计数法、灰度分析法和评分法,但前提是获得高质量的染色切片。必须是背景染色浅而特异性染色较深的情况下,分析才最为准确。

● 总体来说,免疫组织(细胞)化学操作并不困难,最大的困难是出现异常结果时如何解决。这需要操作者清楚每一步反应的原理,在实验中对每一步的反应进行调整,找到适合自己标本的最佳试验条件以及流程。

(张瑞三,西安医学院,e-mail:zrs17221@126.com)

# 第四节 间接免疫荧光

## 一、基本原理及实验目的

免疫荧光检测是指将免疫学方法(抗原抗体特异结合)与荧光标记技术结合起来研究特异蛋白抗原在组织细胞内表达分布的方法。先将已知的抗原或抗体标记上荧光素制作成荧光标记物,再用这种荧光抗体(或抗原)作为分子探针检查细胞或组织内的相应抗原(或抗体)。在细胞或组织中形成的抗原抗体复合物上含有荧光素,利用荧光显微镜观察标本,荧光素受激发光的照射而发出明亮的荧光,可以看见荧光所在的细胞或组织,从而确定抗原或抗体的性质、定位,以及利用定量技术测定含量。免疫荧光检测技术分为直接法、夹心法、间接法和补体法,最常用的为间接免疫荧光技术,本节重点讲解间接免疫荧光。

## 二、主要仪器及试剂

实验中所需主要试剂和仪器与第三节免疫组织化学相同,差别在于免疫荧光用荧光二抗检测,DAPI染核,50%甘油水性封片(最好是抗荧光淬灭的封片剂),荧光显微镜或激光共聚焦显微镜成像。

## 三、操作步骤

间接免疫荧光技术,是直接法的改进,先用已知未标记的特异抗体(一抗)与组织或细胞内抗原结合,再用标记的抗体(二抗)与结合在抗原上的一抗结合,形成抗原-抗体-荧光抗体复合物,以提高检测的灵敏度。如图16-2所示。

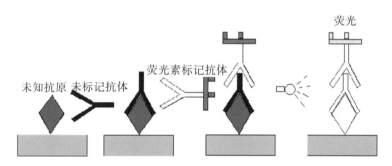

图16-2 间接免疫荧光实验原理示意图

(1)标本制备和染色前处理
①冰冻切片的制作(冰冻切片效果最佳)
A法:收取组织,置于4%多聚甲醛中固定2~4h,20%~30%蔗糖脱水至组织沉底,用冰冻切片机切片(切片厚度5~60μm均可),如需通过激光共聚焦三维重建观察立体结构则需切60μm厚片。
B法:取新鲜组织迅速冷冻,直接进行冰冻切片,然后用4%多聚甲醛或冷丙酮固定组织切片10min。
②冰冻切片的保存:切片置于切片盒,密封冻存于冰箱(-20℃可保存3个月,-80℃可保存6个月)。
③从冰箱拿出冰冻切片,置于室温下干燥0.5h,用过滤的PBS洗片两次,每

次 15min。

④TritonX-100 通透组织:免疫组画笔画圈,避免工作液外溢;将组织切片放入湿盒内,0.5% TritonX-100 通透液孵育组织 30min,甩掉通透液,不洗。

\*石蜡切片的处理同免疫组织化学染色,酶消化与抗原修复(选用步骤),不需要通透。

(2)血清封闭

用与二抗同种属来源的动物血清工作液封闭组织,若做多重标记,需将不同二抗种属来源的多种血清按 1:1:1 混合,配成工作液,进行封闭,40min 后甩掉封闭液,不洗;

(3)一抗孵育

用 PBS 缓冲液(pH 7.6)稀释抗体;滴加适当比例稀释后的一抗(若做多重标记,多种抗体按各自的比例混合),放入湿盒内在 4℃过夜或 37℃孵育 1~2h,PBST 洗 5min×3 次。

(4)二抗孵育

滴加按适当比例稀释后的二抗,切片于湿盒内避光室温孵育 1~3h 或 37℃孵育 30min~1h,PBST 洗 3min×5 次。

(5)DAPI 复染细胞核

DAPI 工作液室温孵育 5~10min,PBST 洗 5min×3 次。

(6)封　片

将切片上多余的 PBS 拭干,用防荧光淬灭封片剂封片。(室温避光干燥后,避光保存于-20℃)

(7)成像采图

激光共聚焦显微镜或荧光显微镜观察并采图。

## 四、结果判读

免疫荧光结果的判读与免疫组织化学染色类似,但由于荧光抗体内存在的游离荧光素容易与组织标本结合,形成非特异性染色,除了尽量洗去多余的荧光抗体,还需严格的对照实验排除假阳性。所得实验结果如图 16-3 所示,该图表示免疫荧光法多重标记检测肿瘤组织内血管密度和细胞增殖状况,左图代表血管内皮细胞 marker CD31,中图代表细胞核增殖的 marker Ki67 的表达,右图显示微血管和增殖细胞在肿瘤组织内的定位及相对定量情况。

免疫荧光激光共聚焦三维重建技术在血管研究及神经系统研究中被广泛应用,如图 16-4 所示,是运用血管灌注技术结合免疫荧光激光共聚焦三维重建观察血管壁上周细胞的数量,形态及与血管壁的紧密程度。白色为从小鼠尾静脉灌注的大分子(2MD)FITC-Dextran 显示肿瘤血管的走向与形态,灰色为用间接免疫荧光标记的血管周细胞 Marker Desmin,通过三维重建,可清晰看到周细胞的大小、数量及与血管壁结合的情况,进而判断血管的成熟度。

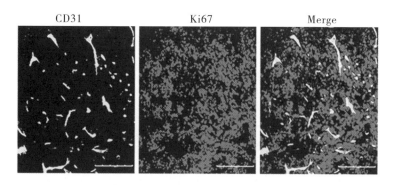

图16-3 间接免疫荧光双标检测肿瘤组织内血管密度与细胞增殖

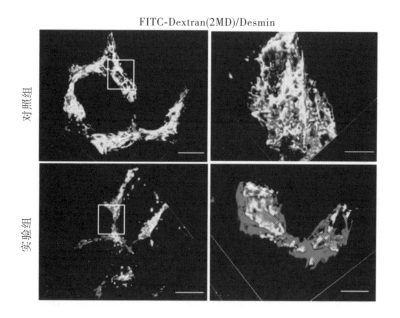

图16-4 免疫荧光激光共聚焦三维重建观察血管周细胞

## 五、注意事项

免疫荧光实验除了要注意免疫组化实验所需注意的事项外,还需注意以下几点:

- 必须设置更加严谨的阳性对照和阴性对照,除了设置同免疫组织化学染色对应的阳性对照和阴性对照,还需设置自发荧光对照和荧光抗体对照。自发荧光对照即标本直接用50%甘油封片(或抗荧光淬灭封片剂),荧光显微镜观察应呈阴性荧光;荧光抗体对照即标本只加间接荧光抗体封片观察也应为阴性荧光;该两种对照均为排除假阳性。

• 使用荧光二抗后需尽量避光进行后续实验,荧光显微镜尤其是激光共聚焦观察时注意自身防护,避免荧光刺伤眼睛。

• 从第三步Triton-X100通透后切勿干片,干片易导致产生非特异性荧光。

## 六、个人心得

• 若需复染,应严格控制DAPI浓度,一般工作液浓度为50~100ng/ml,否则蓝色荧光过强会影响阳性反应观察和摄像。

• 免疫荧光实验对摄像的要求更高,特别是多重免疫荧光,在摄像中即需调整好各色荧光的明暗度、对比度,才能得到好的重叠结果。激光共聚焦显微镜成像效果最佳。

• 免疫荧光实验操作步骤简便易行,但对抗体的要求更高,多重免疫荧光实验中所用抗体较多,从实验设计、抗体购买均需考虑到抗体种属之间有无交叉反应,尽量使用比较成熟或已验证过的抗体,最好在进行多重免疫荧光试验之前先进行单标验证。

• 如需在同一标本上同时检测两种或三种抗原可进行双重或多重免疫荧光染色,把两种或多种抗体的一抗或二抗按适当比例稀释后同时孵育,封闭也要多种二抗同源的血清同时封闭。

• 进行免疫荧光切片的动物组织最好是经过灌注的,尽量减少组织内的血液尤其是红细胞,易产生非特异性荧光。

• 最好用抗荧光淬灭剂的封片剂封片,如果不能及时照相,可避光冻存于-20℃,一周内不影响成像效果。从孵二抗开始以后的所有操作都要避光进行。

• 一抗以后用PBST洗片效果更好。

• 封片用的盖玻片一定要干净,可用75%乙醇溶液浸泡,洗洁精清洗,自来水冲洗干净,倒立于滤纸上自然风干。

(张淑雅,宁夏医科大学,e-mail:zhangshuya1268@163.com)

## 第五节 原位杂交技术

原位杂交技术(In situ hybridization, ISH)是通过已知碱基序列并带有标记物的探针与组织、细胞中待检测的mRNA进行特异性结合,形成杂交体,然后再应用与标记物相应的检测系统,在核酸的原有位置对其进行定位的方法。这一技术为研究单一细胞中编码各种蛋白质、多肽的相应 mRNA 的定位提供了手段,为从分子水平研究细胞内基因表达及有关因素的调控提供了有效的工具。

## 一、基本原理及实验目的

每条单链核酸分子(DNA 或 RNA)都有一条与之相互补的链。杂交即是指这两条原本无关联的单链核酸分子以互补碱基对之间的氢键相互结合形成双链的一种反应。原位杂交技术是运用这一原理,选用特定的标记物(放射性核素、生物素、地高辛或某些酶类)标记一条单链核酸即探针。在一定时间、温度、盐浓度下应用标记探针孵育组织切片,使探针与组织中的相应 mRNA 杂交形成双链结构。再根据标记物的不同,使用不同的检测方法,显示标记探针在组织的分布状况,从而探知特定基因或其转录产物的组织定位。

荧光原位杂交(Fluorescence in situ hybridization,FISH)技术是在已有的放射性原位杂交技术的基础上发展起来的一种非放射性分子的原位杂交技术。基本原理是荧光标记的核酸探针在变性后与已变性的靶核酸在退火温度下复性;通过荧光显微镜观察荧光信号可在不改变被分析对象(即维持其原位)的前提下对靶核酸进行分析。DNA 荧光标记探针是其中最常用的一类核酸探针。利用此探针可对组织、细胞或染色体中的 DNA 进行染色体及基因水平的分析。荧光标记控针不对环境构成污染,灵敏度能得到保障,可进行多色观察分析,因而可同时使用多个探针,缩短因单个探针分开使用导致的周期过程和技术障碍。因此 FISH 在近年来应用越来越广泛。

## 二、主要仪器设备和试剂

(1)仪　　器

PCR 仪、凝胶成像仪、核酸电泳仪、干式恒温仪、紫外分光光度计、高速冷冻离心机、水浴锅、超净工作台、恒温培养摇床、恒冷箱切片机、荧光显微镜。

(2)试剂准备

①DEPC-$H_2$O、0.1M DEPC-PB、20×SSC。

②1.0M 三乙醇胺(pH 8.0):加入 6.8ml 的三乙醇胺,再加入 1.5~2.0ml 浓盐酸将 pH 调至 7.5,最后用 DEPC-$H_2$O 定容至 50.0ml。

③乙酰化液:加入 5.0ml 的 1M 三乙醇胺(pH 8.0),再加入冰醋酸 0.125ml,最后用 DEPC-$H_2$O 定容至 50.0ml。

④10% Blocking Reagent:1.0g 的 Blocking Reagent 用 10ml 0.1M,pH 7.5 的马来酸溶液来溶解,配好后高温高压灭菌分装备用。

⑤杂交液的配制:加入 2.5ml 的 20×SSC, 2.0ml 的 10% Blocking Reagent, 5.0ml 的 100%去离子甲酰胺,0.5ml 的 2% NLS 和 0.1ml 的 10% SDS,5 种溶液共同混合配制成 10.0ml 杂交液。

### 三、操作步骤

#### 1. 组织准备

关键是最大限度地保存组织中 mRNA 及获得最佳组织保存的同时,又有利于探针向组织内渗透。目前常用的取材方法有两种:灌注固定法和新鲜速冻法。前者是用4%的多聚甲醛固定,后者是将新鲜组织在干冰中迅速冷冻。

#### 2. 探针制备

目前常用的探针是 cRNA 探针。将带有探针序列的质粒线酶切性化,纯化已线性化的质粒,再将纯化后的质粒与 DIG RNA Labeling Mix、10×Transcription Buffer、RNA 聚合酶混合并于37℃进行体外转录,最后探针经过试剂盒的纯化后方可使用。

#### 3. 杂交前处理

目的是为了增加组织通透性及减少杂交时非特异性反应的产生。增加组织通透性的常用方法有用稀酸洗涤、去垢剂、乙醇处理或某些蛋白酶消化等。这些处理可增加组织通透性及探针的渗透性,提高杂交信号,但同时也会影响组织结构的形态。因此在用量和处理时间上需要谨慎。预杂交即用不含探针的杂交液孵育切片,可封闭非特异性杂交点,减低非特异性反应。杂交前步骤如下:

①用 $H_2O_2$ 终浓度为2%的 0.1M DEPC-PB 孵育切片一次,室温,10min。

②0.1M DEPC-PB 孵育切片一次,室温,10min。

③用 Triton X-100 终浓度为 0.3% 的 0.1M DEPC-PB 孵育切片一次,室温,10min。

④乙酰化液孵育一次,室温,10min。

⑤0.1M DEPC-PB 孵育切片两次,室温,各 10min。

⑥预杂交于 60℃,处理 1h。

#### 4. 杂交

这是原位杂交技术的关键步骤。探针的终浓度为 1.0μg/ml,杂交温度根据探针引物的退火温度来确定。杂交时间过短会造成杂交不完全,过长则会增加非特异性染色。一般将杂交时间定为 16~20h,也可杂交孵育过夜。

#### 5. 杂交后处理

是指用不同浓度、不同温度的盐溶液漂洗切片的过程。目的是去除非特异性结合的探针,从而提高反应的特异性,降低非特异性背底。漂洗的条件如盐溶液的浓度、温度、次数和时间因探针类型和标记物的不同略有差异。需要注意的是在漂洗过程中,勿使切片干燥。探针类型不同,孵育抗体也有差异,如 POD-anti-DIG 或 AP-anti-DIG 等抗体。杂交后处理步骤如下:

①用洗涤液清洗片子两次,60℃,各 20min。

②用 RNase 缓冲液孵育片子一次,37℃,20min。

③用加入 RNA 酶的 RNA 缓冲液孵育片子,条件:37℃,30min。(RNA 酶终浓度为 20.0μg/ml)

④用 2×SSC 孵育片子两次,37℃,各 20min。

⑤用 0.2×SSC 孵育片子两次,37℃,各 20min。

⑥用 TS 7.5 孵育一次,室温,5min。

⑦用 TBS 封闭片子,室温孵育 1h。

⑧加入抗体 POD-anti-DIG(1∶200)或 AP-anti-DIG(1∶3000)孵育切片,室温,过夜。

6. 显　色

显示方法依据探针标记物的种类而定。可根据 TSA-DNP 反应(试剂盒说明书)按照 1∶50 比例将 TSA-DNP 稀释后孵育切片。普通原位杂交运用 NBT/BCIP 进行显色,FISH 运用荧光抗体显色。

### 四、结果示例(图 16-5)

图 16-5　延髓背角 $GAD_{67}$ mRNA 阳性的神经元分布

### 五、注意事项

• 防止 RNA 酶污染:由于人唾液中、手指皮肤及实验室器皿上均可能含有 RNA 酶,应进行必要的防护。在杂交前处理过程中均需要戴口罩、消毒手套;实验所用器械、器皿都应在实验前一日置高温烘烤(180℃,4h)以消除 RNA 酶。杂交前及杂交时所用的溶液均需经高压消毒处理。

- 探针的浓度:探针浓度根据其种类和实验要求略有不同,基本原则是探针浓度能在实验中得到最大的信噪比。浓度越高,则杂交速度越快。但过高的浓度也会使背景增加,因此,宜选择可接受背景的最高探针浓度。最佳原则应是应用最低探针浓度以达到与靶核苷酸的最大饱和度为目的。一般为 0.5~5.0ng/μl。应以探针种类和实验需要来确定最适宜的探针浓度。

- 严格掌握杂交温度和时间:这是杂交成功与否的重要环节。杂交温度太低会引起非特异性杂交信号,杂交温度太高会损坏组织形态,并减少杂交信号。

## 六、个人心得

- 原位杂交技术要求操作者具备扎实的相关技术基础,熟知其原理,实验室要具备相应的仪器设备。

- 在标本和试剂准备、杂交前处理及杂交过程中每一步都要严防 RNA 酶污染,原位杂交技术步骤烦琐,应在实验前预习实验步骤,将所有的试剂和实验设备准备妥当。

- 探针制备是原位杂交成功的前提,合适的探针非常重要,初始设计时可选定两到三对探针,摸索实验条件,确定最佳探针。

- 设立对照实验以证明杂交新号的特异性。可运用正义探针进行杂交,或不加探针的杂交液杂交。

(黄　静,第四军医大学,e-mail:jinghuang@ fmmu. edu. cn)

# 第十七章  相关常用动物实验

## 第一节  裸鼠移植瘤动物模型

### 一、基本原理及实验目的

裸鼠移植瘤实验常用于检测细胞的成瘤能力、抗肿瘤药物的抑瘤作用和靶分子对肿瘤的发生发展的影响等。常用的裸鼠移植瘤动物模型包括裸鼠皮下接种、肾包膜下接种、原位接种等方法。本节介绍最常用的裸鼠皮下移植瘤的接种方法。

### 二、主要仪器及试剂

①0.25%胰酶、无血清的细胞培养基、PBS或生理盐水。
②1ml注射器、细胞计数板、0.5ml EP管、乙醇棉球等。

### 三、操作步骤

①将细胞计数板及盖玻片冲洗干净,晾干。
②常规消化细胞,离心。
③加入适量PBS重悬细胞,使之成为单细胞悬液。
④按一定的倍数稀释细胞悬液,并细胞计数(参考第十五章第三节)。
⑤取$5\times10^6$个细胞,再次离心收集细胞沉淀。
⑥用0.2ml PBS或无血清细胞培养液重悬细胞,分别放入0.5ml的EP管中,封口膜封口。
⑦将裸鼠背部皮肤用乙醇棉球擦拭、消毒。
⑧用1ml注射器吸取细胞悬液,将其注射入裸鼠皮下。
⑨以后每天观察裸鼠生存情况以及移植瘤的情况,测量瘤体大小。
⑩待肿瘤长至直径为1.5~2.0cm时,脱颈法处死裸鼠,取出肿瘤,称重,测量瘤体大小并计算体积。
⑪统计学分析。

### 四、结果判读

于接种后3d开始观察成瘤和瘤体大小变化,一般1周左右即可看到米粒大小的肿瘤。根据公式计算中瘤体积(肿瘤体积≈长×宽$^2$×0.5)。

### 五、注意事项

- 细胞重悬时要将细胞悬液制备成单细胞悬液。
- 计数前应将细胞彻底混匀,稀释至合适的浓度,计数一定要准确。
- 裸鼠皮下注射细胞悬液后停留几秒钟再拔出针头,以防止细胞悬液随针头渗漏。
- 选择裸鼠时,应选择4~6周龄的裸鼠。
- 根据国际和中国实验动物伦理委员会的规定,移植瘤的直径不得超过2cm。
- 裸鼠的饲养条件比较高,要在SPF环境中,并且给予灭菌的水和特殊的饲料。

### 六、个人心得

有极小部分裸鼠可能难以成瘤,应该在剔除后再进行随机分组,一般选取每组6~10只。当然,在做预实验时,选择3只可以做统计学分析即可。

在细胞计数后,用PBS或者生理盐水重悬细胞时,最好不要超过0.2ml。在接种细胞的数目上,一般情况下选择$1×(10^5~10^7)$个细胞,若想尽快观察成瘤情况,那么细胞数就多一些,反之则少一些。

在荷瘤裸鼠动物模型建立以后,可以观察的指标很多,比如肿瘤体积、裸鼠存活时间、处理前后瘤体大小与重量、处理前后肿瘤的HE或者免疫组化染色等,根据前期的实验设计来选择。

(李绍青,第四军医大学,e-mail:lsqfmmu@fmmu.edu.cn)

## 第二节 小动物活体成像技术

活体动物体内成像技术是指应用影像学方法,对活体状态下的生物过程进行组织、细胞和分子水平的定性和定量研究的技术。小动物活体成像是近年来在生物医药方面非常活跃和前沿的领域,在研究细胞行为、药物活性和代谢、疾病的进展等方向取得了革命性进步。主要分为生物发光(Bioluminescence)与荧光(Fluorescence)两种技术。生物发光是用荧光素酶(Luciferase)基因标记细胞或DNA[1],而荧光技术则采用荧光报告基团(GFP、RFP、Cyt及dyes等)进行标记[2]。利用一套灵敏的光学检测仪器,让研究者能够直接监控活体生物体内的细胞活动和基因行为。通过这个系统,可以观测活体动物体内肿瘤的生长及转移、感染性疾病发展过程、特定基因的表达等生物学过程。传统的动物实验方法需要在不同的时间点宰杀实验动物以获得数据,得到多个时间点的实验结果。相比之下,可见光体内成像通过对同一组实验对象在不同时间点进行记录,跟踪同一观察目标(标记细胞及基因)的移动及变化,所得的数据更加真实可信。此外,这一技术对肿瘤微小转移灶的检测灵敏度极高,不涉及放射性物质和方法,非常安全。这项技术因其操作极其简单、所得结果直观、灵敏度高等特点,在刚刚发展起来的几年时间内,已广泛应用于生命科学、医学研究及药物开发等方面。

## 一、基本原理与实验目的

### 1. 光学原理

荧光发光是通过激发光激发荧光基团到达高能量状态,而后产生发射光。同生物发光在动物体内的穿透性相似,红光的穿透性在小动物体内比蓝绿光的穿透性要好得多,随着发光信号在体内深度的增加,波长越接近900nm的光线穿透能力越强,同时可消减背景噪音的干扰,近红外荧光为观测生理指标的最佳选择。在实验条件允许的条件下,应尽量选择发射波长较长的荧光蛋白或染料。

### 2. 标记原理

活体荧光成像技术主要有三种标记方法:

①荧光蛋白标记:荧光蛋白适用于标记细胞、病毒、基因等,通常使用的是 GFP、EGFP、RFP(DsRed)等。

②荧光染料标记:荧光染料标记和体外标记方法相同,常用的有 Cy3、Cy5、Cy5.5 及 Cy7,可以标记抗体、多肽、小分子药物等。

③量子点标记:量子点(quantum dot)是一种能发射荧光的半导体纳米微晶体,主要应用在活细胞实时动态荧光观察与成像。

菁染料是性能优良的荧光标记染料,摩尔吸光系数在荧光染料中是最高的,其琥珀酰亚胺酯是最常用的脂肪氨基标记试剂,广泛用于蛋白、抗体、核酸及其他生物分子的标记和检测。通过改变次甲基链的长度,可改变其荧光发射波长,每增加一个双键,按照 Huoffman 规则正好红移约 100nm。菁染料 Cy3 和 Cy5 已成为基因芯片的首选荧光标记物;另外,Cy5、Cy5.5 和 Cy7 的吸收在近红外区背景非常低,是荧光强度最高、最稳定的长波长染料。特别适合于活体小动物体内成像代替放射性元素。见表 17-1。

菁染料和生物分子的比例 F/P = 4~12 之间荧光强度最高,F/P 值过高荧光探针会自我淬灭并影响生物分子的生物活性,标记生物分子最好是用单琥珀酰亚胺酯,但是用双修饰的 CyDye NHS 并没有发现交联。

下面以水溶性 Cy5 NHS 标记亮氨酸脑啡肽(leucine-enkephalin)为例进行实验。

表 17-1 菁染料琥珀酰亚胺酯（CyDye NHS）的性质参数

| | Cy3 | Cy3.5 | Cy5 | Cy5.5 | Cy7 |
| --- | --- | --- | --- | --- | --- |
| 脂溶性菁染料 SE 分子量 | 568.73 | 668.84 | 594.76 | 694.88 | 620.80 |
| 水溶性菁染料 SE 分子量 | 765.95 | 1234.54 | 791.99 | 1260.58 | 818.01 |
| 最大吸收波长（nm） | 552 | 581 | 650 | 678 | 750 |
| 摩尔吸光系数（$M^{-1}cm^{-1}$） | 150 000 | 150 000 | 250 000 | 250 000 | 200 000 |
| 最大发射波长（nm） | 570 | 596 | 670 | 695 | 780 |
| $A_{280nm}/A_{max}$ | 8% | 24% | 5% | 18% | 11% |

## 二、主要仪器及试剂

①小动物活体成像系统（Imaging Station IVIS Lumina II, Caliper）。
②菁染料琥珀酰亚胺酯 Cy5 NHS，亮氨酸脑啡肽（Tyr-Gly-Gly-Phe-Leu, LEK）。
③滤器（0.22μm）、注射器。

## 三、操作步骤

### 1. 标　记

①Cy5 NHS 1.0 mg 溶解于 400μl DMSO 后，加入到 1ml 的玻璃瓶中盛有 leucine-enkephalin（YGGFL, 0.60mg）的 400μl DMSO 溶液（Dye 和 peptide 投料比是 1∶1）。
②加入 15μl 三乙胺，常温避光搅拌反应混合物过夜。
③用高效液相色谱法（HPLC）纯化产物，使用蛋白 C18 柱子（25cm×10mm），30min 梯度洗脱从 0.1% TFA 水溶液到 ACN∶$H_2O$（0.1% TFA）=70∶30，流速 4ml/min（对不同的多肽选择不同的合适 HPLC 梯度流动相）。
④收集适当的色谱峰，荧光标记多肽的保留时间比未标记的多肽长。
⑤产品冷冻干燥成粉末或在水溶液中，-20℃避光储存；必要时可用质谱表征。

### 2. 荧光成像

①SPF 级 BALB/C 裸鼠，6~8 周龄，18~20g，实验前 24h 自由进食、饮水。
②将 Cy5 或 Cy5 标记的药物分子溶于水（或甲醇/乙醇/乙二醇，有时 DMSO 200μl 能把小鼠杀死），于裸鼠尾静脉注射 200μl。光学成像前，使用气体吸入式麻醉系统将裸鼠麻醉，一般采用混有氧气和氮气的异氟烷混合麻醉。
③将麻醉的裸鼠俯卧位平放于小动物活体成像系统的记录暗箱平台上，软件控制平台升降到一个合适的视野。不同时间间隔拍摄记录 1 张动物在体内发射荧光的成像图片，完成成像操作。对照鼠不注射药物，同时进行记录。

## 3. 结果判读

成像系统附带的软件可完成图像分析过程。软件为每一次使用提供一张图片作为数据结果,这是一张覆盖色彩的成像图片,记录了发射出的光子数据。用于定性分析时,通过不同时间点标记荧光分子的药物在体内不同部位的荧光强度,可以观察到药物在动物体内的特异性分布和代谢情况。用于定量分析时,当选定需要测量的区域 ROI(region of interest),软件可以测量并计算出此区域发出的光子数,不同颜色体现了单位面积中发射光子的数量,信号强度高的为红色,低的为紫色。这种颜色会根据光子数目范围进行细节上的调节,因此可达到定量分析的目的。获得实验数据后可进行进一步比较分析。

## 四、示 例

图 17-1 和图 17-2 分别是氰染料 Cy7 NHS 标记中枢镇痛衍生多肽在体和离体成像结果[3]。由图 17-1 活体动物在体成像图可见,尾静脉注射衍生多肽 10min 后可在小鼠脑组织中观察到较强的荧光信号,20min 时荧光强度达到最大值,并持续 30min,随之逐渐降低。

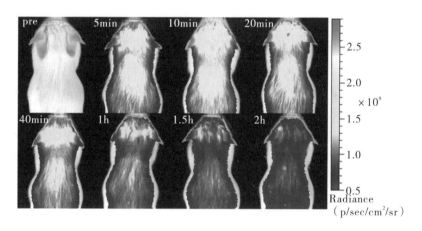

图 17-1 小鼠静脉注射 Cy7 标记肽后不同时间点荧光显像

为了进一步确认观察到的荧光信号是真正来自脑组织而非脑血管或小鼠皮毛所产生,在完成了整体动物成像观察后,立即对小鼠进行心脏灌流以除去脑血管残留的荧光标记药物,处死取脑,置于活体动物成像系统观察离体大脑荧光强度。由图 17-2 离体动物成像图所示,荧光标记的药物同样在 20min 时荧光强度达到最大值,注射 Cy7 或生理盐水的对照小鼠没有显著的荧光信号,结果说明无论在体观察还是离体脑组织,观察到的荧光信号均来自小鼠大脑脑实质。

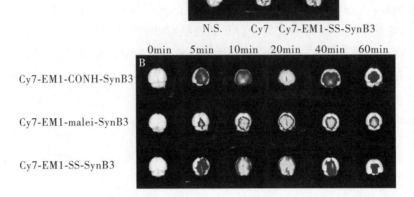

图 17-2 小鼠静脉注射 Cy7 标记肽后不同时间点离体灌注大脑荧光显像

## 五、注意事项

• 荧光检测与生物发光检测的优势与劣势：荧光发光需要激发光，但生物体内很多物质在受到激发光激发后，也会发出荧光，产生的非特异性荧光会影响到检测灵敏度。特别是当发光细胞深藏于组织内部，则需要较高能量的激发光源，也就会产生很强的背景噪音。作为体内报告源，生物发光较之荧光的优点之一为不需要激发光的激发，它是以酶和底物的特异作用而发光，且动物体自身不会发光，这样生物发光就具有极低的背景。虽然荧光信号远远强于生物发光，但极低的自发光水平使得生物发光的信噪比远高于荧光。另外，生物发光信号可以用于精确定量。因为荧光酶基因是插入细胞染色体中稳定表达的，单位细胞的发光数量很稳定。即便标记细胞在动物体内有复杂的定位，亦可从动物体表的信号水平直接得出发光细胞的相对数量。而对于荧光，光在体内路径较长。信号水平取决于激发光的强度、发光细胞的数量、靶点的深度，光线穿过的组织对其的吸收及散射等因素，使得荧光强度很难定量。因为这些原因，目前大部分高水平的文章还是应用生物发光的方法来研究活体动物体内成像。但是，荧光成像有其方便、经济、直观、标记靶点多样和易于被大多数研究人员接受的优点，在分子生物学研究和简单的动物体内研究方面得到应用。对于不同的研究，可根据两者的特点以及实验要求，选择合适的方法。

• 活体动物成像系统：由影响观察暗箱、CCD 影响撷取系统、荧光激发光源系统（生物发光不需要激发滤光片，只需要发射滤光片）、专业影像撷取与分析软件、控制计算机、气体吸入式麻醉系统组成。两个主要原因使可见光成像技术能够看到体内发出的微弱的可见光。一是高灵敏度的制冷 CCD 镜头，可达到零下 -90℃，使体内发出的非常少的光子也能够检测到。二是绝对密封的暗箱装置，可以屏蔽包括宇宙射线在内的所有光线,可以使暗箱内部保持完全黑暗,CCD所检测的光线完全由被检动物体内发出,避免外界环境的光污染。

- 不同的药物代谢时间不同:注射入裸鼠体内,荧光立即分布全身,然后逐步向膀胱聚集,呈现显著的肾排泄的特点。一般4～6h,快的只有30min;如果是骨骼和鼻腔等部位靶点的Cy7标记药物,持续时间相对会有所延长。
- 未开封的菁染料的粉末在避光干燥 −20℃存放12个月;CyDye NHS水溶液现配现用不能储存。任何溶解后的CyDye NHS粉末最好立即使用;绝对无水的DMSO溶液 −20℃保存最多2周。CyDye标记后的蛋白稳定性取决于蛋白本身,例如标记的IgG在4℃可避光保存2个月;更长期的保存需加入等体积的甘油 −20℃避光保存。

## 六、个人心得

- 毛发对光有散射,建议用裸鼠。
- 注射试剂的体积用量根据所采取的方式不同而不同,推荐使用具有固定针头的28～32号结核菌素或胰岛素注射器(0.3ml或1ml)
- 成像时间和成像持续时间与注射试剂有关。例如:血管示踪剂注射后可立即成像并持续成像数小时。注射标记的抗体IgG到达靶点需要数小时,而后才成像并持续成像数天。
- 菁染料和生物分子的比例F/P = 4～12之间荧光强度最高,F/P值过高荧光探针会自我淬灭并影响生物分子的生物活性,标记生物分子最好是用单琥珀酰亚胺酯,但是用双修饰的CyDye NHS并没有发现交联。
- 未标记的水溶性染料通过膀胱排泄,静脉注射后最快能在3min检测到膀胱内的荧光信号。
- 如果用荧光蛋白,可以标记细胞或病毒。如果使用合适的荧光小分子,如Cy5.5等,可以标记蛋白例如抗体等大分子或者多肽。但是再小的分子如小分子有机药物等,只能用放射性同位素标记,用PET或SPECT的方法进行研究。因为即使荧光基团如Cy5.5也会影响小分子药物的药理药效和代谢活动。

## 参考文献

[1] Xu T, Close D, Handagama W, et al. The Expanding Toolbox of In Vivo Bioluminescent Imaging. 2016, 23(6): 150 − 59.

[2] Umezawa K, Citterio D, Suzuki K. New trends in near-infrared fluorophores for bioimaging. Anal Sci. 2014, 30(3): 327 − 49.

[3] Liu H, Zhang W, Ma LN, et al. The improved blood-brain barrier permeability ofendomorphin-1 using the cell-penetrating peptide synB3 with three different linkages. Int. J. Pharm. 2014, 476 (1 − 2): 1 − 8.

(刘　晖、林　利,兰州大学,e-mail:liu_hui@lzu.edu.cn)

# 第十八章 分子生物学常用数据库

分子生物学主要研究具体生物大分子在某一生物学行为过程中的表达变化、功能和作用方式；主要涉及基因的表达调控、蛋白相互作用、信号分子间的交互对话等。作为一门实验性科学，分子生物学实验常需要我们在具体实验前首先对所关注的基因可能受哪些因素调控、其编码产物和哪些分子可能存在潜在的相互作用、可能参与哪些生物学功能等，进行初步的判断，然后根据这些信息，提出合理的实验设想，通过生物学实验加以验证。那么，如何分析候选基因的表达调控、基因功能及其作用方式呢？除了根据实验结果提供的线索和深入研究相关文献外，分子生物学常用数据库，尤其是一些在线预测工具，为我们初步了解相关功能提供了重要参考。本章将从基因基本信息获取、基因表达调控的生物信息学预测和基因功能分析三个方面对常用数据库进行简单介绍。

## 第一节 基因基本信息的获取

### 一、NCBI 数据库的使用

NCBI 是我们最常用的数据库，网站是 www.ncbi.nlm.nih.gov，也就是美国国家生物技术信息中心。通过这一数据库，我们可以获取某一基因的核酸或蛋白质序列。作者推荐按以下方法检索目的基因信息。

首先进入 NCBI 的主界面(图 18-1)，在 All Databases 下拉菜单中选择 Gene，再输入读者所要找的目的基因，比如 *Ndrg*2 (图 18-2)，可以得到以下结果(图 18-3)。注意，在最新检索结果中，常常检索到多个条目，检索结果上方，有一个提示，Did you mean Ndrg2 as a gene symbol? 如果确定检索词是 gene symbol，则可以点击下方的链接(图 18-3)，达到精确检索的目的。

为了获取鼠 ndrg2 的 mRNA 序列和蛋白质序列，我们选择 Mus musculus，单击该条目即可进入鼠 ndrg2 的主界面，结果如图 18-4 所示。

进入该页面后，我们可以通过浏览页面，找到该基因的 DNA、RNA 和蛋白编码信息。如在 Genomic context 和 Genomic region、transcripts 和 products 中我们可以了解该基因的基因组位置、比邻基因及该基因的可变剪接等信息(图 18-5)。

# 第十八章 分子生物学常用数据库

图 18-1　NCBI 主页界面

图 18-2　在 NCBI 网页 Gene 检索栏中输入 Ndrg2

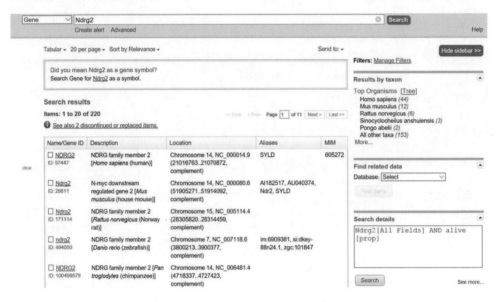

图 18－3　Gene 检索 Ndrg2 的检索结果

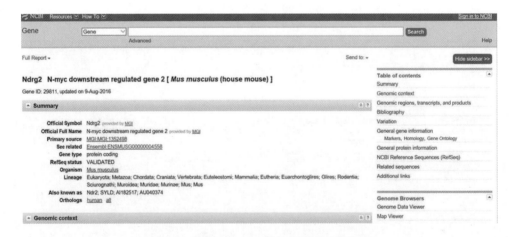

图 18－4　点击进入 Ndrg2 基因看到的详细信息

# 第十八章 分子生物学常用数据库

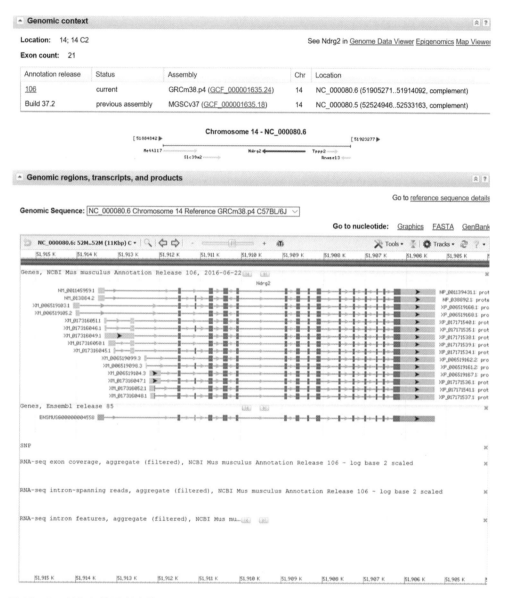

图18-5 Ndrg2基因所在的Genomic context和Genomic region、transcripts和products信息

该基因存在多个转录本,点击具体链接则可了解具体信息。如点击图18-6中的NM 1001145959.1,即可获得小鼠 Ndrg2 的 mRNA 序列,点击右边 NP 001139431.1,即可获得小鼠 Ndrg2 的蛋白质序列(图18-6)。

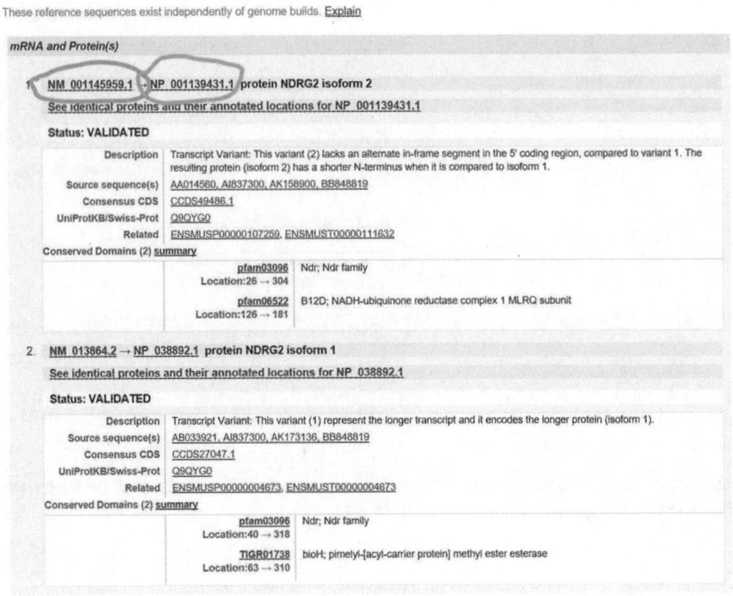

图 18 - 6  Ndg2 mRNA 和蛋白的信息

继续向下移动滚动栏,找到 Genomic 一栏信息,点击 Genbank 或 FASTA,即可获得 *Ndrg*2 在基因组上的序列,可以看到 *Ndrg*2 在基因组全长为 8822bp。将 Display 一栏中改为 FASTA,以便于其他目的。在该页面的最右侧,显示该段基因序列在基因组的具体位置(图 18 - 7,图 18 - 8)。

图 18 - 7  *Ndrg*2 的基因组的信息链接

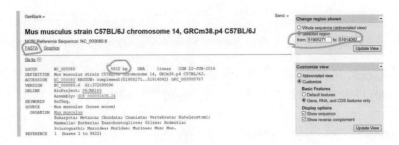

图 18 - 8  *Ndrg*2 在基因组的位置和序列信息

## 二、Genecards 的使用

除了 NCBI 这个经典的数据库外,具体研究中我们还常参考其他重要的数据库,这里重点介绍 Genecards 数据库的使用。该数据库不仅可以直接链接到包括 NCBI 在内的重要数据库,还可链接到各大公司关于该基因的产品,为具体实验工作的开展提供了极大的方便。

在地址栏中键入 http://www.genecards.org/,可以直接进入以下界面(图18-9)。

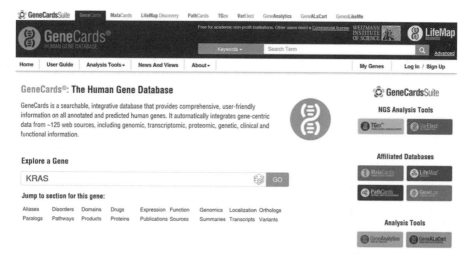

图 18-9 Genecards 界面

在关键词(Keywords)栏,输入感兴趣的基因,譬如 Ndrg2,选中 Ndrg2,将会进入 Ndrg2 基因的详细描述,限于篇幅,这里不详细罗列。简单来说,Genecards 根据不同数据库和生物信息学软件以及大量文献,对 Ndrg2 基因进行了详细的注释,主要包括基因名称、基因基本描述、基因组水平的调控信息(包括甲基化和转录调控)、蛋白质基本信息、蛋白质结构域分析、基因功能分析及主要研究工具(如抗体和 RNAi 等)、Ndrg2 可能参与的信号通路、Ndrg2 参与的生物学功能、Ndrg2 相关的小分子化合物、Ndrg2 的 SNP 位点、Ndrg2 表达载体、Ndrg2 的相关疾病及其突变、Ndrg2 与临床的关系、有关 Ndrg2 已经发表的文章。

由此可见,Genecards 是一个基因大全,通过 Genecards 我们几乎可以获取所关心的基因的所有信息。

## 第二节 基因表达调控分析

### 一、基因表达谱数据库的查询

了解基因的表达特征对分析其具体的表达调控机制具有重要的提示意义。除了上述 Genecards 提供的数据外，我们通常可以通过 NCBI 中 GEO Profiles 数据库初步了解目的基因在感兴趣的组织中的分布特征。具体操作简述如下：进入 NCBI 的主界面后，在 Search 一栏中选择 GEO Profiles，然后输入基因名和其他限定词，如 Ndrg2 and breast cancer 点击 Go 即可得到如下结果（图 18-10）。通过进一步浏览具体结果，我们可以找到感兴趣的信息，为深入研究提供线索。

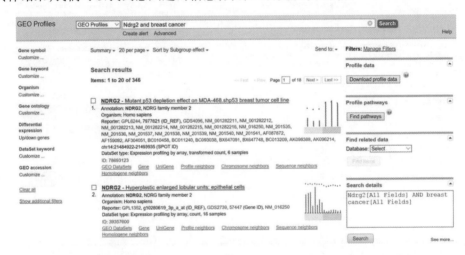

图 18-10　NCBI GEO Profiles 搜索"Ndrg2 and Breast cancer"的结果界面

除此之外，我们还可以通过 TCGA 数据库（http://cancergenome.nih.gov/），下载不同研究的具体组学数据，分析目的基因的表达信息（图 18-11）；相关研究需要一定的组学思维和数据处理能力，具体可以参照网页提供的教程，这里不作详细介绍。

### 二、转录因子结合位点分析

基因的转录调控是基因从无到有、从少到多（或从多到少）最为重要的调控方式，研究基因的表达调控既是阐明基因参与生物学功能的需要，也能为其功能研究提供重要线索。对于某一个具体的基因，我们需要知道有哪些转录因子可能结合至该基因上游而调控其表达。

# 第十八章　分子生物学常用数据库

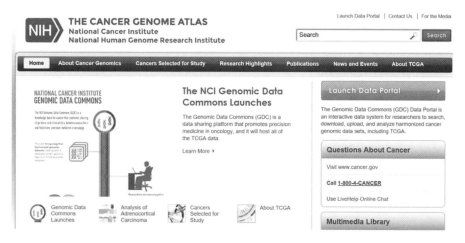

图 18-11　TCGA 主页

首先是获取目的基因转录起始点上游序列。通过 NCBI Gene 检索进入目的基因基因组序列信息(图 18-12)界面，我们可以看到图中的 *ELAVL*1 基因在基因组中的位置，表明编码该基因的 DNA 序列方向自右向左。

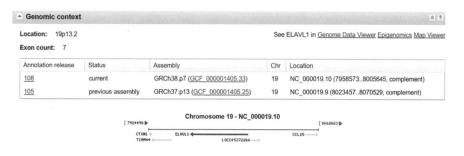

图 18-12　*ELAVL*1 基因所在的基因组位置和编码方向

在该基因的 DNA 信息中，我们可以得知这一基因的范围和 mRNA 序列，进而获取其转录起始点、可变剪接等信息。可见该基因序列为 19 号染色体 7958573 至 8005645 的互补链序列，8005645 为 ELAVL1 的起点。接下来我们截取转录起始点上游 -1000 来分析转录因子的结合位点。将 Range from 8022943 至 8069993 改为 Range from 8069993 至 8070993(图 18-13)，然后点击下方的 update view 即可得到转录启始点上游 -1000bp 的核酸序列。其中第一个碱基为第 -1000 位碱基。在实际操作过程中，我们会在原先范围的前端位置前移 1000bp，后端位置后移 1000 bp，然后 update view 之后选择呈现序列的前 1000bp(图 18-14，图 18-15)。

获取目的基因启动子序列后，通常会继续进行转录因子结合位点分析，这里我们推荐使用 JASPAR 数据库，网站地址为 http://jaspar.genereg.net/，登录上述网站，进入图 18-16 界面。

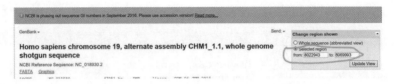

图 18-13　ELAVL1 基因序列范围

```
gene            1001..48051
                /gene="ELAVL1"
                /gene_synonym="ELAV1; Hua; HUR; MelG"
                /note="ELAV like RNA binding protein 1; Derived by
                automated computational analysis using gene prediction
                method: BestRefSeq."
                /db_xref="GeneID:1994"
                /db_xref="HGNC:HGNC:3312"
                /db_xref="HPRD:16025"
                /db_xref="MIM:603466"
mRNA            join(1001..1151,14815..15002,25459..25562,32767..32920,
                38834..39059,42817..48051)
                /gene="ELAVL1"
                /gene_synonym="ELAV1; Hua; HUR; MelG"
                /product="ELAV like RNA binding protein 1"
                /note="Derived by automated computational analysis using
                gene prediction method: BestRefSeq."
                /transcript_id="NM_001419.2"
                /db_xref="GI:38201713"
                /db_xref="GeneID:1994"
                /db_xref="HGNC:HGNC:3312"
                /db_xref="HPRD:16025"
                /db_xref="MIM:603466"
CDS             join(14831..15002,25459..25562,32767..32920,38834..39059,
                42817..43141)
                /gene="ELAVL1"
```

图 18-14　ELAVL1 基因序列范围

```
ORIGIN
        1 ttaggaggct gaggcaggag aatcgcttga acctgggaag cggaggttgc agtgagcgga
       61 gatcacgcca ctgcactcca gcctggcgac agagcgagtc tccgtctcaa ataaataaat
      121 aaataaataa aaataaaaag actattattt tcagatcata aaaaaaaaa agaaaaaatt
      181 aggcagagtg caggcatgcc tgtaatccca gctcctttggg aggcggaggc aggagaatcg
      241 cttgagtcca ggagttcgag accagcctgg gcaacagaac cagagcccat ctttacataa
      301 aaaaaaatta aacatgtagc ttgcatgtat ttctactagg gcattctagg ccagcgctgg
      361 tttagaatgt tagcccaata agaccaggta ttttttttct gctcactgcc catacagtga
      421 ttgacacaca gtaggcgctc aatgacattt taatgaatga atgagatgct gagccttcgg
      481 gaactggctt gctcaaagag ccagcaccga tgaagcgctg accacgttcc atgccccgcc
      541 tcctcagcgc accagagaga gaaactgagg cccggcaagg tgacgtcagc tcctgcccaa
      601 cggcacgtag tgcggaaacg tcggggcggg gattcgaacc caggttctgt acccgtaacc
      661 ccggcgcgct gacctttcct accttaccgg gcggcggcag gacagacagg tgcgggacac
      721 acgtcgagcg ctcaaccaga ggcgccgctc ctcagccacc gccttcgtc agcctccgag
      781 ggccggaacc cagttcgccc cctccgcggc catcgctggc tgcccgcgtc tccgccggcc
      841 gcggagcact tcgcaggcgg cgccgaccgg aagtcccgcc tctcccgcgc gccccggagc
      901 gccgcgacag ctacgccggc caatgagcag cgcgccgtgg cggacgtcgg ccaatggggct
      961 cgcgccgggg ggggcgtgt ccgggccgcg ggccggagcg ggtcgtgcgc gctgaggagg
     1021 agccgctacc gccgtcgccg tcgccgccac cgccgccacc gctaccgagg ccgagccgag
```

图 18-15　ELAVL1 基因序列范围

# 第十八章 分子生物学常用数据库

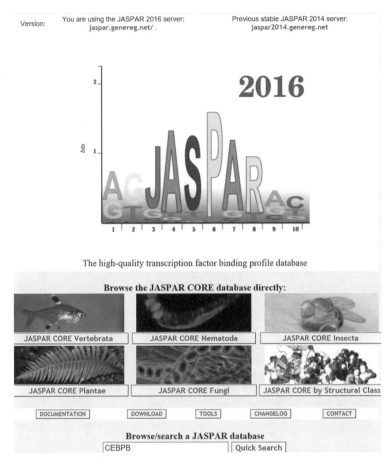

图 18-16　JASPAR 网站界面

然后,在 Quick search 按钮前的框中选择 human,将所有数据库中人的转录因子纳入筛选,在此基础上点击 Quick Search,进入图 18-17 界面;在右侧数据框中输入 ELAVL1 转录起始点上游 -1000bp 的 FASTA 格式序列,在左侧选中所有感兴趣的转录因子,点击 scan,可以进入另一界面,在该界面提供了潜在调控 ELAVL1 的转录因子及其识别序列的信息(图 18-18)。

## 三、基因启动子甲基化分析

近年来,基因启动子甲基化这一表观遗传修饰备受关注。启动子甲基化是基因沉默的重要方式,且可随细胞传代而传递,在细胞分化、发育以及肿瘤演变中发挥重要作用。分析关注的基因启动子是否可能受到表观遗传,以及哪一段序列可能受到甲基化修饰,无疑具有重要的意义。CpG 岛的存在是发生甲基化。这里简单介绍一个寻找 CpG 岛的在线分析软件 http://emboss.bioinformatics.nl/cgi-bin/emboss/cpgplot。在地址栏中键入上述地址,将会进入检索界面,设置检索参数,然后输入关心的 DNA 序列,点击 Run cpgplot,将会得到预测的结果(图 18-19)。

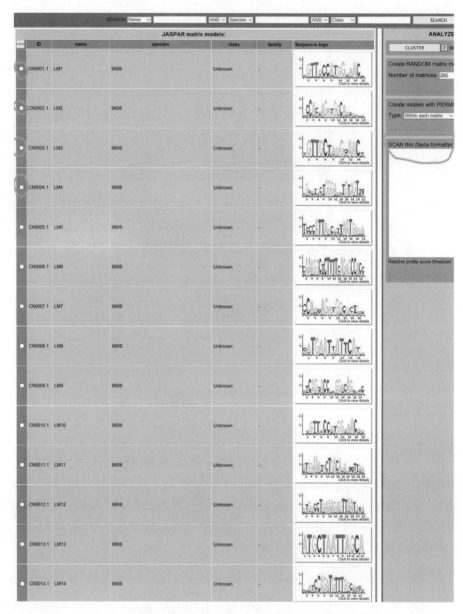

图 18-17　ELAVL1 候选转录因子预测界面

# 第十八章 分子生物学常用数据库

2561 putative sites were predicted with these settings (80%) in sequence named gi|528476546:c8070993-8069993

| Model ID | Model name | Score | Relative score | Start | End | Strand | predicted site sequence |
|---|---|---|---|---|---|---|---|
| MA0528.1 | ZNF263 | 6.079 | 0.804727584429529 | 1 | 21 | 1 | TTAGGAGGCTGAGGCAGGAGA |
| MA0098.1 | ETS1 | 3.674 | 0.809810018168701 | 3 | 8 | -1 | CCTCCT |
| MA0496.1 | MAFK | 3.551 | 0.808934195388542 | 3 | 17 | -1 | CTGCCTCAGCCTCCT |
| MA0162.2 | EGR1 | 2.514 | 0.807102864461991 | 4 | 17 | -1 | CTGCCTCAGCCTCC |
| MA0489.1 | JUN(var.2) | 4.190 | 0.818852237203617 | 4 | 17 | 1 | GGAGGCTGAGGCAG |
| MA0057.1 | MZF1(var.2) | 6.487 | 0.826282432767839 | 4 | 13 | 1 | GGAGGCTGAG |
| MA0079.2 | SP1 | 8.313 | 0.840652332828551 | 4 | 13 | -1 | CTCAGCCTCC |
| MA0079.3 | SP1 | 4.139 | 0.833214039741149 | 4 | 14 | -1 | CCTCAGCCTCC |
| MA0528.1 | ZNF263 | 6.762 | 0.810747136042514 | 4 | 24 | 1 | GGAGGCTGAGGCAGGAGAATC |
| MA0524.1 | TFAP2C | 4.173 | 0.816712424107054 | 5 | 19 | -1 | TCCTGCCTCAGCCTC |
| MA0462.1 | BATF::JUN | 3.096 | 0.826447836678555 | 6 | 16 | 1 | AGGCTGAGGCA |
| MA0599.1 | KLF5 | 2.101 | 0.829980548863503 | 6 | 15 | -1 | GCCTCAGCCT |
| MA0719.1 | RHOXF1 | 0.384 | 0.812798596762077 | 6 | 13 | -1 | CTCAGCCT |
| MA0516.1 | SP2 | 6.903 | 0.817715925690942 | 6 | 20 | -1 | CTCCTGCCTCAGCCT |
| MA0003.3 | TFAP2A | 7.881 | 0.879131452586416 | 6 | 16 | -1 | TGCCTCAGCCT |
| MA0003.3 | TFAP2A | 9.580 | 0.9058396659043 | 6 | 16 | 1 | AGGCTGAGGCA |
| MA0812.1 | TFAP2B(var.2) | 7.823 | 0.868810716387932 | 6 | 16 | -1 | TGCCTCAGCCT |

图 18-18　ELAVL1 候选转录因子分析结果(部分)

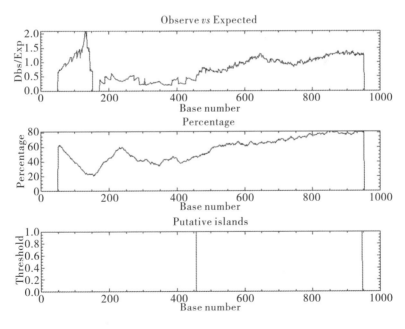

图 18-19　CpG islands 检索结果界面(部分)

## 四、miRNA 调控分析

miRNA 介导的转录后调控是指 miRNA 通过其种子序列与潜在的靶分子 mRNA 的 3'UTR 上的序列,抑制基因的翻译或介导 mRNA 的降解。越来越多的研究证据表明,miRNA 介导的转录后调控参与众多重要生物学的功能。目前,筛选和鉴定调控重要蛋白基因的 miRNA 以及某个(些) miRNA 可能调控的蛋白编码基因已经成为分子生物学研究的重要内容,备受研究者关注。

分子生物学预测 miRNA、mRNA 之间的调控关系受细胞内具体 miRNA 和 mRNA 的表达相对和绝对丰度和时空表达特征、miRNA 和 mRNA 的结合力等因素的影响;因此探讨它们可能的相互作用需要具体分析这些因素。细胞内具体 miRNA 和 mRNA 的表达相对和绝对丰度和时空表达特征的分析主要依赖于文献和前述基因表达数据库的运用,这里主要介绍 miRNA 和 mRNA 的结合力的在线分析。笔者认为,targetscan 是目前众多在线分析工具中较为方便准确的工具,在此作一简单介绍。在地址栏中键入网址 http://www.targetscan.org/,进入图 18-20 界面。

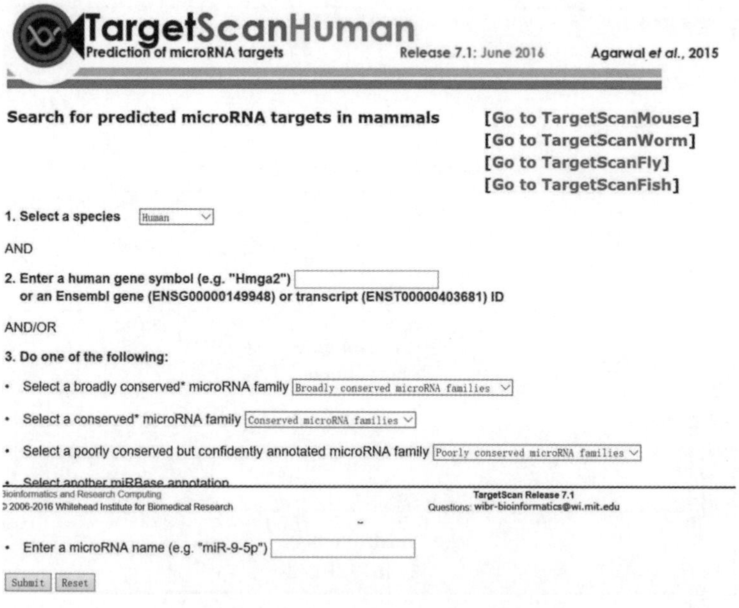

图 18-20　miRNA 靶基因预测界面

具体检索过程中,可以选择种属,如人、鼠、大鼠等,可以查找可能调控关注 mRNA 的候选 miRNA,也可以查找关心的 miRNA 可能调控的 mRNA。需要指出的是,这种预测往往会产生很多潜在的 miRNA 和 mRNA。当出现以下特点(多位点、匹配度高、种属间保守、基因表达高、出现多个功能相近的分子)时,阳性可能性高。

# 第三节 基因功能分析

## 一、蛋白质在细胞内定位的预测

蛋白质在细胞内的定位对于研究蛋白质的功能是非常重要的,蛋白质可分布于细胞质、胞核或胞膜,蛋白质亚型的不同定位提示着这些蛋白质亚型具有不同的功能。这里推荐一个用于蛋白质定位预测的网站:http://www.genscript.com/wolf-psort.html;进入页面后(图 18 - 21),选中 Animal,输入蛋白质序列后,然后提交查询即可。需要指出的是,以上程序对蛋白质定位的预测有时是不精确的,甚至会出现很大的偏差。

图 18 - 21 蛋白亚细胞定位在线分析界面

## 二、蛋白质基本模体(motif)的预测

蛋白质中模体的分析对于分析一个蛋白质的功能非常重要,特别是磷酸化位点的分析。细胞中蛋白质的磷酸化是非常普遍的现象,Scansite 作为预测某一蛋白质磷酸化位点的在线分析平台,非常值得推荐。Scansite 是由麻省理工学院提供的可

以在线免费分析目的蛋白的潜在磷酸化位点。

登录 Scansite 的网址 http://scansite.mit.edu/（图 18-22）。在 Motif scan 一栏下方,有 Scan a Protein by Accession Number or ID, Scan a Protein by Input Sequence 和 Scan Input Sequence with an Input Motif 等选项。

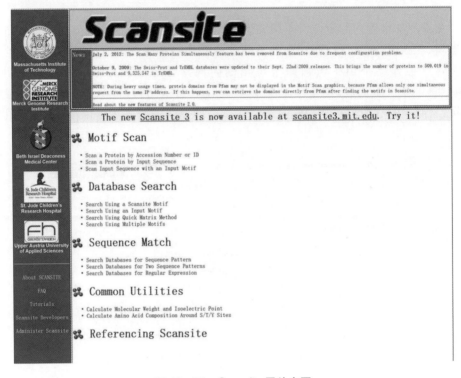

图 18-22　Scansite 网站主页

例如,我们点击 Scan a Protein by Input Sequence,之后进入图 18-23 界面。输入序列后,提交即可得到分析结果。

### 三、同源蛋白的搜索

寻找某一基因对应的同源蛋白对于了解该基因的功能非常有意义,因为同源蛋白通常具有相似的功能。所谓同源即为来自于同一祖先。寻找同源蛋白的方法是用 blast 方法寻找出序列显著相似的基因,但序列相似性并不能直接推断出它们具有相似的结构和功能。事实上,这种基于序列相似性而推断分子间的结构和功能源于对相同祖先的推断,也就是来自于进化的推断。通常的思路是,通过序列的比对推断出这些分子的共同祖先,然后才能认为它们可能具有相似的结构与功能。因为由同一祖先演化出的这些子代分子序列它们应具有显著的相似性,由此根据序列相似性来推断它们是否具有相同的祖先。

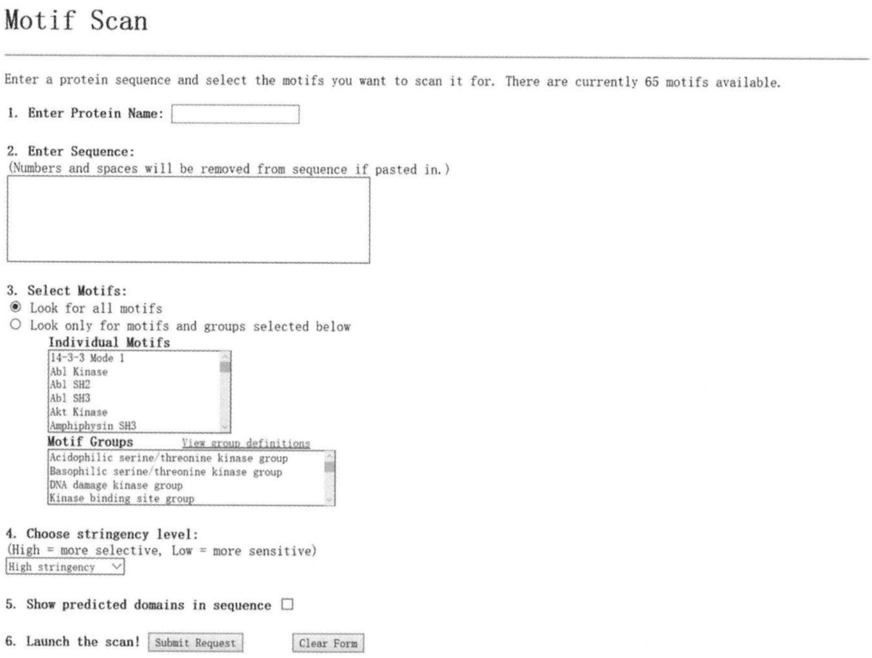

图 18-23　Scansite 序列输入界面

进入 BLAST 主界面,如图 18-24 所示。由图可见,在 Web BLAST 中主要包括核酸比对和蛋白比对。在 Specialized searches 里面含有不同检索方法,以满足不同实验需求。这里首先以 CD-search 为例,进行讲解。

CD-search 目的在于在寻找保守结构域,用于寻找目标序列中保守的结构域,点击 CD-Search,可以进入图 18-25 界面。输入目的蛋白序列后,即可得到目的序列的保守结构域。搜索时,可以通过右侧 OPTIONS 栏中 database 下拉菜单更改检索的数据库或者改变其他参数,进行搜索。

在 Web BLAST 中,我们点击进入 blastp suite,界面如图 18-26 所示。在搜索栏中我们输入目的蛋白 accession number 或蛋白序列。在检索过程中,多个参数可以调整,达到想要的目的。如,选中 Align two or more sequences 复选框可以进行两个序列的比较。

常规 BLAST 在算法方面,可以进行不同的选择,这里我们以 PSI blast 为例进行讲解。PSI-BLAST,指 Position-Specific Iterated BLAST,又称之为位点特异迭代 BLAST,用于寻找距离很远的蛋白或者找蛋白家族新的成员。如前输入目的蛋白序列后,在 Algorithm 栏中选择 PSI-BLAST,然后点击 BLAST 即可得到搜索比对结果,见图 18-27。

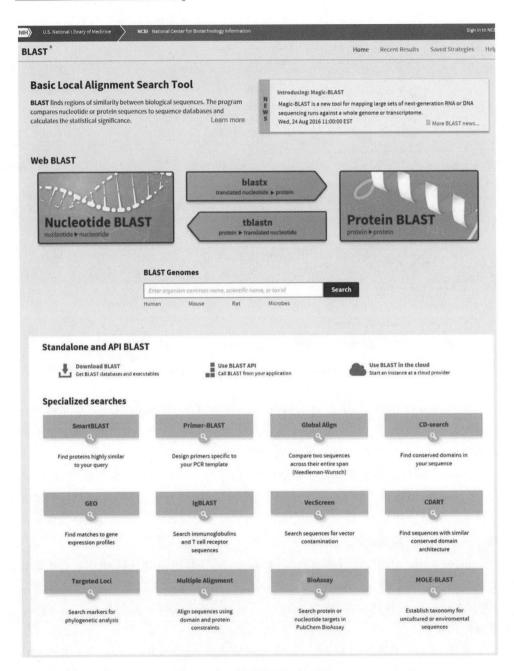

图 18 -24　NCBI BLAST 主界面

# 第十八章 分子生物学常用数据库

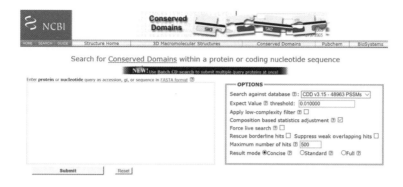

图 18 - 25　寻找目标序列保守结构域界面

图 18 - 26　输入序列检索窗口

图 18 - 27　PSI-BLAST 选择框

## 四、基因功能分类

在具体的研究过程中,我们常常还需要对一个基因参与哪些生物学功能以及具体某个(些)生物学功能都有哪些基因参与。对于前者,虽然前述的 Genecards 就能帮我们解决;这里重点介绍基因功能分类网站 http://www.geneontology.org/。进入网站主页后,可以看到以下界面,如图 18 - 28 所示,可以在基因功能数据库中搜索关心的基因可能参与哪些生物学功能,也可检索关注的生物学功能可能有哪些基因参与;此外,还可以通过输入一组基因,观察它们主要参与何种功能(Enrichment analysis)。

需要说明的是,上述开放型数据库为我们研究具体基因提供了重要线索,在发表文章和使用结果时需要引用相关文献。该数据库的使用和引用频率往往成为该

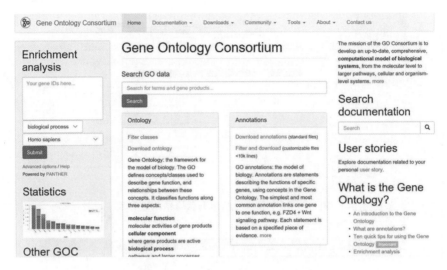

图 18-28　Gene Ontology 网站主页

数据库维系和更新的重要依据。虽然常用生物学数据库和生物信息学为我们研究具体基因的功能和具体功能中基因的作用提供了重要线索。但需要注意的是,这些通过生物信息学获取的信息很多只是预测,而预测本身又是建立在已有信息的基础之上,强调的是基因间的共性;此外,预测本身更多地侧重某一个方面,截至目前,几乎所有的生物信息学预测都只是从某一个或几个方面,对基因功能或作用方式的某一个方面进行预测。因此,生物信息学预测的结果可能存在很大的误差,具有相当的片面性。研究者对文献的掌握必然会影响对生物信息学预测结果的解读,而过多的依赖于生物信息学可能会丢失很多重要信息。

综上所述,在具体研究过程中,我们需要尽可能全面地了解自己所研究的领域的基本知识、研究进展;在此基础上,根据基因的 gain-of-function 和 loss-of-function 这些寻找基因功能的实验学手段,结合生物信息学方法,提出科学的实验思路和合理的实验假说。

(杨国栋,第四军医大学,e-mail:yanggd@ fmmu. edu. cn)

# 第十九章　计算机模拟辅助小分子药物设计

小分子药物设计的关键在于预测小分子与靶标之间的相互作用能力。由于化合物的结构与功能之间有密切的联系，因此，通过分析具有已知活性的小分子骨架、取代基团等结构特征以及小分子药物与受体结合的活性构象，综合分析小分子药物与受体相互作用，如：氢键、盐桥、离子键等静电相互作用；以及疏水、π-π 堆积等非键相互作用，从而为化合物库的初步筛选提供参考依据。近年来，随着计算机辅助药物设计（Computer aided drug design，CADD）的技术、算法和相关软件的不断发展，软件的计算精度和预测能力的不断提高，将计算机强大的计算和数据分析能力引入药物发现与设计过程，已经逐渐成为药物先导化合物发现与优化的常用方法。

计算机辅助药物设计包含有多种计算方法[1]，并且还在不断的发展中，根据主要以受体蛋白的信息或者配体小分子的结构信息为研究主体来分类，研究方法大致可分为2种，基于配体小分子的药物设计方法（Ligand-based drug design，LBDD）和基于受体结构的药物设计方法（Structure-based drug design，SBDD）[2]。LBDD 主要根据现有药物分子的结构、理化性质与构效关系（SAR）的分析，建立定量构效关系（QSAR）或药效基团（pharmacophore）模型，进而预测结构相似或者理化性质相近的新化合物的活性；SBDD 根据受体生物大分子（蛋白质、核酸等）的三维结构（由晶体X线衍射、磁共振、低温电镜或计算机模拟等方式获得），利用理论计算和分子模拟等方法构建及分析受体的三维结构，通过已存在的或可能存在的受体结构与小分子的相互作用关系，来设计和筛选与受体结合（活性）口袋互补的新化合物分子[3]或者研究其相互作用机制。

本章中，我们以糖原磷酸化酶为例对一款 CADD 软件 Accerlys Discovery Studio 中常用的药效团模型、分子对接，以及网页版骨架迁越工具 Chemmapper 的使用进行介绍。

## 第一节　基于药效团模型的虚拟筛选方法

药效团是对与生物活性相关的分子特征及空间排列形式的表示方法。这些抽象的分子特征包括三维的（疏水中心、正电荷或负电荷基团、氢键供体和受体，芳环中心等）[4]。构建药效团的主要步骤是利用已知的一系列具有生物活性的化合物结构和活性信息,构建初始药效团模型,聚类选择必要的药效团特征元素,分析药效作用模式,优化及验证药效团模型,最后实现检索三维数据库、搜寻与模型相匹配的分子,或预测新化合物的生物活性。早期药效团主要是在受体结构未知或作用机制尚不明确的情况,对一系列化合物进行药效团研究,通过构象分析、分子叠合等方法,归纳得到对化合物活性起关键作用的一些基团的信息。后来发展出在受体结构已知的情况下,基于受体的结构信息,分析受体与药物分子的相互作用模式,来推断可能的药效团特征。

## 一、材　料

### 1. Discovery Studio 3.5 客户端的安装

①打开浏览器,在地址栏输入 Discovery Studio 服务器的 IP 地址与端口,例如 https://219.244.217.65:9944/DS,根据 PC 的操作系统选择不同的安装程序并下载安装(图 19 – 1)。

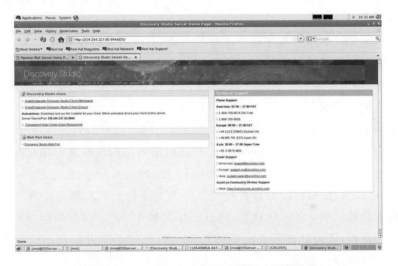

图 19 – 1　Discovery Studio 安装程序下载位置

②运行 Acceryl License Administrator 并安装 Discovery Studio 的授权文件(msi. lic),提示安装成功后运行 Discovery Studio 的桌面快捷方式。

③打开 File > Change Server,并在弹出的对话框中填写服务器 IP 地址和端口,例如 219.244.187.65:9943,点击 OK 完成连接。

④根据自己的偏好设置窗口布局。

### 2. 训练集化合物库的准备

查询文献得到已知具有受体结合能力和不具有受体结合能力的化合物各 5～8 个,并从 Pubchem 数据库(https://pubchem.ncbi.nlm.nih.gov)中下载所需的化合物结构。导入 Discovery Studio 并另存为化合物数据库。

### 3. 小分子化合物库

登录 specs. net(一个商业类药小分子合成公司),并下载其最新的化合物数据库,不同的筛选需求可以替换为自己的目标分子库(图 19-2)。

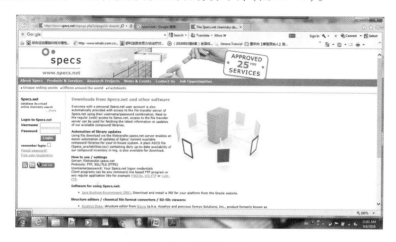

图 19-2 SPECS 数据库

## 二、方　法

基于共同药效特征元素的药效团模型(Common Feature Pharmaciphore,HipHop)是 Discovery Studio 中最为常用的药效团模型之一。它通过分析已知有活性的分子,从中找出这些分子共有的药效特征元素,并用这些特征来表示配体与受体之间最主要的相互作用。相对于 Discovery Studio 提供的其他药效团生成工具,HipHop 模块自动化程度较高,对小分子活性以及结合能力的相关信息要求较少,十分适合早期药物发现过程。

### 1. 训练集分子的准备

通过查阅文献得到糖原磷酸化酶的激动剂和抑制剂共 6 个,通过 Pubchem 数据库下载化合物的平面结构并导入 Discovery Studio Client。单击 Chemistry > Hydrogen > Add 为所有化合物添加氢原子;同时通过化合物的 Principal 和 MaxOmitFeat 属性定义分子活性水平以及可以忽略的药效特征元素。

### 2. 药效特征元素的选择

观察选取的化合物,并根据分子的特征选择所需的药效特征元素。由于 AMP、IMP 等化合物具有嘌呤环结构以及磷酸基,因此选择氢键供体、氢键受体、负电荷中心以及芳香环结构作为候选的药效特征元素。

### 3. 药效团模型的生成

打开 Protocol 选项卡，依次展开 Discovery Studio > Pharmacophores > Create Pharmacophores > Common Feature Pharmacophore Generation。在新打开的选项卡中选择训练集分子；展开 Conformation Generation 参数，将 Conformation Generation 的方式由 FAST 切换为 BEST，构象上限 Maximum Conformation 设置为 100，能量上限 Energy Threshold 设置为 10（图 19-3）；随后打开 Feature 选项，选择 HB_ACCEPTOR、HB_DONOR、HYDROPHOBIC、NEG_IONIZABLE 和 RING_AROMATIC 药效特征元素（图 19-4），其他参数选用默认值。单击运行（Run）生成药效团模型。

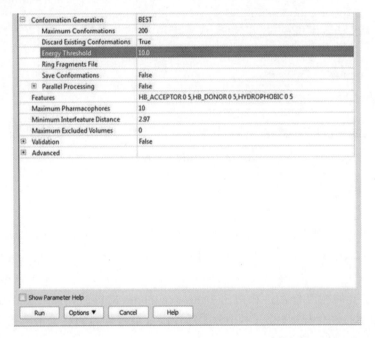

图 19-3 Common Feature Pharmacophore Generation 流程图

### 4. 药效团模型的选择

在工作浏览器（Job Explorer）中找到上述作业，打开报告界面。程序会根据模型的稀有程度以及药效团模型与训练集分子的匹配程度进行打分，并按照得分以从高到低的方式进行排序。由于相同基团在不同的药效团模型中可以被识别为不同的药效特征元素，例如嘌呤环具有氢键受体和芳香环的双重属性，因此我们需要根据药效团模型与训练集化合物的匹配程度对药效团模型进行评价，并选出最适合的药效团模型进行下一步的虚拟筛选过程。

由于已知糖原磷酸化酶激活剂种类和数量较少，药效团模型的筛选主要使用比较激活剂与抑制剂 FitValue 的差异决定，如果 AMP 等已知的糖原磷酸化酶激活剂

## 第十九章　计算机模拟辅助小分子药物设计

图 19 - 4　药效特征参数

具有较高 FitValue 值,而抑制剂得分较低,则表明模型具有良好的区分能力;反之则说明药效团模型对于活性化合物的识别能力有限,需要进行进一步调整优化。

对于已知活性化合物较多的药物靶标,例如 EGFR、c-Abl 等激酶,药效团模型还可以通过构建测试集的方法进行验证。将已知具有活性的化合物与 Decoy 数据库中提供的诱饵化合物进行组合,得到测试集,使用不同的药效团模型对测试集分子进行打分和排序,通过比较筛选结果的 ROC 曲线以及排名前 10 位、前 50 位以及前 100 位候选分子中活性化合物的比例,比较不同药效团分子的区分能力,从而对模型进行更准确的评估。

### 5. 化合物库的虚拟筛选

在 Discovery Studio Client 中打开药效团模型及化合物数据库,在 Protocol 选项卡中依次打开 Discovery Studio > Compare Pharmacophores > Screen Library,在 Input Pharmacophore 中选择窗口中的药效团模型,在 Input Ligand 中选择打开的化合物数据库。展开 Input Ligands 选项,将 Conformation Generation 的方式改为 BEST,同时展开 Conformation Generation 选项,将 Maximum Conformations 改为 200,Energy Threshold 改为 10,其余参数使用默认值。单击运行(Run)进行筛选(图 19 - 5)。

运行结束后,打开筛选结果,程序会按照 FitValue 打分选出以从高到低的顺序排列候选化合物,更高的 FitValue 值代表化合物与构建得到的药效团模型可能具有更高的匹配程度以及更好的生理活性。在下一步的实验过程中,我们选择一定数量的候选化合物进行下一步虚拟筛选或者购买化合物用于活性测试。

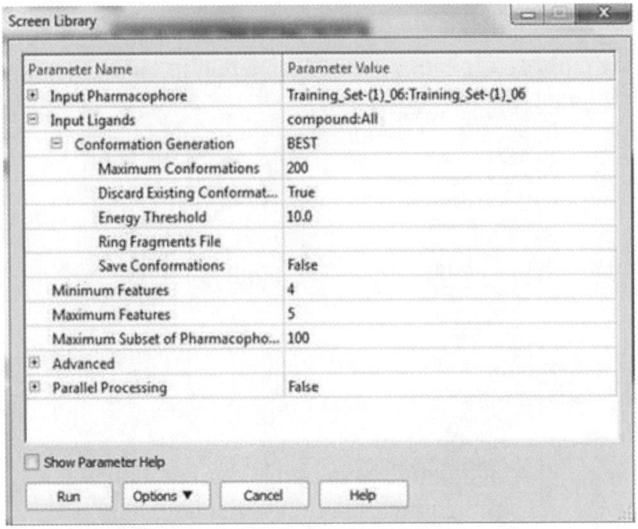

图 19-5

## 第二节　基于分子对接的虚拟筛选

　　分子对接是计算机辅助药物设计领域最为常用的分子模拟方法之一,在晶体结构已知或者受体三维结构模型已经建立的基础上,分子对接软件可以根据配体分子的形状和理化性质与受体结合口袋进行匹配,从而预测配体分子在结合口袋中可能的结合构象;同时,打分函数会对不同的结合构象进行打分,从而判断配体与受体的结合能力。根据受体和配体之间的体系是否可以发生变化,而分成刚性对接,柔性对接和半柔性对接。其中应用最为广泛的是半柔性对接,即受体以及活性位点的构象与形状保持不变,小分子构象不断变化,从而与受体结合口袋匹配。这种对接方式由于运算量较小,结合能力预测相对准确,在药物研发过程中有广泛的应用,也是高通量虚拟筛选(High throughput virtual screening)的主要方法之一。

　　分子对接的主要过程可以分为生物大分子的准备、活性位点(结合口袋)的定义、配体分子的准备以及完成分子对接等四个主要步骤。生物大分子可以是蛋白或者核酸,其三维结构模型可以直接从 PDB 数据库(RCSB Protein Data Bank,www.rcsb.org)下载得到,或者通过同源模建以及 ab-inito 折叠等其他方法获得;受体的活性位点既可以根据受体-配体复合物中配体所在部位定义,也可以根据已有的文献报道,根据关键残基所在区域定义;配体结构的准备包括添加丢失的氢原子、确定不同原子的杂化方式以及共价键的类型、为分子中各原子添加电荷、确定所带电荷以及离子化状态等。当受体以及配体准备结束后,便可以根据不同软件的参数设置,将配体分子对接到受体的活性口袋中;随后,软件会对配体分子的不同结合构象进行打分,用以判断受体与配体分子结合能力的强弱。因此,小分子化合物的对接得分也是我们用于判断化合物是否具有活性的重要依据。

Discovery Studio 中用于分子对接的模块包括 LibDock、CDocker、Ligandfit 等,其中基于热点(Hotspot)的分子对接模块 Libdock 操作简单方便、处理速度快,十分适合化合物的虚拟筛选过程。另外,除 Ligandfit 以外,LibDock 与 CDocker 的操作方式基本相同;因此,在本节中我们以 Libdock 为例介绍分子对接的基本操作以及虚拟筛选流程。

## 一、材 料

**1. Discovery Studio 3.5**

Discovery Studio 3.5 的安装过程与第一节相同。

**2. 脑型糖原磷酸化酶的三维结构模型**

由于脑型糖原磷酸化酶的晶体结构尚未得到解析,因此其三维结构不能从 PDB 数据库中直接获得。通过比对脑型、肌型以及肝型糖原磷酸化酶的氨基酸序列,我们发现三种糖原磷酸化酶具有很高的同源性,因此我们使用同源模建的方法建立了脑型糖原磷酸化酶的结构模型,结构如图 19 - 6 所示。

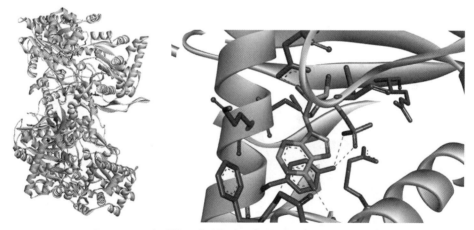

图 19 - 6 脑型糖原磷酸化酶二聚体结构及变构调节位点

A 链用浅灰色显示,B 链用深灰色表示。定义的活性位点为糖原磷酸化酶的变构调节位点,即 AMP 结合部位

**3. 小分子化合物数据库**

小分子化合物库使用 SPECS 数据库,获取方法与第一节相同。

## 二、方　法

### 1. 受体分子的准备

在 Discovery Studio Client 中打开受体分子,单击工具栏中的 Macromolecules,在 Tools 选项卡中依次单击 Prepare Protein > Manual Preparation > clean protein,为大分子蛋白加氢原子,识别丢失的部分其他原子;下方的 Protonate protein 自动识别 HIS 等残基,根据环境 pH 值调整残基的质子化状态;或者使用 Prepare Protein > Automatic Preparation > Prepare Protein 自动完成加氢、添加丢失原子以及调整质子化状态的蛋白的准备过程。

### 2. 活性位点的定义

在主界面中选择 AMP 分子,单击工具栏中的 Protein-Ligand Interactions,在 Tools 选项卡中依次单击 Define Receptor > Define Site > From Current Selection,此时一个半透明红色球体便会出现在 AMP 分子周围(图 19-7)。随后,用鼠标选择红色球体,单击 Define and Edit binding site > change site size 中的扩大( +, expand)或者缩小( -,contract)调节结合区域的大小,直至将配体周围 4 埃(具体结合区域不同的蛋白体系会有差异)以内残基完全包裹其中为止。

图 19-7　定义活性位点

除此之外,Discovery Studio 还提供两种活性口袋的定义方式,通过受体中存在的空腔定义结合口袋(From Receptor Cavities)以及从 PDB 记录中识别口袋(From PDB Site Records)。作为上述方法的补充,这两种方法可以用于三维结构清晰而结合口袋位置不明确的生物大分子以及为 Ligandfit 定义结合部位。

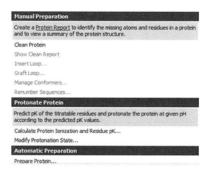

图 19-8 受体分子的准备

图 19-8 为两种不同的受体准备方法,左侧为手动准备方法,右侧为自动准备方法。

3. 小分子化合物库的准备

配体化合物库使用 Discovery Studio 中的 Prepare Ligand 模块完成。Prepare Ligand 模块可以一次性解决生成立体结构、纠正化学键类型、生成对应异构体、改变化合物的质子化状态以及为小分子配体添加力场参数等常规操作,如图 19-9 所示。

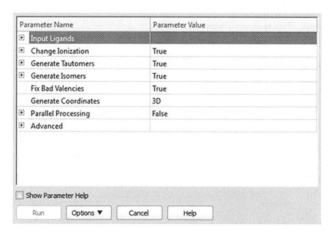

图 19-9 配体化合物的准备

4. 分子对接与参数设定

依次打开 Protocol 选项卡中的 Discovery Studio > Protein-Ligand Interaction > Docking > Dock Ligands(Libdock)。Libdock 的工作流程图如图 19-10 所示。

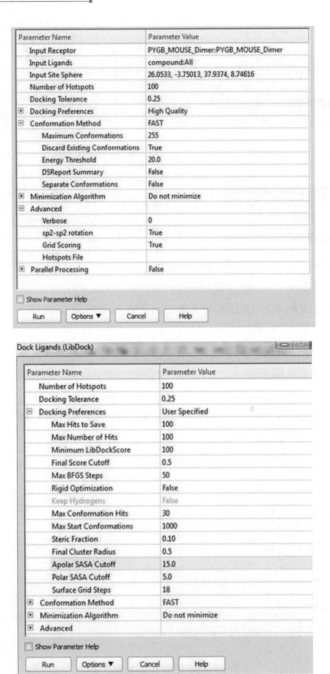

图 19-10 Libdock 的工作流程图及 Docking Preference 选项

在 Discovery studio 中打开受体分子和配体分子。点击 Input Receptor 选择受体蛋白的名称,随后点击 Input Site Sphere 选择活性位点所在的区域。Site Sphere 由四组特定的数字构成,前三组表示活性位点所在的空间位置,后一位代表 Site Sphere 的半径。配体的相关参数由 Input Ligands 和 Conformational Method 两个选项设定,单击 Input Ligands 选择配体文件,然后通过 Conformational method 对配体分子进行多构象化。Docking Preference 可以根据计算需要改变特定参数(如所示),例如储存的最大构象数目、Libdock 得分阈值,用于控制计算需要的时间;极性及非极性溶剂可及表面积的截止值,用于控制配体与受体的距离。

设置完成后,点击 Run 运行。作业运行完成后,点击 JOBS 选项卡中相应的对接作业,打开 Report 窗口,并单击其中的 View Result 查看结果。

### 三、结果与分析

按 CTRL + H 和 CTRL + T 打开系统视图和表格浏览器。在表格浏览器中将蛋白的 Visibility Lock 状态由 Yes 改为 No,解除锁定后,在系统视图中将所有的 Site 及 Binding sphere 选中并删除,再重新将蛋白锁定,即 Visibility Lock 状态再改为 Yes,以方便更清晰的查看对接结果。将蛋白分子以 cartoon 的形式显示,并将活性部位残基以 Stick 的方式显示。在 Tools 选项卡中选择 Analyze Docking Results > Visualize Interactions > Receptor-Ligand Hydrogen Interactions 显示配体与受体之间的氢键。最后通过鼠标拖拽复合物进行旋转,调整合适的角度进行观察。

在进行虚拟筛选前,我们需要对分子对接模型的有效性进行验证。验证的过程分为 Redocking 和测试集验证两部分。Redocking 是指将蛋白–配体复合物或结构模型中的配体从复合物中提取出来,用上文提到的配体分子处理方法进行处理,然后将处理过的配体分子重新对接到活性口袋中,通过计算对接构象与原有分子的差异(RMSD 值),评价对接方法的准确程度。RMSD 越小说明对接构象与原有配体的重合程度越高,对接方法的准确程度和可靠性越高,并可用于测试不同打分函数与体系的匹配情况。测试集验证的具体方法与第一节药效团模型的验证方法相同,即找到具有受体结合能力的小分子化合物和不具有结合能力诱饵化合物组成训练集,训练集分子经过配体准备后进入对接流程,随后根据对接得分(LibDockScore)由高至低排序。统计排名前 10、50 及 100 位候选化合物中阳性化合物的比例。阳性化合物所占比例越高说明模型的预测能力越好,更适合于进行虚拟筛选研究。

## 第三节 骨架迁越

药物分子设计是构建化合物结构的分子操作,实质是对药效团和结构骨架的化学处置,是药物化学的重要组成部分。药效团是对已有活性分子结构本质的解析,药效团只有附着在化学骨架上才能体现其药理活性[5]。分子骨架具有连续的结构特征,这与药效团的作用相反,分子骨架犹如药效团的赋形剂,是药效团的功能基团体现在实际的分子结构中。如果没有适宜的骨架支撑,药效团不能得到准确的体现,没有药效团的化学骨架,也不会产生药理作用。所以,药效团与骨架是相互依赖的,共存于药物分子中。因此,药物分子可以认为是由合适的骨架连接和药效团共同组成的统一体,骨架迁越是将新药的发现在已知活性分子功能团的基础上变换骨架的结构。骨架变换的依据是受体的柔性和可塑性,形成了杂乱性的空间,表示受体结合部位的可变与多样性,也就是杂乱性越大,结构修饰与变换的余地大,成药的机会越多[6]。因此这就给予了通过结构生物学来寻找已知化合物匹配的新靶标物,或通过化学生物学的方法来搜寻新的化合物骨架的可能。在保持药效团的前提下,变换结构骨架,根据其结构的相似性进行搜索,通过对类药小分子库的搜索,可以获得大量具有相同药效基团但母核结构不同的新化合物结构。

目前进行骨架迁越在药物设计技术方面比较成熟的算法软件是三维分子相似搜索方法(SHAFTS方法),国内利用SHAFTS方法构建的计算筛选平台ChemMapper。该平台不仅界面友好、使用方便,而且是相对成熟的数据库系统,它在化学基因组学,药物靶标识别,多向药理学,新颖活性化合物发现以及骨架迁越等研究方面都具有重要的价值。此外,Chemmapper提供可以单机或者服务器运行的linux版和mpi版,更适合于对化合物数据库有特殊要求的用户。

Chemmapper提供直接画出分子平面结构以及上传分子结构的mol2文件两种方式提供Quary化合物(如图19-11)所示。程序对化合物所含原子的种类以及分子大小有一定限制,例如分子中不能含有除碳、氢、氧、氮、磷、硫和卤素的其他元素,

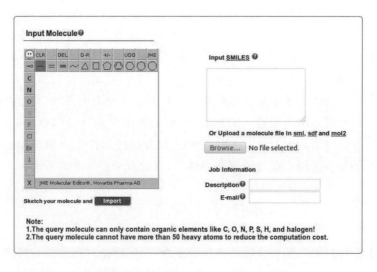

图19-11 Chemmapper的输入界面

## 第十九章 计算机模拟辅助小分子药物设计

非氢原子数目不能超过50等。

同时,网页提供两种不同的搜索方式,搜索化合物可能存在的靶点(Target Navigator)以及相似性搜寻(Hit Explore,即骨架迁越)(图19-12)。选择合适的数据库以及相似性阈值后,便可以单击Submit运行。Chemmapper运行结束后会生成两个结果文件,包括含有分子结构信息的mol2文件以及分子相似性信息的csv文件。

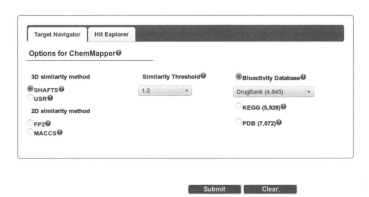

图19-12　Chemmapper的参数设置

## 小　结

虚拟筛选是计算机辅助药物设计(CADD)中常用的技术之一,它可以在短时间内对大量化合物进行快速筛选,从而剔除一部分不具有受体结合能力以及生物活性的分子,加速药物筛选以及先导化合物的发现过程。基于配体的药效团可以在受体结构未知的条件下根据已有的活性小分子寻找到新的分子结构,但搜寻到的分子结构相对单一,母核结构区别不大;骨架迁越则可以帮助研究人员发现药效特征元素相似而结构母核区别较大的其他化合物分子。基于配体的筛选方法不需要受体结构的相关信息,因此筛选速度快,但是准确度较低。基于结构的分子对接需要受体三维结构以及结合位点的相关信息,通过受体与配体立体结构以及化学性质的匹配筛选药物分子,这种方法的计算时间较长,但计算准确程度高于前者。同时使用两种方法进行虚拟筛选可以相互补充,并取得良好的效果。

### 参考文献

[1] Åqvist, J., Carmen Medina, Jan-Erik Samuelsson. A new method for predicting binding affinity in computer-aided drug design. Protein Engineering Design and Selection, 1994, 7(3): 385-391.
[2] Kuhn P., Wilson K, Patch MG, et al. The genesis of high-throughput structure-based drug dis-

covery using protein crystallography. Current opinion in chemical biology, 2002, 6 (5): 704 – 710.

[3] Shen J, Xu X., Cheng F, et al. Virtual screening on natural products for discovering active compounds and target information. Current Medicinal Chemistry, 2003, 10: 2327 – 2342.

[4] Yang, S.-Y. Pharmacophore modeling and applications in drug discovery: challenges and recent advances. Drug Discovery Today, 2010, 15(11): 444 – 450.

[5] 郭宗儒. 药物分子设计的策略: 论药效团和骨架迁越. 中国药物化学杂志, 2009, 18(2): 147 – 157.

[6] Hopkins AL, MaSon JS, Overington JP. Can we rationally design promiscuous drugs? Cur Opin Struct Biol, 2006, 16(1): 127 – 136.

（张鑫磊,第四军医大学,e-mail:37308581@qq.com）

# 第二十章 常用实验设计和统计方法

本章主要介绍分子生物学实验设计中随机化分组和样本量估算技术,以及数据整理、统计方法选择和学术论文中统计方法表述等问题。

## 第一节 完全随机设计分组

实验设计的目的在于减少误差、提高效率、获取准确可信的实验结果。从统计学角度考虑,实验设计要求遵循随机、对照和重复三大原则。随机包括随机分组和随机抽样。细胞和分子生物学实验主要涉及随机分组问题。随机分组是指每个实验单元都有相同的概率被分到实验组或对照组。下面介绍如何使用 MS EXCEL 2007 实现随机分组。

### 1. 安装 EXCEL 数据分析工具

例1:采用裸鼠移植瘤动物模型,比较某药物3种给药方式的抑癌作用,使用完全随机设计方法将30只裸鼠平均分为3组。

EXCEL 2007 默认安装时,未安装数据分析工具。单击左上角"Microsoft Office 按钮"→Excel 选项→加载项→分析工具库,单击确定完成安装(图 20-1,图 20-2)。

### 2. 新建工作表

如图 20-3 所示,可通过开始→编辑→填充序列,自动填充裸鼠编号(1~30)。

### 3. 采用数据分析工具产生均匀分布随机数

数据分析工具在数据→分析中调用(图 20-4)。随机数基数即为随机数种子,若随机数基数相同,产生的随机数也相同(图 20-5)。单击确定,在 B2:B31 中产生30 个 0 和 1 之间的均匀分布随机数。

### 4. 采用 Rank( )函数对均匀分布数据数排序

C2 中输入函数 =RANK(B2,B\$2:B\$31,1),按回车键;用鼠标选择 C2:C31 区域,按 Ctrl+D(向下填充快捷键),即可完成排序。说明:B\$2:B\$31 中的"\$"表明绝对引用。有关绝对引用、相对引用和混合引用超出本书范围,有兴趣读者可查看 MS EXCEL 帮助。

### 5. 采用 MOD( )函数根据顺序号分组

D2 中输入函数 =MOD(C2,3)+1,按回车键;用鼠标选择 D2:D31 区域,按 Ctrl+D,即可完成分组。说明:MOD( )为取余函数;若顺序号能被分组数(3)整除,则

图 20-1　MS EXCEL 2007 中 Excel 选项

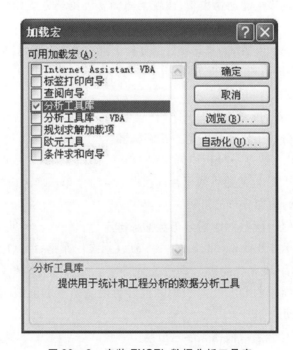

图 20-2　安装 EXCEL 数据分析工具库

## 第二十章 常用实验设计和统计方法

图 20-3 完全随机分组数据工作表

图 20-4 数据分析工具中随机数发生器

为分组1;余数为1,为分组2;余数为2,为分组3。

MS EXCEL包含的数据分析工具库功能强大,可能因默认时未安装该工具库,用户鲜有了解。本部分利用随机数发生器、Rank( )和 MOD( )函数实现了完全随机设计分组。完全随机设计分组是随机分组的基础,是最简单的随机分组,其他复

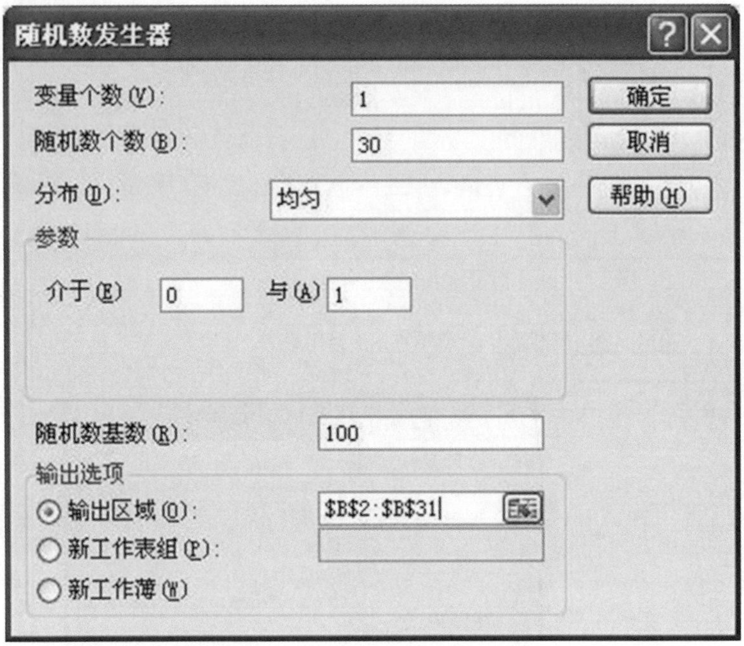

图 20-5　随机数发生器设置

杂的随机分组方法,如分段区组随机分组亦可采用 MS EXCEL 实现。

## 第二节　样本量估计软件实现

重复是实验设计三大原则之一,是指实验的样本量须足够大,即在相同实验条件下要有足够的重复观察次数,避免实验结果的偶然性。重复次数越多,即样本量越大,越能反映客观真实情况;但过多重复会增加工作量、造成浪费;样本量过小,则无代表性,结论不可信。因此,正式的细胞和分子生物学实验启动前,需先估计样本量大小。

因不同研究类型、设计方法、目的、变量类型、分组等所对应的影响样本量的因素不尽相同,样本量估计公式和方法众多,计算方法亦有简有繁,估计结果也因方法的不同而稍有差异。研究者可手工计算或编程实现样本量估计,也可采用专门软件通过界面操作方法实现样本量估计。与前者比较,后一种方法操作简便,大多数研究者更喜欢和乐于接受。目前,常用的可通过界面操作方法实现样本量估计的软件见表 20-1。

# 第二十章 常用实验设计和统计方法

表20-1 常用的可通过界面操作方法实现样本量估计的软件

| 编号 | 软件名称 | 网址 |
| --- | --- | --- |
| 1 | SAS/Analyst 模块 | support.sas.com/rnd/app/da/analyst/sample.html |
| 2 | PASS | www.ncss.com/pass.html |
| 3 | nQuery Advisor | www.statistical-solutions-software.com/products-page/nquery-advisor-sample-size-software |
| 4 | UnifyPow | www.bio.ri.ccf.org/power.html |
| 5 | SPSS SamplePower | www-01.ibm.com/software/analytics/spss/products/statistics/samplepower |
| 6 | Power And Precision | www.power-analysis.com |
| 7 | Epi Info | wwwn.cdc.gov/epiinfo |
| 8 | Sigmastat | www.aspiresoftwareintl.com/html/sigmastat.html |
| 9 | Statistica | http://www.statsoft.com |

本部分重点介绍采用 SAS/Analyst 模块和 PASS 实现样本量估计的步骤。

## 一、SAS/Analyst 模块实现样本量估计

例2：比较两种肿瘤细胞样品体外侵袭能力 Transwell 实验前需要估计样本量，样品1迁出细胞均数为50个，样品2均数为30个，两组总体标准差为7个，检验水准 $\alpha = 0.05$（双侧），检验效能 $1 - \beta = 0.8$，需要观察多少个 Transwell 小室？

①启动 SAS 9.1.3，在主菜单通过 Solution → Analysis → Analyst，启动 Analyst 模块（图20-6）。

②在 SAS/Analyst 模块窗口菜单通过 Statistics → Sample Size → Two-Sample t-test，选择两独立样本 t 检验样本量估计（图20-7）。所含10种样本量估计解释见表20-2。

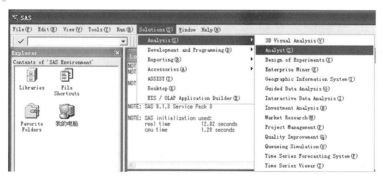

图20-6 在 SAS 9.1.3 中启动 Analyst 模块

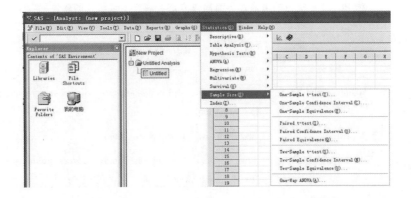

图 20-7 SAS/Analyst 模块中启动样本量估计窗口

表 20-2 SAS/Analyst 模块所含 10 种样本量估计的解释

| 编号 | 英文 | 解释 |
| --- | --- | --- |
| 1 | One-Sample t-test | 样本均数与已知总体均数比较 |
| 2 | One-Sample Confidence Interval | 样本均数估计总体均数可信区间 |
| 3 | One-Sample Equivalence | 样本均数与已知总体均数等效性比较 |
| 4 | Paried t-test | 配对设计均数比较 |
| 5 | Paried Confidence Interval | 配对设计估计均数差值可信区间 |
| 6 | Paried Equivalence | 配对设计均数等效性比较 |
| 7 | Two-Sample t-test | 完全随机设计两样本均数比较 |
| 8 | Two-Sample Confidence Interval | 完全随机设计估计两总体均数差值可信区间 |
| 9 | Two-Sample Equivalence | 完全随机设计两样本均数等效性比较 |
| 10 | One-Way ANOVA | 完全随机设计多样本均数比较 |

③在 Two-Sample t-test 窗口中,选择 N per group,输入肿瘤样品 1 和样品 2 的均数(Group mean),标准差(Standard deviation)、检验水准(Alpha)、检验效能(Power),选择双侧检验(2-sided),单击 OK 进行样本量估计(图 20-8)。

④样本量估计结果将显示在 SAS 结果窗口,每组所需最小样本量为 4 例(图20-9)。

SAS/Analyst 模块可估计表 2 中 10 种类型的样本量,但存在如下缺点:①SAS 9.1.3 占用硬盘空间大,超过 2G,安装复杂;②仅能估计计量变量的样本量;③所估计每组样本量必须相等;④估计样本量类型较少,无回归、相关、重复测量、生存分析等样本量估计菜单。

## 第二十章 常用实验设计和统计方法

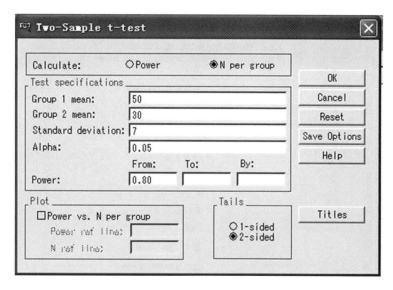

图 20-8 Two-Sample t-test 窗口设置

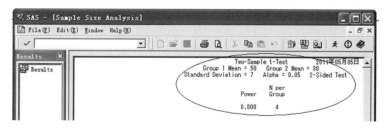

图 20-9 SAS/Analyst 模块两样本均数比较样本量估计结果

## 二、PASS 实现样本量估计

例3:免疫组织(细胞)化学实验前需要估计样本量,两组样品的阳性率分别为45%、70%,检验水准 $\alpha = 0.05$(双侧),检验效能 $1-\beta = 0.8$,两组样本量比例为1:2,估计实验所需样本量。

①启动 PASS 2008,窗口提供了13大类样本量估计(图20-10)。

②在 PASS 2008 home 窗口,选定 Proportions→Two Independent Proportions→Inequality Tests 中的 Specify Using Proportions,单击工具栏中 LOAD 按钮进入样本量估计窗口(图20-11)。

③在 Inequality Tests for two Proportions [Proportions]窗口中,Find 中选择 N1,输入检验效能(Power)和检验水准(Alpha),在 Sample Size 中设置 N1 和 N2 的比例,输入两组的阳性率,选择双侧检验(2-sided),检验类型为 Z Test(Pooled),单击工具栏

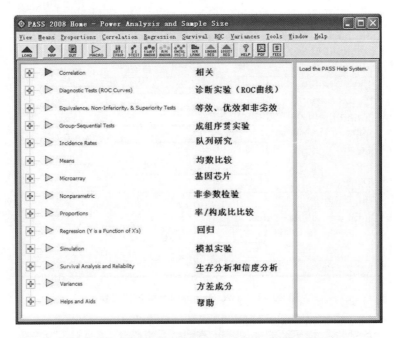

图 20-10　PASS 2008 Home 窗口中 13 类样本量估计

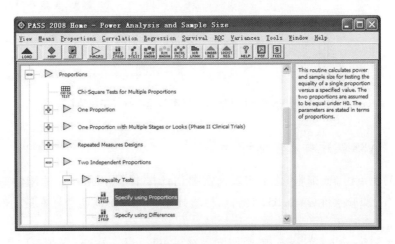

图 20-11　选定 Proportions 中的 Two Independent Proportions

中 RUN 按钮估计样本量(图 20-12)。

④样本量估计结果将显示在 PASS 结果窗口,两组所需最小样本量分别为 45 和 90 例(图 20-13)。

PASS 是一款专门用于样本量估计的软件,功能强大,估计结果具有权威性。该软件界面友好、功能齐全、操作简便。研究者不需要精通统计学知识,只要确定实验设计方案,并收集相关信息,即可通过简单的菜单操作估计出所需样本量。另外,PASS 软件还可进行检验效能分析。

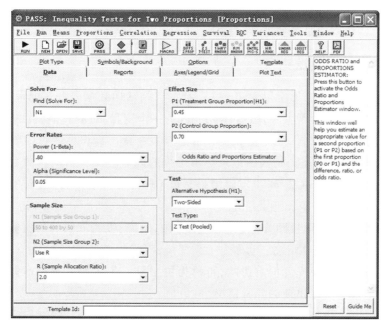

图 20-12　Inequality Tests for two Proportions [Proportions]窗口设置

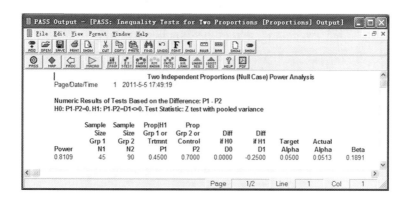

图 20-13　PASS 两样本率比较样本量估计结果

## 第三节　实验原始数据记录及预处理

实验记录中最重要的内容是实验结果,包含实验原始数据和分析整理后的实验结果。因实验原始数据不经分析难以发现其中含义和规律,研究者常仅将分析整理后的结果作为必须记录的实验结果,而将原始数据记录在纸片上在分析后随意丢弃。研究者必须切记:实验原始数据永远比分析整理后的实验结果重要,有实验原始数据可重新分析,而后者难以更改。为强调实验原始数据的重要性,本部分重点介绍实验原始数据记录及预处理问题。

## 一、实验原始数据记录

实验研究原始数据通常以表 20-3 所列的二维结构数据表形式记录,其中每行为一个记录,对应一个观察单位(样本);每列为一个变量,对应一个项目或指标。实验原始数据通常包含标识性变量和实验目的相关变量。标识性变量主要用于数据管理(数据核对、增删等),是实验记录必不可少的内容。实验目的相关变量是最重要的部分。例如:ELISA 或 MTT 实验结果是以 OD 值为代表的数据,若不记录标示性变量,这些 OD 值将毫无意义。

表 20-3 中样本编号即为标识性变量,分组、时间、吸光度值均为实验目的相关变量。其中,分组是干预因素,也称为干预变量;吸光度值为实验的效应指标,也称为反应变量;时间对吸光度值有影响,可称为协变量。备注列可对样本做简要说明和标记,或记录实验时出现的异常情况。

实验开始前,研究者可按照表 20-3 的形式,在 MS EXCEL 中制作空的实验原始数据表格,并打印出来便于记录,或直接在实验原始记录本上绘制表格亦可。总之,实验原始数据应尽可能记录全面,为后续结果分析提供可靠的数据资料。

表 20-3 某 MTT 实验原始数据记录表格

| 样本编号 | 分组 | 时间(d) | OD 值(490nm) | 备注 |
| --- | --- | --- | --- | --- |
| 1 | 实验组 | 1 | 0.04 | |
| 2 | 实验组 | 2 | 0.08 | |
| … | … | … | … | |
| 10 | 实验组 | 10 | 1.60 | |
| 11 | 对照组 | 1 | 0.04 | |
| … | … | … | … | |
| 20 | 对照组 | 10 | 0.80 | |

## 二、实验原始数据预处理

以表 20-3 形式记录的实验原始数据在统计分析前需录入计算机,转化为能够被统计软件识别的数据集。此时,需对记录中的项目名称和记录方式进行预处理,如将变量名改为英文（SAS 软件不支持中文变量名），将以字符形式记录的变量转化为数值形式。表 20-3 中原始数据记录表格在 MS EXCEL 软件中的预处理见图20-14。

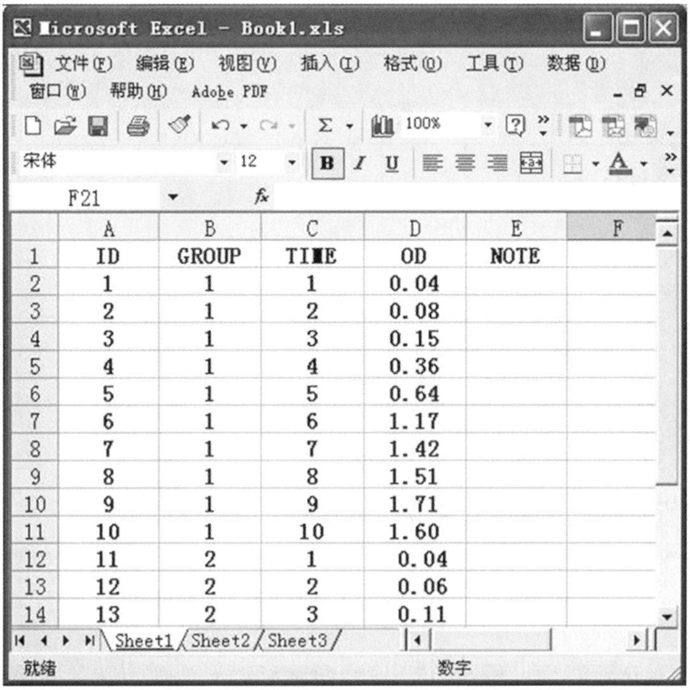

图 20-14　原始数据记录表格在 EXCEL 软件中的预处理

经过 EXCEL 预处理后的数据可直接导入到统计分析软件中。以 SPSS16.0 为例，导入过程如下：

①启动 SPSS16.0，在窗口菜单中通过 File→Open→Data，打开 Open Data 窗口（图 20-15）。在 File of type 中选择 Excel（*.xls，*.xlsx，*.xlsm），找到存放实验原始数据的 EXCEL 表格，单击 Open 后，弹出 Opening Excel Data Source 窗口，单击 Continue，完成数据导入（图 20-15）。

②EXCEL 预处理数据导入 SPSS 后，可在 Data View 窗口浏览数据（图 20-16）。

③研究者可在 Variable View 窗口，对变量或取值添加标签（图 20-17）。在 Label 列录入变量标签，Values 列录入变量值标签。注意：SPSS16.0 虽然支持中文变量名，但变量名不能含有某些特殊字符，如"（）""%""*"等。

实验原始数据在 MS EXCEL 预处理后，导入到 SPSS 软件，设置好变量和变量值标签后，即可进行数据统计描述和统计推断。

图 20-15　SPSS16.0 打开 EXCEL 数据窗口

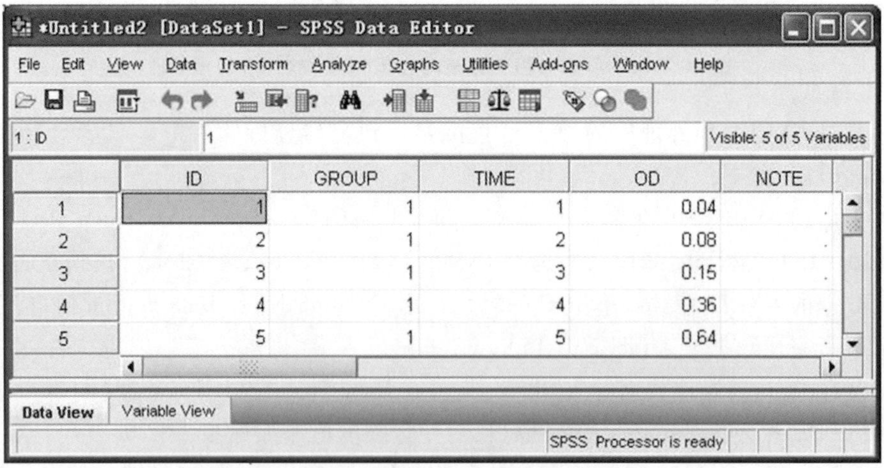

图 20-16　SPSS16.0 的 Data View 窗口

# 第二十章 常用实验设计和统计方法

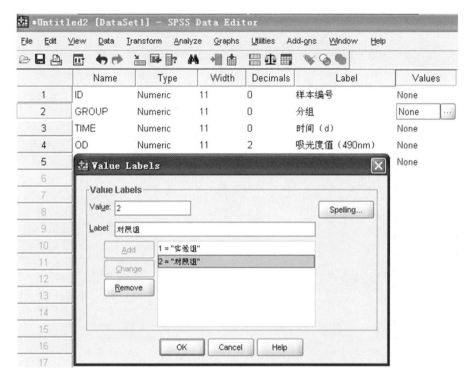

图 20-17 SPSS16.0 的 Variable View 窗口

## 第四节 统计分析方法的选择

统计分析包含统计描述和统计推断。统计描述是指运用各种统计学手段(如统计表、统计图、统计指标等)对观测数据的数量特征进行客观如实地描述和表达。统计推断是指根据观测数据所提供的信息,对未知总体的情况做出具有一定概率保证的估计和推断,包括假设检验和参数估计两大内容。假设检验正确选择统计分析方法至关重要。本部分重点介绍如何正确选择假设检验的统计分析方法,并给出 SPSS19.0 软件 Analyze 菜单下的分析模块。

选择正确的统计分析方法需要考虑以下问题:①反应变量是单变量、双变量还是多变量;②反应变量的资料类型(计量、计数、等级变量);③影响因素是单变量还是多变量;④研究设计分组是单一分组、两分组还是多分组;⑤研究设计是否配对;⑥资料是否满足统计分析方法所需前提条件,是否需要数据变换。

## 1. 单变量计量资料的统计分析方法(表20-4)

表20-4 单变量计量资料分析方法和SPSS分析模块

| 分析目的 | 条件 | 统计分析方法 | SPSS/Analyze 分析模块 |
|---|---|---|---|
| 样本与总体比较 | 正态分布 | 单样本 $t$ 检验 | Compare Means → One-Sample T Test |
|  | 非正态分布 | 单样本 $t$ 检验(大样本) | 同上 |
|  |  | Wilcoxon 秩检验 | Nonparametric Tests → 2 Related Samples |
| 两样本比较配对设计 | 正态分布 | 配对 $t$ 检验 | Compare Means → Paired-Samples T Test |
|  | 非正态分布 | 配对 $t$ 检验(大样本) | 同上 |
|  |  | Wilcoxon 秩检验 | Nonparametric Tests → 2 Related Samples |
| 两样本比较非配对设计 | 正态、方差齐 | 两样本 $t$ 检验 | Compare Means → Independent-Samples T Test |
|  | 非正态或方差不齐 | 两样本 $t$ 检验 | 同上 |
|  |  | Mann-Whitney $U$ 检验 | Nonparametric Tests→2 Independent Samples |
|  | 反应变量为生存时间,且含截尾数据 | Kaplan-Meier Log-Rank 检验 | Survival→Kaplan-Meier |
| 多样本比较完全随机设计 | 正态、方差齐 | 完全随机设计方差分析 | Compare Means→One-Way ANOVA |
|  | 非正态或方差不齐 | Kruskal-Wallis H 检验 | Nonparametric Tests→K Independent Samples |
|  | 反应变量为生存时间,且含截尾数据 | Kaplan-Meier Log-Rank 检验 | Survival→Kaplan-Meier |
| 多样本比较随机区组设计 | 正态、方差齐 | 随机区组设计方差分析 | General Linear Model→Univariate |
|  | 非正态或方差不齐 | Friedman 检验 | Nonparametric Tests → K Related Samples |

## 第二十章 常用实验设计和统计方法

续表

| 分析目的 | 条件 | 统计分析方法 | SPSS/Analyze 分析模块 |
|---|---|---|---|
| 多样本比较重复测量设计 | | 重复测量设计方差分析 | General Linear Model → Repeated Measures |
| 多样本两两比较 | | LSD-$t$ 检验/SNK 检验等 | 以上方法 post hoc…窗口 |

### 2. 单变量计数资料的统计分析方法（表20-5）

表20-5 单变量计数资料分析方法和 SPSS 分析模块

| 资料类型 | 分析目的 | 统计分析方法 | SPSS/Analyze 分析模块 |
|---|---|---|---|
| 两个率 | 样本与总体比较 | 二项分布确切概率法 | Nonparametric Tests → Binomial |
| | 两样本配对设计 | McNemar 检验 | Descriptive Statistics → Crosstabs |
| | 两样本非配对设计 | $\chi^2$ 检验/校准 $\chi^2$ 检验/Fisher 精确概率法 | 同上 |
| 多个率或构成比 | | $\chi^2$ 检验 | 同上 |

### 3. 单变量等级资料的统计分析方法（表20-6）

表20-6 单变量等级资料分析方法和 SPSS 分析模块

| 分析目的 | 实验设计 | 统计分析方法 | SPSS/Analyze 分析模块 |
|---|---|---|---|
| 两组比较 | 配对设计 | Wilcoxon 符号秩检验 | Nonparametric Tests → 2 Related Samples |
| | 非配对设计 | Mann-Whitney $U$ 检验 | Nonparametric Tests → 2 Independent Samples |
| 多组比较 | 完全随机设计 | Kruskal-Wallis $H$ 检验 | Nonparametric Tests → K Independent Samples |
| | 随机区组设计 | Friedman 检验 | Nonparametric Tests → K Related Samples |

### 4. 双变量资料的统计分析方法（表20-7）

表20-7 双变量资料分析方法和 SPSS 分析模块

| 分析目的 | 条件 | 统计分析方法 | SPSS/Analyze 分析模块 |
| --- | --- | --- | --- |
| 线性相关 | 二元正态分布 | Pearson 相关分析 | Correlate→Bivariate |
|  | 非二元正态分布 | Spearman 相关分析 | 同上 |
| 线性回归 | 反应变量服从正态分布 | 直线回归分析 | Regression→Linear |
| 曲线回归 | 反应变量为两分类，服从二项分布 | Logistic 回归分析 | Regression→Binary Logistic |
|  | 反应变量为非等级多分类，服从多项分布 | 多分类 Logistic 回归分析 | Regression→Multinomial Logistic |
|  | 反应变量为等级变量 | 等级变量 Logistic 回归分析 | Regression→Ordinal |
|  | 反应变量为非等级多分类，服从 Poisson 分布 | Probit 回归分析 | Regression→Probit |
|  | 其他 | 二次、三次曲线，生长曲线，指数、对数曲线，S 曲线拟合 | Regression→Curve Estimation |

### 5. 多变量资料的统计分析方法

当反应变量为单变量、解释变量为多变量时，分析方法可参照表20-7。反应变量为多变量时统计分析方法，见表20-8。

表20-8 反应变量为多变量时统计分析方法和 SPSS 分析模块

| 分析目的 | 条件 | 统计分析方法 | SPSS/Analyze 分析模块 |
| --- | --- | --- | --- |
| 两（多）组比较 | 反应变量服从多元正态分布、协方差矩阵齐同 | 多元方差分析 | General Linear Model→Multivariate |
| 判别分析 | 已知样本分类 | Fisher 判别 Bayes 判别 | Classify→Discriminant |

## 第二十章 常用实验设计和统计方法

续表

| 分析目的 | 条件 | 统计分析方法 | SPSS/Analyze 分析模块 |
|---|---|---|---|
| 聚类分析 | 变量包含计数资料<br>变量为计量资料 | 两阶段聚类<br>K-Means 聚类<br>系统聚类 | Classify→TwoStep Cluster<br>Classify→K-Means Cluster<br>Classify→Hierarchical-Cluster |
| 相关分析<br>降维<br>潜变量分析 | 服从多元正态分布 | 典型相关分析<br>主成分分析<br>因子分析 | Data Reduction→Factor<br>同上<br>同上 |

以上统计分析方法都有其应用条件和适用范围,在统计分析时,研究者必须根据实验目的、资料类型等选择恰当的统计分析方法,切忌只关心 $P$ 值的大小,而忽视应用条件和适用范围。

表 20-4 至表 20-8 仅给出了每种统计方法对应 SPSS19.0 软件 Analyze 菜单下的分析模块,研究者可参照相关 SPSS 软件帮助或相关书籍完成统计分析。

## 第五节 学术论文统计方法描述

中英文医学论文通常需要描述统计学方法,包含统计分析软件、统计学描述方法、假设检验方法、参数估计方法、检验水准、样本量估计方法等信息。本部分给出了常用的统计学方法描述实例。

**1. 统计分析软件描述**

①采用 SPSS 16.0 进行统计学分析。

②All statistical analyses were performed using SPSS version 16.0 software (SPSS Inc., Chicago, IL, USA)。

③All statistical analyses were performed using SPSS version 16.0 software (IBM Corporation, Somers, NY, USA)(注:2009 年 IBM 公司并购了 SPSS 公司)。

④采用 SAS 9.1.3 进行统计学分析。

⑤The data were analyzed with SAS/STAT statistical software (SAS Institute Inc., Cary, NC, USA)。

⑥采用 Statistica 6.0 进行样本量估计。

⑦We performed power calculations to evaluate the sample sizes of the XXX group and the control group using the statistical program Statistica 6.0 (Statsoft Inc., Tulsa, OK, USA)。

⑧采用 SigmaStat 3.5 进行双侧配对 t 检验样本量估计。

⑨The sample size calculation was performed by use of SigmaStat 3.5 (Systat Software, Inc.) for a 2-sided paired t test.

2. 统计学描述方法

①计数变量采用频数和百分比,计量变量采用均数±标准差($\bar{x} \pm s$)进行统计学描述。

②We report the categorical variables as absolute value and percentage value, continuous variables as average ± standard deviation.

③非对称分布(偏态分布)计量变量采用中位数和四分位间距表示。

④Asymmetrical distribution (Skewed distribution) continuous variables are presented as median (interquartile range).

⑤计量变量采用均数±标准误($\bar{x} \pm se$)进行统计学描述。

⑥Continuous data are presented as mean ± SE (standard error).

3. 假设检验方法

①两组间某变量均数比较采用成组 t 检验。

②Student's t-test was used to identify differences of XXX (variable) between the XXX group and the control group.

③三组(多组)某变量比较采用单因素方差分析,组间两两比较采用 LSD-t 检验。

④One-way analysis of variance followed by least significant difference (LSD) test was the method used to compare the different study groups for XXX (variable).

⑤采用 Kolmogorov-Smirnov 检验对某变量进行正态分布检验。

⑥Kolmogorov-Smirnov test was used to test the normality of the distribution for XXX (variable).

⑦组间分类变量比较采用 Pearson $\chi^2$ 检验,并进行连续性校正。

⑧Comparison between the frequencies of the categorical variables was assessed by a Pearson's $\chi^2$ test, corrected for continuity.

⑨两组间某率的比较采用 Fisher 精确概率法。

⑩We compared XXX rates using the Fisher exact test for binary categorical variables.

⑪两组间某变量均数比较采用成组 t 检验;方差不齐时,采用 Mann-Whitney 检验。

⑫Comparison between the averages of continuous variables was assessed by a Student t test for unpaired data or the Mann-Whitney two-sample statistic, as appropriate.

⑬某变量多组间比较采用重复测量方差分析,组间两两比较采用 Scheffe 方法。

⑭Repeated ANOVA followed by Scheffe's comparison was used to compare data from three or more groups.

⑮各临床病理学分组间某蛋白表达强度(等级变量)比较采用 Mann-Whitney 检验和 Kruskal-Wallis 检验。

⑯Associations between XXX expression and clinicopathological characteristics were analyzed by Mann-Whitney test and Kruskal-Wallis test, as appropriate.

⑰某肿瘤四种病理分级间某蛋白表达强度比较采用 Kruskal-Wallis $H$ 检验,两两组间比较采用 Mann-Whitney $U$ 检验,并采用 Bonferroni 法校准 $P$ 值。

⑱The Kruskal-Wallis H test and the Mann-Whitney U test were used to compare the differences between four pathological grade XXX and in pairs, and corrected P-values were calculated for multiple testing by the Bonferroni method.

⑲若不服从正态分布,多组间比较采用 Kruskal-Wallis $H$ 检验,组间两两比较采用 Mann-Whitney $U$ 检验,并采用 Bonferroni 法校准 $P$ 值。

⑳If the data were not normally distributed, the Kruskal-Wallis H test was performed, followed by the Mann-Whitney U-test and Bonferroni correction.

㉑X 蛋白与 Y 蛋白表达水平(等级变量)相关性分析采用 Spearman 秩相关分析。

㉒The Spearman rank correlation analysis was used to identify a correlation between XXX and XXX.

㉓采用 Kaplan-Meier 进行生存分析,组间生存率的比较采用 log-rank 检验。

㉔Survival curves were estimated using the Kaplan-Meier method, and differences in survival distributions were evaluated by the log-rank test.

**4. 检验水准**

①$P<0.05$ 认为差异具有统计学意义。

②A P-Value <0.05 was considered statistically significant.

③Differences with $P$ value of 0.05 or less were considered to be statistically significant.

## 参考文献

[1] 刘名,陈峰. 医学科研方法学. 2版. 北京:人民卫生出版社. 2014.
[2] 孙振球,徐勇勇. 医学统计学. 4版. 北京:人民卫生出版社. 2014.
[3] 陈平雁,黄浙明. IBM SPSS19 统计软件应用教程. 2版. 北京:人民卫生出版社. 2016.
[4] 张学军. 医学科研论文撰写与发表. 2版. 北京:人民卫生出版社. 2014.

(李运明,成都军区总医院,e-mail:lee3082@sina.com)